漂浮城镇

采煤沉陷水域的治理与再造

贾宁 胡伟 著

中国建筑工业出版社

图书在版编目(CIP)数据

漂浮城镇：采煤沉陷水域的治理与再造/贾宁，胡伟
著. —北京：中国建筑工业出版社，2018.3
ISBN 978-7-112-21721-2

Ⅰ.①漂… Ⅱ.①贾… ②胡… Ⅲ.①煤矿开采-采空
区-城市建设-研究-中国 Ⅳ.①TU984.2

中国版本图书馆 CIP 数据核字(2017)第 331279 号

　　本书从采煤沉陷水域的治理与开发建设相结合的角度，以生态学、资源利用、土木工程、
市政工程、城市规划、建筑学等相关理论为基础，融合多个学科进行交叉研究，综合采用理论
分析、模拟实验、数字模型、数值验算和实体模型等方法，系统介绍了漂浮城镇构建的背景和
基础、建造模式及技术方法、城镇建设规划、市政设施以及推广应用等方面的内容。

* 　　 * 　　 *

责任编辑：何　楠　徐　冉
责任校对：李美娜

漂浮城镇
采煤沉陷水域的治理与再造
贾　宁　胡　伟　著

*
中国建筑工业出版社出版、发行(北京海淀三里河路9号)
各地新华书店、建筑书店经销
北京科地亚盟排版公司制版
北京建筑工业印刷厂印刷
*
开本：787×1092毫米　1/16　印张：13½　字数：335千字
2018年6月第一版　　2018年6月第一次印刷
定价：**59.00**元
ISBN 978-7-112-21721-2
(31572)

版权所有　翻印必究
如有印装质量问题，可寄本社退换
(邮政编码 100037)

前　　言

多年的煤炭开采导致地表大面积沉陷，尤其在我国黄淮平原的高潜水位矿区，形成了库容量较大的沉陷水域，且仍在持续扩大。目前，针对采煤沉陷水域的治理，主要是局部的环境整治和生态重建，全方位或结合开发建设的治理还未被关注。

本书从采煤沉陷水域的治理与开发建设相结合的角度，以生态学、资源利用、土木工程、市政工程、城市规划、建筑学等相关理论为基础，融合多个学科进行交叉研究，综合采用理论分析、模拟实验、数字模型、数值验算和实体模型等方法，对漂浮城镇构建的背景和基础、建造模式及技术方法、城镇建设规划、市政设施以及推广应用等方面进行系统介绍。全书共分为7章，主要内容为：

第1章　绪论。对漂浮城镇的构建背景、研究目的及意义，以及基本构建思路，进行整体概述。

第2章　漂浮城镇的构建环境与基础。从沉陷水域治理和城镇建设需求出发，对漂浮城镇的构建环境和构建基础进行详细研究，通过必要性与可行性分析，确立在沉陷水域构建漂浮城镇的基础条件。

第3章　漂浮城镇的建造模式与技术方法。根据沉陷水域的水体环境和地质特征，基于建造结构和力学分析，提出漂浮城镇建造的基本原理和建造方法，给出适合的漂浮结构形式，通过有限元模拟分析和力学计算，确立漂浮城镇的建造模式和技术体系。

第4章　漂浮城镇的建设规划。基于漂浮城镇的建造模式和沉陷水域的基本特征，制定城镇的建设原则和规划准则。遵循"以点带面、分期规划"的建设思路，按照布局组团化、功能复合化、建设集约化、产业高端化、环境"田园"化的原则，建立城镇的形态布局和空间结构体系，与周边沿岸及外围区域形成"新型有机群落"和"特色发展圈"，协同共促，构成系统的生产生活和建设运营模式。并通过三维数字化模拟技术，搭建城镇建设的应用模型及框架体系。

第5章　漂浮城镇的市政工程规划。针对漂浮城镇的建造方式和规划布局特征，对城镇的交通系统、水系统、能源动力系统、管线系统、环境卫生系统等市政基础设施进行整体规划。按照"同步发展、适度超前"的基本思路，通过生态创新技术和物质能源的再生利用，建立可持续的基础设施体系，构建适合于漂浮城镇的市政基础设施模式。

第6章　漂浮城镇的应用分析。根据漂浮城镇规划建设的技术路线，对其推广应用进行分析与论证，确立其发展模式及体系、指出其应用方向及价值、分析其应用效益、预估其建造成本并给出资金筹措办法，形成相对完善且适于推广的系统模式。

第7章　结语与展望。书中以构建采煤沉陷水域的漂浮城镇，作为一种独特的资源利用方式，为广大未稳沉区的开发利用拓展新的路径，为沉陷区治理提供全新视角，同时解决矿区的环境问题、经济问题、三农及社会问题，一项举措多方受益，最大程度地促进经济、环境和社会的协调发展，提供一种新型的中国特色矿区治理和城乡建设模式。尤其是在我国人地资源紧张的迫切形势下，对于缓解人地矛盾、坚守耕地红线、促进新型城镇化建设和区域可持续发展、建设生态宜居的"美丽中国"等具有重要的研究价值和现实意义。

鉴于著书时间及作者水平有限，加之学科发展迅速、研究成果日新月异，书中不妥之处，恳请读者批评指正。

目　　录

1 绪 论

1.1 漂浮城镇的构建背景

1.1.1 沉陷水域有待开发利用

作为发展中国家，煤炭一直是我国的第一能源，是我国城市经济乃至整个国民经济的重要"增长极"，曾为现代化建设作出了巨大和不可替代的贡献。但在这贡献背后，是对生态环境的极大破坏——形成大量的采空沉陷区。目前，全国采煤沉陷土地面积已达到 80万 hm^2，且仍以约 6 万～7 万 hm^2/年的速度递增[1]，其中 70% 左右为沉陷积水区域[2]，尤其在黄淮平原的高潜水位矿区，常年积水已经形成了大规模的沉陷湖泊（图 1-1）[3]。未来直至 2050 年，煤炭在我国一次能源中的比重仍将不低于 50%，由此造成的地表沉陷及积水面积还将持续扩大[4]。

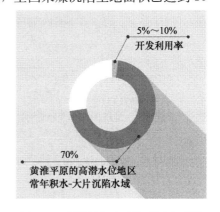

图 1-1 采煤沉陷区开发利用比重图

反观当下对采煤沉陷区的开发利用却仅占总量的 5%～10%[5]，而沉陷水域利用比率则更低。大多是在沉陷地治理的基础上，对有限的部分水域进行环境整治和生态重建，其形式多以湿地景观开发或农渔经营为主[6]。大量的沉陷水域仍长年处于荒废状态，富营养化及严重污染，耕地退化、盐碱化等问题接踵而至，致使矿区生态环境不断恶化[7]，进而诱发一系列的社会、经济问题，造成城市发展困境。

1.1.2 利用方式需要更新转变

伴随城镇化和工业化进程的加快，我国建设用地需求不断加大，加之人多地少的国情和保护耕地的政策，土地供需矛盾日益突出，土地承载力业已接近极限，水土资源严重告急。与此同时，十八大确立的推动资源利用方式的根本转变、优化国土空间格局、走中国特色的新型城镇化道路、建设生态文明的"美丽中国"——为我国未来发展指明了重要方向，也对矿区治理建设提出了新的要求。采煤沉陷区的整治工作是资源型城镇发展的重要环节，如何因地制宜地立足于资源禀赋，使沉陷区建设最大程度地促进地方经济、环境、社会的协调发展，成为其治理的重点和难点。因此，为解决新形势下的诸多问题，迫切需要新视角、新理念和新模式。

1.2 漂浮城镇的构建目标

　　针对采煤沉陷水域这一特殊水体及其所在区域面临的具体问题，本书从水土资源利用及沉陷区治理需求出发，立足于时代和环境发展的全新居住理念，将沉陷水域的开发利用与居住功能及城镇建设相结合，直接利用沉陷水域拓展用地空间，因地制宜地探寻一种新型的城镇形态和生活模式（图1-2）——漂浮城镇，构建一个综合考虑空间结构、产业格局、生态系统的超前现代、绿色循环、惬意养生的宜居之所（图1-3）。尝试以一种措施统筹兼顾多项治理方式，达到多方循环互促、共同发展。以漂浮城镇为核心辐射隔水岸边，形成湖中现代城镇、环湖服务村落，水陆共促的"新型有机群落"，同时与外围城市形成"特色发展圈"，协调区域发展，构成新型城镇化的特色模式，逐步发展为一种全新的居住理念和系统的生产生活方式。

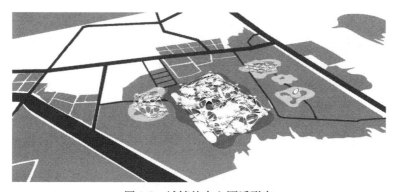

图1-2　城镇的水上漂浮形态

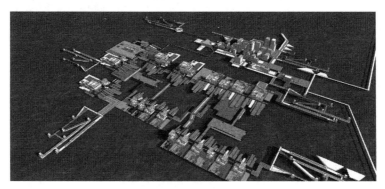

图1-3　漂浮城镇的空间布局

　　全书在理论研究的基础上，针对采煤沉陷水域面临的现实问题，创造性地提出构建漂浮城镇的解决方案，突出理论性、科学性、可操作性和创新性：

　　（1）从全新视角探索沉陷水域的开发利用方向，充分挖掘资源的潜在利用价值，创造性地将沉陷水域利用与居住功能、城镇建设相结合，拓展生存空间，以一种新路径实现资源利用方式的革新，探索建设用地的新模式。

　　（2）基于建造结构和力学分析，提出漂浮建造的基本原理和建造方法，通过模拟实验、数字模型、实体模型和数值验算，确立了漂浮城镇建造的技术体系。

（3）根据漂浮建造模式和沉陷水域的基本特征，制定城镇的建设原则和规划准则，通过三维数字化模拟技术，建立漂浮城镇的基本形态和空间结构体系，搭建城镇建设的框架模型，构建适合于漂浮城镇的市政基础设施模式。

通过对实地环境的数据模拟，建立数字模型、制作实体模型、进行模拟试验（图1-4、图1-5），得出具有一定导向作用的解决方案和建设思路，为广大未稳沉区的开发利用拓展新的视角，从中探索我国平原高潜水位矿业城镇建设的普适性模式，尝试为相关地区量身定做一套切实可行的规划方案，为类似问题的解决提供有益的理论支撑和科学参考，也为未来城镇的可持续发展与空间重构提供资料准备，具有较强的理论和现实意义。

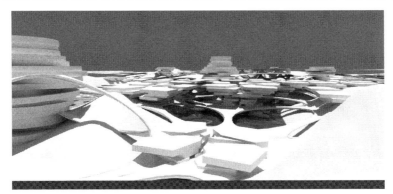

图1-4　漂浮城镇的三维数字模型

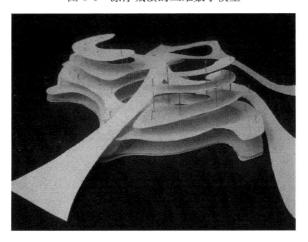

图1-5　漂浮城镇的实体制作模型

1.3　国内外相关研究分析

1.3.1　沉陷水域的研究进展

沉陷水域作为采煤沉陷地的特殊产物，其研究正是伴随沉陷区的综合治理而逐步发展起来的。

（1）国外进展

① 治理历程

a. 自发起步阶段（18世纪中期～20世纪上半叶）

国外对采矿区的治理起步较早，可以追溯到18世纪。1766年，德国就明确要求采矿者有义务对矿区进行治理并植树造林。20世纪20年代初，开始对露天开采褐煤区植树绿化[8]。美国印第安纳煤炭生产协会在1918年就自发地在煤矸石堆上进行种植试验。《1920年矿山租赁法》明确要求保护土地自然环境。1939年随着西弗吉尼亚州第一个管理采矿的法律——《复垦法》（Land Reclaim Law）的颁布，印第安纳州、伊利诺伊州等州先后制定了关于露天开采和土地复垦的法律，矿区环境修复逐步走上有法可依的轨道。此后，欧洲开始与北美一起开展生态恢复的研究，针对不同的环境问题如水体、矿山、水土流失等，通过应用工程和生物措施，对沉陷区水环境进行恢复和治理工作[9]。

b. 科学深入阶段（20世纪50～70年代）

20世纪下半叶起，世界各国纷纷采取政策，制定了有关矿山土地复垦方面的法律和法规，对废弃矿区进行整治，采取多种措施防止土地荒芜，减少对自然环境的破坏，主要集中在生态植被系统的恢复。20世纪50～60年代，随着矿区生态环境修复法规的制定和修复工程实践活动的加速，矿区治理开始进入科学修复时代[10]。70年代后，采煤沉陷区的生态恢复研究由单纯的土壤生产力恢复和环境修复上升到生态系统的恢复层面，融合采矿学、地质学、地理学、土壤学、农林学等多学科为一体，成为多学科、多行业、多部门联合协作的系统工程，形成了比较完整的法律体系和管理体系，建立起相关的土地复垦企业、科研机构、学术团体等。许多企业自觉地把土地复垦纳入采矿设计、施工和生产过程中。1975年，召开了具有里程碑意义的"受损生态系统的恢复"国际会议，首次专门讨论了受害生态系统的恢复和重建等许多重要的生态学问题[11]。1977年，美国政府颁布的《露天采矿管理与复垦法》（Surface mining Control and Reclamation Act）成为一部对采煤沉陷区治理具有标志性意义的法律，随后沉陷区生态治理研究开始走向深入[12,13]。大规模的复垦工程在这一时期普遍展开，除了进行系统绿化外，还在水土改造、施工技术等领域取得了大量成果和成功经验。

c. 蓬勃开展阶段（20世纪80～90年代）

20世纪80年代，许多工业发达国家的矿区生态环境修复步入蓬勃发展的轨道[14-16]。80年代中后期，沉陷区的破坏影响突出显现，如土地的断裂和下陷、地下水位的下降、地表生长植物的死亡等，生态环境难以恢复，沉陷区地表环境研究进入全球性阶段[17]。80年代末至90年代，矿区土地复垦的理论研究处于高潮时期。生态学观点在矿区环境恢复中被大量引入，开始综合考虑生态景观美化、人与自然和谐、可持续性发展等问题[18,19]。1992年，巴西世界联合国环境与发展大会制定了实施可持续发展的《21世纪议程》，采煤沉陷地的生态治理工作更加引起世界各产煤国家的普遍重视。美国、澳大利亚、波兰、俄罗斯、英国、加拿大等国家，分别通过法律和行政手段成立了相应的管理机构，规范土地复垦，综合运用经济和技术措施，开发利用煤矿沉陷地，取得了良好效益。1993年，《Restoration Ecology》杂志在美国创刊，与恢复生态学有关的主要学术刊物还有《Ecological Restoration/North American》（即原《Restoration & Management Notes》）、

《Land Degradation & Development》、《Conservation Biology》[20,21]。1996年，在美国召开了国际恢复生态学会议，专门探讨了矿山废弃地的生态恢复问题。亚洲的日本、韩国制定了土地资源开发利用的法律法规，并积极给予资金和技术上的支持，实施了一系列的生态修复工程，并取得了一定成效[22]。随着相关的技术发展和法制完善，欧洲、北美发达国家的土地复垦率显著提高，沉陷水域的环境修复也逐渐成为矿区生态恢复的一部分。

d. 活跃发展阶段（21世纪至今）

进入21世纪以来，矿区生态治理的研究愈发活跃，涉及面较广，沉陷水域正式纳入矿区生态恢复的综合治理[23]。这一时期的研究主要包括：采矿沉陷地对生态环境的影响机制与生态环境恢复策略[24-30]；土地复垦与其他环境因子对生态恢复的影响[31-34]；3S等技术在沉陷地复垦中的应用[35-38]；生物技术及植被恢复在沉陷地重建中的应用[39-44]等。有关沉陷水域的水质环境监测及水生物的系统研究逐渐增多，对水体的富营养化及水污染提出了解决方案。如Zhou W F就沉陷对水污染影响方面进行了分析和探讨；Mazej Z等以采煤造成的人工湖为例，监测重金属在食物链中的含量[45]；Bukowski P、Bromek T、Augustyniak I利用DRSTIC分类系统对波兰采沉陷区的水质进行监测，发现该区域水质随着沉陷年限的增加逐渐变劣，矿井水及煤矸石淋溶液是主要污染源[46]；Younger P L、Christian W还运用现代技术对沉陷区的水质进行监测与评价，提出了沉陷水域利用与管理措施[47]。

② 实践措施及典型案例

伴随传统工业的衰退和环保意识的加强，矿区治理在20世纪70年代成为关注的焦点，其生态恢复问题得到重视。尤其在20世纪90年代后，在全球土地资源紧缺、矿区恢复技术日渐成熟的条件下，随着对环境和可持续发展问题的关注，各国改造矿区的热潮随之而来，开发方式也趋显多样化。

美国：井工开采比例为38%，以房柱式为主，沉陷系数小。其土地复垦研究是世界上最活跃、技术水平也比较高的。主要研究露天煤矿的复垦，对复垦土壤的重构与改良、再生植被、侵蚀控制和农林等方面的研究比较深入，成立了"国家矿山土地复垦研究中心"（NMLRC）。通过州立公园和国家公园的形式对矿区进行生态更新，并对工业历史遗迹进行保护，如西弗吉尼亚的罗根州立公园（Chief Logan State Park）。由于人少地多，治理目标偏向于生态环境的保护，以景观利用为主，强调恢复破坏前的地形地貌，以大地艺术的方式循环利用土地和水资源，促进矿区的治理恢复[48]。对开采沉陷区的治理：一是复垦，二是作为湿地加以保护。复垦方法主要为挖沟降水、回填或二者相结合，回填材料包括客土回填及采选矸石。客土回填的土地用作农作物种植，而使用矸石等废弃物经过机械分层压实后回填的土地，大多用于植被恢复或娱乐休闲，如弗吉尼亚沉陷区矸石回填的种植复垦、蒙大拿州Anaconda矿区改造的高尔夫球场、普莱亚斯改建的美国最大反恐演习场。

德国：以露采为主，作为世界上重要的采煤国家之一，对矿山的生态恢复、保持农林面积十分重视，复垦后多用于农业耕作和林地，创立了混合型土地复垦模式，将农林用地、水域环境、景观及微生态循环协调，为人和动植物提供生存空间[49]。1991年，欧洲大地艺术、装置艺术和多媒体艺术双年展在科特布斯附近一个废弃露天矿举行，标志着通过景观手法对矿区进行新探索的开始。2000年，德国汉诺威世博会项目"德绍-比特费尔德-维滕贝格区域规划"，以创造新生活和促进经济转型为目标的36个规划方案都选址在废弃矿区，第一次依照生态和景观设计需要对矿区再利用做出新的诠释[50]。其突出特点表现在对公共空间保护和公共景观改造后，形成崭新的、高品质的后工业景观，如在莱茵，农林复垦使区内景色和周边环境协调一致，为居民提供了适宜的疗养、休息及景观场地；在科特布斯，生态学的思想渗透到景观设计领域，将废弃设施的再利用、资源的循环使用和对自然再生植被的保护相结合，以巨大的废弃矿坑为背景，塑造大地艺术作品，更新项目在进行技术改造和生态恢复的同时，挖掘原有特质，形成具有鲜明地方特征的景观，尝试了景观艺术创作的途径，为矿山治理重建开拓了崭新思路；在劳齐茨，水体成为景观规划的一部分，尝试利用水上浮动小屋构成景观节点，发挥独特的景观元素作用；在鲁尔，通过水环境治理，营造出湖泊、陆地、动植物和谐共存的生态空间，成为人们游玩休闲的自然保护区[51,52]，开发为集博物馆、购物旅游、休闲景观于一体的利用模式，由传统的工业区转变为现代科学园区、工商发展园区、服务产业园区等新形式[53]。Bell F G、Stacey T R、Genske D D 就鲁尔区从 19 世纪 80 年代到 20 世纪末采煤沉陷对环境的影响进行了论述[54]；诺德斯顿公园（Nordstern park）作为国际建筑展埃姆舍公园（Froscher Park）的重要项目之一，保留了矿区大部分设施，建造公园和居住区，并在原有矿坑地形的基础上，进行大地艺术的处理；科隆市西郊在采煤沉陷地营造出既有沼泽又有林地的生态环境，成为大批野生水鸟和动物的聚集地。

澳大利亚：采矿业是其主导产业，矿山生态恢复成为开采工艺的一部分，并作为一种行业发挥作用。其生态恢复工程已经成为一项周密的完整系统，不仅合理安排土地恢复功能，而且注重防止矿山废弃物的浸滤对地下水系产生影响。在生态恢复的排水工程设计上，除必须防止对地表水系的污染外，还强调将排水管网系统构成一个合理的排水模式，最终排泄径流位置根据周围水系河道而定。多专业的联合投入、高科技的指导支持以及多模式的综合采用较好地实现了土地和水环境的生态恢复。

英国：作为较早开展沉陷区复垦的国家之一，其主要以污染地的复垦和矿山固体废弃物为重点，复垦方向为植被恢复及景观利用[55-58]。如以废旧黏土大矿坑建造的"伊甸园"成为英国新千年庆典工程之一，建立了世界上最大的温室植物园，每年吸引大批游客，所得收入用于园内植物研究。英国矿业与环境委员会还将沉陷洼地开发为林地、草地、农地、娱乐场所和野生动物栖息地等。

捷克：沉陷量较小的地区，采取局部回填或平整的方式进行土地利用，填充复垦后80%～90%用于农业和林业[59]；沉陷量较大的地区，将沉陷坑用作蓄水池。

法国：由于工业发达、人口稠密，其对土地复垦提出保持农林面积的要求，并要求恢复生态平衡、防止污染。

波兰：井工开采比例达 68%，开采方法与我国类似，但人地矛盾并不突出，因此其研究偏重于生态恢复，集中在露天矿和矸石山的复垦，主要用于种草和植树。

此外，加拿大、南非等国家对矿区土地复垦的研究也十分深入，复垦技术也比较先进[60-67]。近年来，美国、澳大利亚等一些学者提出把多种自然环境因素引入城市地域，如在城郊兴建水库、河湖和大面积绿化带，净化空气和吸收噪声，吸引自然界生物与人类和谐共生[68]。

③ 国外小结

总体来看，国外对采煤沉陷区的治理主要集中在对沉陷地的生物复垦方面，以恢复生态环境为主。对沉陷水域的研究，以湿地保护、建立公共景观为主，集中在水环境监测和水质研究方面。美国、德国、英国等发达国家的土地复垦率已经达到 70% 以上。研究成果主要有两大方向，一是沉陷的源头控制，二是采煤后的治理。研究重点集中在复垦土壤的侵蚀、熟化和培肥，复垦土地的植被更新技术，土地复垦和生态重建的长效性和可持续性监测，矿山复垦与矿区水资源及其他环境因子的综合考虑等方面[69-72]。复垦后的土地多用于绿化植树。其研究对象的广泛性、开发模式的多样性、规划方法的创新性和集成性以及区域协调的思想，为我国采煤沉陷区综合治理提供了一定参考。

但值得注意的是，由于国外矿多为露采，井工开采比例不高，且治理与开采同步进行，沉陷地积水问题并不突出，其治理重点集中在露天采矿区和矸石山方面[73-83]；加之国外相对地广人稀，人均占地面积较大，因此，对沉陷水域的研究都偏向于生态环境的保护，以恢复生态环境和建立湿地景观为主[84-87]，大多是为水资源利用而进行的水质情况研究[88-94]。由此看来，各国沉陷区治理有着各自不同的特点和模式，差别来自于不同的社会经济环境、国情需求、面临的具体问题等诸多因素。对采煤沉陷水域的开发与利用，还需针对我们的特殊国情，进行专门的研究。

（2）国内进展

① 治理历程

a. 自发试验阶段（20 世纪 50～70 年代）

我国自 20 世纪 50 年代起，开始关注采煤沉陷地的治理开发。起初个别厂矿及科研单位自发进行小规模修复工作，通过填埋、刮土、复土等简单措施将退化土地改造成耕地，实现矿区土地的可耕性土壤修复。随后 70 年代，东部平原煤矿区农民开始进行小规模的沉陷区水面养殖和种植，或以煤矸石充填后作为基建用地，成为沉陷水域利用的最初尝试。

这一时期，基本是零星分散、小规模和低水平的生态恢复，主要目的是改善环境、维护矿区安全、缓解土地需求压力。采矿企业生态环境保护意识淡漠，技术体系以及资金短缺，从事这方面的研究机构和人员也很少。没有统一的管理和领导，也没有相应的法律法规要求，缺乏生态恢复的理论研究。矿区环境的恶化趋势没有得到有效的遏制。

b. 整体有序阶段（20 世纪 80～90 年代）

20 世纪 80 年代以后，随着改革的深入和社会经济的发展，工业、采矿、建筑等行业占地急剧增加，加之人口的急剧膨胀使人均占有耕地日益下降，人地供需矛盾越来越突出。珍惜和节约每寸土地的观念越来越受到重视，矿区治理和土地复垦问题也受到政府及有关部门乃至全社会的关注。1985 年，在淮北召开了第一次全国土地复垦学术讨论会。1986 年，国家颁布的《土地管理法》明确规定了土地复垦的任务。1987 年成立了土地复垦研究会。在较大规模理论和政策的介入下，我国矿区的治理工作取得了较大进展。以马恩霖等人编译的《露天矿土地复垦》和林家聪、陈于恒等翻译的《矿区造地复田中的矿山测量工作》两部著作为标志，我国开始在借鉴国外经验的基础上，结合煤矿开采沉陷特点和自然条件，开展了复垦技术和土地复垦模型研究。最初的矿区土地复垦模式适用于不同类型破坏土地的复垦技术，主要是指工程技术，不包括近年来提出的生物复垦技术及复垦土地经营管理模式。矿区土地复垦模式局限于东部矿区，对沉陷水域的利用并未作为专门的研究方向，仅是在土地复垦之余，将极小部分浅水区回填为土地，尚未有深入的利用规划。

1988 年出台的《土地复垦规定》和 1989 年颁布的《中华人民共和国环境保护法》标志着矿区生态环境修复步入法制化轨道，确立了"谁破坏、谁复垦"的原则。这一阶段经历了从自发性零星复垦到自觉性有计划复垦、从单一复垦到多种形式复垦、从无组织到有组织、从无法可依到有法可依的巨大变化，土地复垦和生态修复进一步得到重视[95]。矿区土地复垦工作全面开展，土地修复更加系统化，开始关注矿区稳定利用土地资源和基本环境问题治理，沉陷区恢复的速度和质量有了较大的提高，取得了一定的研究成果，如采煤沉陷地综合修复技术、建筑抗变形理论、预报警系统等。

从 1989 年到 1991 年，国土部门先后在河北、江苏、安徽、山西、湖南、辽宁等省设立了 23 个土地生态恢复试验点和生态恢复综合示范工程，各省市建立了许多生态恢复的示范基地，取得了大量生态恢复的经验和技术成果[96-102]。1998 年国土资源部成立后，由国家专门机构负责采煤沉陷区治理工作。1999 年新修订的《土地管理法》出台，实行占用耕地补偿制度，大大地推动了沉陷地的复垦发展，矿区治理研究空前活跃起来，研究文献成倍增长，主要研究成果涉及：矿区治理规划理论和方法、高潜水位矿区生态工程复垦、土地复垦政策与战略、矸石山植被与复垦、开采沉陷对耕地的破坏机理与对策研究、采煤沉陷区治理的经济效益等。如卞正富等深入探讨了采煤沉陷地基塘复垦系统与珠江三角洲基塘系统，与挖深垫浅复垦方法进行比较，提出了基塘复垦模式的概念[103]。顾和和提出沉陷土地的可持续利用实质就是土地的持续高效利用[104]。这一时期，参与研究人员涉及采矿、地质、测量、农学、地理学、土壤学、环保、水利、生态学、土地规划与利用、林学等多专业。在长沙黑色矿山设计研究院、冶金设计研究总院、煤科院唐山分院、中国矿业大学、山西农业大学、中国科学院地理研究所及生态环境研究中心、北京大学等单位均有专门的土地复垦研究室（或课题组）。研究队伍的专业化、多学科化和高层次化使矿区治理研究取得了长足的进展。

但是由于利益的驱动，复垦远远跟不上破坏，破坏的权力与复垦的责任不明确，致使土地破坏引发的问题更加尖锐。在沉陷水域的处理上，仅是对少部分水域进行水质监测，以水环境治理为主。采煤沉陷区治理仍有很多问题需要解决，选择何种修复方式仍然是专家学者所关注的焦点。

c. 蓬勃发展阶段（21 世纪至今）

随着各级政府、专家和学者对采煤沉陷引发问题的高度重视，煤矿区土地破坏问题列入国民经济和社会发展"十一五"计划生态建设和环境保护重点专项规划，开始了景观生态复垦研究阶段。对沉陷地的治理改变了过去以恢复采矿受损土地为重点的土地复垦理念，更加关注矿区的景观生态协调和社会的可持续发展，逐渐把土地复垦与生态重建的理论与实践紧密结合起来，扩展了土地复垦的概念、内涵、边界及其学科体系的探讨，由单纯强调将毁损土地恢复到可利用状态，到注重整个矿区生态修复及重建，趋向于更加综合地涉及社会经济的生态问题或复合生态问题[105]。

这一时期采煤沉陷地复垦工作在人地矛盾突出的安徽、江苏、山东、山西、河南和辽宁等地表现较为明显，枣庄、兖州、大屯、淮南、淮北、徐州等成为治理复垦的代表地区。矿区土地复垦方向主要是生态重建，以生态农业为特色的农田景观重建成为多数矿区生态重建的选择。特别是东部黄淮平原沉陷深、规模大且集中，高潜水位和气候降水形成了大规模沉陷水域，其治理工作愈发受到关注。通过对部分可利用的沉陷水域挖深垫浅，回填为土地使用，或者进行水环境监测，以及建立鱼塘或湿地景观，将沉陷水域利用作为矿区生态环境修复的重要组成部分。以中国矿业大学等研究机构为代表，研究侧重点是：挖深垫、充填复垦、疏排工程复垦等工程治理措施。中国科学院地理科学与资源研究所以兖滕两淮地区为样本，对采煤沉陷地的综合整治途径进行了研究。罗爱武针对淮北矿区实际情况，提出了采煤沉陷地土地复垦的五种模式[105]。卢全生等以河南省永城矿区为例，分析了5种模式复垦后的综合效益[106]。董祥林等提出对朱仙庄矿地表沉陷矿区实施梯次动态复垦[107]。阎允庭等在对唐山市采煤沉陷生态环境分析基础上，给出了其生态重建模式[108]。矿区的治理研究有了突飞猛进的发展，形成了两大研究领域：以中国矿业大学和山西农业大学等为代表、以煤矿废弃地为研究对象、以土地利用为主要目的生态恢复理论与技术研究；以中山大学和香港浸会大学等为代表、以有色金属矿山废弃地为对象、以环境污染控制和自然生态系统恢复为主要目的的理论与技术研究。2011年2月22日国家通过了新的《土地复垦条例》，就生产建设活动损毁土地的复垦、历史遗留损毁土地和自然灾害损毁土地的复垦、土地复垦验收、土地复垦激励措施、法律责任等作了规定。矿区沉陷地的生态环境恢复治理工作正在迈上新的轨道。

②总体研究现状

长期以来，采煤沉陷水域和附近的地表水成为矿区及周边工矿企业废水、生活污水的排放场所，加上周围农田的非点源污染，造成水质恶化，对周围地下水及土壤造成污染，成为矿区生态环境的潜在威胁[109]。总结矿区环境的治理恢复中对采煤沉陷水域的相关研究，主要集中在以下几方面：

a. 沉陷水域的分类

根据沉陷区及附近有无河流，将沉陷水域分为河网浅积水型、河网深积水型、河间浅积水型和河间深积水型。

根据积水区与周围环境存在的水力联系，将沉陷水域分为封闭式积水区和开放式积水区，取决于沉陷区的水文地质条件。前者主要为天然降水、矿井排水、农业及生活污水；后者除封闭式积水域水源外，还兼有地下水或地表径流补给。一般封闭式沉陷水域易受季节性气候影响[110]。

根据积水水量的稳定性，将沉陷水域分为季节性积水区和常年积水区。前者主要是因局部地块沉陷，使地表呈现凹形洼地，下沉坡度平缓、时有台阶，土壤结构不同程度发生变化，下陷深度浅，当雨水较多时，会积水形成水塘，一般在0.5～1.5m；当少雨或者无雨季时，会形成板结地，不利于农业生产，使农田减产在40%～50%，甚至更高；当下沉至地下水位以下，深度在2m左右的区域，形成常年浅积水，易使作物绝产，若不进行挖深或排水很难耕种和养殖；当下沉深度较大，一般在3m以上，形成常年深积水区，成为较大规模的沉陷湖泊，水量充足，周边会带有部分季节性积水的拉坡地；在深浅积水交错区，沉陷形成深浅不一、高低差别较大的封闭湖面，地形较为复杂，浅积水区、深积水区和拉坡地交替分布。

在实际情况中，大多数采煤沉陷水域融合了多种分类，形成了不同的复合类型，综合开发和整治模式也不尽相同。

b. 沉陷水域的基本特征

采煤沉陷水域是煤矿生产活动形成的特殊人工水体，一般均是自然进出口封闭，中间深、四周浅，水深与地下采煤厚度有关，且随出现年龄增长而不断加深，直至最终稳沉。大小不等的沉陷积水坑无规则地分布在沉陷区，造成农田土地景观破碎化程度高，原生态系统破坏与退化，陆地生态系统转变为水陆交错生态系统。与自然水域形成机理、形成时间不同，沉陷水域没有经过长时间的生态演替和系统进化，生态功能相对薄弱。即使经过治理，或许在景观、地貌等外部特征上具有与天然湿地一样的表现，但其物理、化学、生物性质明显不同于一般的湖泊、水库等淡水水体，其特征主要表现为：

与煤矿的关联性密切。沉陷水域因煤矿而生，水生物群落和生态系统特征与煤炭生产规模、服务年限、不同时期煤矿相关产业的兴起与发展密切相关，不同时期的产业规模和污染程度都记录在沉陷水域的微生物生态演替序列上。

水补给来源复杂。地表径流、浅层地下水的汇集，矿井排水、矸石淋溶水、生产生活废水的直接或间接排入，给沉陷水域注入了大量的氮、磷、钙、镁、钾等离子及有机物等，改变其理化环境，使其水生物种群、数量以及水的营养状态都有别于其他地表水体。

受微震影响。煤层采空后的 5～6 个月后，采空区的 50%～90% 将发生沉陷，整个沉陷过程一般将持续大约 10～30 年，甚至 50 年以上才能达到稳定。在顶板没落和变形的过程中伴随着能量的释放，产生沉陷区特有的矿震现象。沉陷水域处于微震环境下，水体悬浮物大量吸附重金属离子并产生沉淀。

水质控制影响因素多样。沉陷水体环境的形成是由各种化学元素本身的理化性质、迁移性能以及环境地质条件等诸多因素共同作用的结果。因此，不同沉陷年龄、沉陷深度、沉陷广度的水域，水质状况有所不同；不同沉陷水体在不同季节的理化特征也是不断变化的，均呈弱碱性，且碱性高于浅层地下水背景值。另外，沉陷水域的周边环境及利用情况不同，水质也会有所区别，如矿井排水、固体废弃物中有害物质的风化淋溶释放、外围工业、农业、生活等非点源污染等因素也会对水质产生很大影响。

对天然水系环境造成影响。随着沉陷水域的不断扩大，受一定程度的沉陷影响，沉陷积水和地表水系交融汇通，部分积水已与天然水系连成一体，其水体特征与水力联通性等有一定关系，其水质水量将不可避免地对当地水环境造成较大影响。如若未能有效整治，就会破坏整个沉陷区的水系环境，导致天然水系紊乱、水环境质量恶化[111-115]。

c. 沉陷水域的利用方向

对沉陷水域的开发与利用，学术界有着多方面的探讨[116-122]，利用现状比较复杂，普遍缺乏管理，大部分进行零散的渔业养殖，其余作为周围农田的灌溉水源或建设为景观湿地等[116-122]。如：李涛等分析了淮北地区采煤沉陷水域的渔业开发和利用现状，探讨了沉陷区渔业养殖的发展对策，并指出了存在的问题；王振红等分析了淮南矿区沉陷积水的水环境特征以及利用现状，综合评价了沉陷区的水质，并根据其生态环境状况分析了研究区内的水体所能支持的用途，如农田灌溉、渔业养殖、景观用水或工业用水，研究发现采煤沉陷水域受到不同程度的污染，对其进行保护与水环境修复势在必行；师雄等从环境污染、水土流失和土地荒漠化等方面，进行煤矿沉陷区对环境的影响分析，并提出了相应的生态修复措施；田采霞等对我国矿区的环境问题从大气、水等方面进行了分析，并对煤矸石和粉煤灰的利用等提出了相应的解决措施；郑元福等对黑龙江地区的矿山开采引起的地质环境问题进行了分析，并提出建立矿山公园的生态修复措施；杨瑞卿在分析徐州市九里采煤沉陷区景观生态特征的基础上，从水环境综合整治、粉煤灰利用、驳岸建设、植物配置等方面对采煤沉陷区人工湿地的可持续景观规划进行了研究。

d. 水生态系统研究

对沉陷水域的水生态系统研究主要集中在生物多样性方面，从早期以物理、化学指标为主，过渡成以生物指标为主，参考物理、化学指标的生态学评价及研究[123-125]。如：王雪湘等对唐山采煤沉陷水域动植物资源进行调查统计，通过对该地区生物多样性进行分析、评价，提出影响生态环境的不利因素，并从保护区规划、植被栽种改良土壤等多方面提出改进对策；王振红等对淮南矿区不同沉陷年龄沉陷塘的水生态监测，分析了沉陷水体受周围环境的影响程度，探讨了不同沉陷年龄的沉陷塘浮游生物的组成、生长限制因子及变化规律；桂和荣等通过研究沉陷水域中蓝藻生长的季节性变化以及主要生态影响因子，探讨了浅水沉陷塘新型湿地的藻类群落季节特征及其对生态环境的影响。

e. 水体环境及水质监测研究

为实现沉陷水域的水资源利用和保护，许多学者对沉陷区水资源环境开展了一些基础研究工作，一般是对特定地区的水域环境，采用相关技术对水质进行监测[126-130]。如：何春桂从微生物角度对淮南沉陷水域进行了水环境现状调查；姚恩亲提出采用蚕豆微核技术对煤矿沉陷塘水域进行水质监测；虞登梅对潘集新矿区浅层地下水进行了水环境质量评价；倪传钧对潘集矿区地下水的化学特征进行了分析；王官勇等对淮河流域水资源与水环境的变化进行了分析；计承富等研究了矿区沉陷塘水体营养状况的时空变化特征及其主要指标的内在变化规律；罗专溪等研究了沉陷塘浮游生物对矿区生态环境变化的影响，对潘一煤采用格网布点法对水质进行采样监测，分析水体的重金属元素，运用模糊综合评判法对水质进行评价，提出相应的治理措施和综合利用方式；童柳华等对潘集矿区水质进行全面采样监测，运用数学模糊综合评判法对水质进行了评价；张辉等通过监测发展阶段的沉陷水体的理化指标，分析淮南沉陷水域水质现状；金速等以辽宁省为例，对大型煤矿区的地下水和地质灾害的演变规律及地下水与地质环境灾害之间的关系进行了研究分析；张文鸽、王陆军、杨朋等很多学者都分别通过模糊综合评价法对水质进行评价；姜珊珊等从地表水、地下水及水体污染方面就采煤沉陷对水环境的影响进行了研究；张梅丽通过对沉陷水域的水质和环境影响因素的分析，运用内梅罗污染指数法、模糊聚类法和单因子指数法，得出沉陷水域的水质状况随季节的变化而变化，与气温、降雨量、周围人类的活动有着密切的联系，不同指标在不同季节呈现不同的变化特点。

从现有对沉陷水域的环境研究来看，水体普遍存在污染现象，不同水域水质污染评价结果不等，有的甚至大大超过国家规定的Ⅴ类水质标准[131-133]。张辉研究淮南谢桥沉陷水域的水环境质量和水质理化特征，发现区域内的水质受到不同程度的污染，多种污染因子具有时间积累效应。王振红从沉陷水域的水生生物的角度，分析了淮南采煤沉陷区的水生生态环境，研究表明水体已经受到一定程度的污染。侯来利在对沉陷水域有机物污染研究中发现沉陷水域大部分呈重富营养型，谢二矿水域的水质低于国家Ⅴ类标准，已达到弃水标准。计承富研究表明，沉陷水体水质已经受到一定程度的污染，按营养状态综合指数其污染级别为Ⅳ级，属中污染级别；水体富营养趋势相对较明显，属中度富营养；水体受有机污染严重，BOD_5、COD_{Cr}、TP等指标含量较高，水体水质变化一方面受环境因素影响较大，另一方面也有其内在的发展规律，有较明显的特殊性。徐良骥等人选择了3个具有不同沉陷年龄的沉陷水域，分别对水体的多种污染物质进行了检测、分析，得出沉陷水体污染因不同的沉陷年龄和环境差异而不同，并且具有季节性变化。刘劲松等研究了不同沉陷年限的采煤沉陷水域，根据监测数值分析了理化指标和水中的重金属污染，结果表明水体中营养物质较丰富，受到不同程度的污染。裴文明通过对潘集沉陷积水区水环境遥感动态监测发现，矿区水环境普遍富营养化有的甚至高度富营养化，水质类别为Ⅳ或Ⅴ，水污染严重。苏桂荣对谢桥矿沉陷塘水质进行的分析得出，水质呈弱碱性，透明度较低，BOD_5、COD_{mn}指标含量较高，水体综合水质标准处于地表水Ⅲ类到Ⅳ类之间。童柳华等根据淮南潘一矿区沉陷水域的水质监测结果，分析了该水体的重金属元素和常规理化指标并进行了水质评价，结果表明完全封闭的水体，其水质状况由水体中央向两岸递减，中央断面的水质类别为Ⅲ类，受泥河影响水域的水质相对比较差，所取监测断面的水质类别均为Ⅳ、Ⅴ类。

f. 生态效益及生态服务系统评价

对沉陷水域的水生态效益及服务系统评价的研究，主要是针对建设湿地景观方面进行的[134]。如：王雪湘等基于湿地货币化的测算数据和方法，从生态效益（净化水质、氧气的产生、二氧化碳固定、滞尘等）、社会效益（卫生保健、美化环境和科研价值等），对唐山采煤沉陷区湿地进行了综合效益测算分析；刘飞根据生态经济学原理，运用直接市场法、替代价值法、条件价值法等多种价值评估方法，对南湖湿地生态服务的直接使用价值、间接使用价值和非使用价值进行货币化评估。

③ 实践措施及典型案例

a. 实践措施

基于区域的自然特征及破坏程度，我国对采煤沉陷地的改造和利用，分为生物复垦和工程复垦。生物复垦是尽量恢复和保持原有土地的水、热、汽、肥等土壤成分，继续作为农业用地或生态用地；工程复垦是恢复原有的标高、承载力等，使其具有建设用地的功能。利用目标为农业用地、建设用地和生态用地，以农业、林业、渔业等开发形式为主，还未关闭的矿区，以绿化造林为主[135-140]。根据沉陷区对生态环境破坏的结构类型，沉陷水域的重建模式大致可以分为以下几种：

单一煤层回采、轻度沉陷的少量积水区——进行机械施工和疏排水改进水利条件，利用煤矸石填充沉陷坑，修复整平造地，恢复为工业或住宅建筑用地，建立造地基建模式；覆土营造农林复垦，以恢复耕种为主，修缮农田基础设施，建立农业综合开发区[139]。

中度沉陷的浅积水区——采取挖深填浅，建鱼塘、筑台田，建立粮渔综合模式；深浅交错沉陷区，采取鱼鸭混养、果蔬间作的养殖与种植结合复垦模式[140]。

多煤层回采、深度沉陷积水区——发展网箱养鱼、栽培水生植物、建立水禽基地，建设水产养殖生态农业复垦模式；构造人工湿地，建立污水净化模式；开展生态水域、生态旅游等，兴建水上公园，重建矿区生态环境[141,142]。

b. 典型案例

目前，很多矿区都在学习发达国家探索景观生态规划范式，矿山公园、湿地公园等生态修复和景观重建，成为我国近些年沉陷水域治理的主要领域。

淮北南湖湿地公园。位于淮北市烈山区，由杨庄煤矿采煤沉陷形成的大面积水面改建而成，湿地面积达$210hm^2$，是全国首个在采煤沉陷区建成的湿地公园，为建设部首批"国家城市湿地公园"。1995年，政府投资5000多万元开始建园，进行了9km环湖大道与湖滨南岸建设，共植树 10 万余棵，湿地绿化栽植水草、芦苇、莲藕、菱角等品种，草坪 20 多万平方米，绿地面积达 3780 亩。

唐山南湖公园。位于唐山市区南部，原为开滦煤田矿区，境内有采煤下沉区和沉陷水面，占地 32.54hm²，还有部分农田废弃地、果园、垃圾场，为建设部首批"国家城市湿地公园"。从 1996 年开始，政府对南部采沉区进行了大规模整治，投入资金 2 亿多，经过 9 年多建设，利用沉降水面人工造湖 38hm²，填坑造田 1.5hm²，完成绿化 800 多 hm²，在东部沉降区也先后完成绿化 130hm²，形成大型公共休闲空间。

淮南大通湿地生态区。位于淮南大通区，是总面积 2200hm² 的泉大资源枯竭矿区生态环境修复的子项目。该区投资 15 亿元，由建于 1903 年、1982 年报废的大通煤矿沉陷区改造而成，占地面积约 450hm²，其中湿地生态区面积约为 338hm²。该矿开采时间较长，煤矿地下采掘活动形成了大量的采空沉陷区，面积约 345hm²，占总用地的 52%。该项目工程分为生态景观区建设、城市基础配套设施、居民住宅区改造建设。其中景观区环境修复工程面积 438hm²；新建和改造市政道路八条长度约 14km，公建配套约 4 万 m²；改造建设居民住宅约 128 万 m²。环境景观区一期工程 2007 年开工并在年内完成，二期、三期工程 2008 年陆续开工，2010 年完成。该项目运用工程措施、生态措施等，通过恢复水系、修复植被、改造路网等方法，形成自然田园风光，对部分工业遗址适当加以保护和利用，建设爱国主义教育基地和煤矿历史遗址，成为以湿地景观为主要特征的休闲生态园区。

徐州九里湖湿地公园。位于徐州城市北部，由九里区的庞庄煤矿沉陷地改造而成。2006 年底，政府投资 15 亿元，开始将沉陷地的部分水面改造为九里湖，建设生态湿地公园。公园概念性总体规划范围为 3080hm²，起步区范围为 1120hm²，主体湖面为 350hm²。

④ 国内小结

与国外露天开采相比，我国 97% 左右都是井工开采，且以长壁全部垮落法为主，导致地表大面积沉陷，约占矿区待复垦土地的 90%，成为治理的重心。采煤沉陷地大多分布在东北平原、华北平原、黄淮平原和长江中下游平原。截至目前，在全国 80 万 hm² 的采空沉陷区，70% 左右为沉陷积水区，大部分集中在黄淮平原地区。该区井田分布范围广，矿井生产规模大、服务年限长，多数为多煤层重复开采，形成了沉陷深度大、面积广的沉陷区。由于区内地下水含量充足、埋藏水位浅，雨量丰富，提供了充足的补给源，从而形成了库容量较大的沉陷积水区域。如淮南 2012 年采煤沉陷水域已达 3656.17hm²，水量为 $3.5 \times 10^8 m^2$，平均积水深度 10m 左右。最终预计淮南采煤沉陷区积水面积将达到 10 万 hm² 以上，库容量将达到 130 亿 m³，超过整个洪泽湖的蓄水量，其水质水量将不可避免地对当地水环境造成巨大影响。在淮北矿区 1.8 万 hm² 的采煤沉陷区，沉陷水域面积已达 3500hm²，并已形成东（东湖片）、南（南湖片）、西（西湖片）、北（朔里片）、中（中湖）和西南（临海童片）6 大水域，涉及 14 个矿区，现状总蓄水量约 7320 万 m²。此外，徐州、枣庄、兖州、大屯等矿区，沉陷积水现象都相当普遍，不但易发生内涝，水渍化、盐渍化还使土壤含水量长期处于过高状态，引起土壤生产力降低或丧失，耕地资源短缺问题突出。

面对愈发突出的矿区沉陷积水问题，我国对沉陷水域的治理利用，主要是以环境整治和生态重建为主，对部分水域进行局部景观规划，通过水体环境及水质监测，将沉陷水域作为常规水资源进行研究与开发。

（3）国内外对比分析

综合看来，国内外对采煤沉陷水域的研究都是伴随煤矿沉陷区治理而展开的，尚处于起步和摸索阶段。部分学者对沉陷区水资源环境特征开展了一些基础研究工作，但仅局限于对特定地区沉陷水域环境现状调查，或者是采用相关技术对沉陷水域的水质进行监测。主要是从生态系统修复、水质环境监测及景观规划角度，在沉陷区土地复垦的基础上，对有限的部分沉陷水域进行局部利用和规划，集中在疏排后的土地复垦、零散的农渔养殖和建立湿地景观等方面（表1-1）。多以个案为主，利用方向较为单一片面，存在一定的局限性，相对滞后于实际需求和发展，实施效果不佳。仅偏向于水资源利用方向，并未涉及漂浮建设用地方面的研究。

国内外采煤沉陷水域的研究现状对比 表 1-1

类别	开采方式	破坏形式	基本国情	研究方向	治理利用
国外	露天开采为主；边开采边治理，注重沉陷的源头控制和采煤后的治理	土壤侵蚀、植被破坏、滑坡灾害、水土流失，地形地貌、土地结构及景观格局受损	地广人稀；用地资源丰富	矿山复垦与矿区水资源及其他环境因子的综合研究；水环境监测与水质研究	生物复垦；以恢复生态环境为主，植被修复、湿地保护、建立公共景观
我国	井工开采为主，长壁工作面全陷法管理顶板；先开采后治理	地表大面积沉陷，且伴有积水现象，以平原高潜水位地区尤为明显	人多地少；用地矛盾突出	水生态系统研究；水体环境及水质监测；水域生态效益及生态服务系统评价	生物复垦、工程复垦；农业用地、生态用地，发展农林渔及湿地景观

1.3.2 水上漂浮的研究进展

（1）国外进展

① 漂浮建造的起步阶段（20世纪20～90年代）

20世纪20年代起，国外就开始了对海上漂浮居住的设想。并就其对海洋法律和国际关系的影响进行了相关探讨[141-145]。1955年，海洋大型漂浮设施设计研究委员在日本设立，漂浮建造的探索逐渐展开。

20世纪70年代初，日本就计划建造东京湾漂浮机场，作为海上军事基地的备用机场，或者发生自然灾害时的可移动综合救护设施。1999年8月，在神奈川县横须贺港北部海面，由6块长380m、宽60m、高3m的四方形钢板箱浮体模块组成的漂浮人工岛建成，有1条1000多米长、最宽处达120m的起降跑道，吃水1m，面积84000m²，钢材重量达40000t。甲板强度为6t/m²，采用系缆桩缓冲系泊。为确保使用寿命达100年以上，漂浮机场的建造充分考虑了结构、温度等影响因素，验证了拼接组合使浮体结构大型化的可能性，对相关配套设施进行了试验，确立了超大型海上漂浮建造技术。取代过去用层层泥土和废物沉积在海底堆积而成的人工岛，建造费用比一般围海造田便宜近30%。

同一时期，美国也开始了大型海上浮动基地及其基础设施的研制。浮动基地的独立模块可以依靠自身动力行驶到战斗地点，并通过GPS全球定位系统保持队形和位置，各个独立模块可通过轻材质折叠吊桥联结成整体。由钢制半潜式模块和吊桥组成的独立式设计，需要时各模块通过吊桥相连，形成足以供固定翼飞机起降的跑道；升起吊桥，则每个模块均可作为小型海上平台独立承担任务。

随后，英国、韩国、挪威等也都对海上漂浮基地进行了相应研究，主要涉及浮体技术与施工技术、延长材料使用年限、影响环境评估技术等，为海上漂浮居住实现的可能性提供了一定的技术支持。

② 漂浮城市的发展阶段（21世纪初至今）

随着全球变暖趋势日益加剧，海平面不断上升，据联合国预测：至2050年，全球将有20亿人面临洪水威胁。加上人口的爆炸性增长，让城市不堪重负，居住空间日益稀缺，促使越来越多的设计师将目光投向海上漂浮建筑及城市建设方向[146-148]，漂浮城市研究愈发受到重视。

a. 海上邮轮

最先开启漂浮城市之路的是海上邮轮。2002年下水的"世界号"率先成为漂浮在海上的巨大豪华社区。船上有住宅可供购买和租用，设施齐全，多间主题餐厅、酒吧、游乐场、购物中心、艺术展览、美容美发、健康中心等；在顶层，设有各类运动设施，包括网球场、漫步径及船尾的高尔夫球中心。

2010年，皇家加勒比国际邮轮公司斥资1.4亿美元，花费50万个设计小时，以及1000万个人工小时打造的创世之作——"海洋绿洲号（Oasis of the Seas）"。这座豪华邮轮长360m、宽65m、高72m，重达22万t，具有16层甲板和2000个客舱，可以乘载6000名乘客。船上有一座大型购物商场、众多酒吧饭店和一座足球场大小的户外圆形剧场，以及攀岩墙等体育设施。作为首个将"邻里社区"理念引入海上度假体验的品牌，建筑师与设计师将空间分割成七个主题区，让游客体验在海上生活而非只是海上度假的滋味，以此推进并改写游轮旅游的方式。通过"邻里社区"，游轮设施系统地被组织起来，游客可以根据喜好和心情选择到各区参加各种活动。七大邻里社区个性独特鲜明，每个社区都有符合个性的餐饮、购物及休闲设施，最大限度地让游客体验海上购物的乐趣，是一座"旅行中的城市"。

2011年，退役的英国"女王伊丽莎白二世"号邮轮被阿联酋迪拜改装成"漂浮酒店"（Aquiva），成为集豪华的海上酒店、购物中心和娱乐中心于一体的水上五星级酒店。其安排有专门的"水上出租车"负责往来岸边的交通。

同年7月，皇家加勒比海游轮公司旗下的精致游轮系列新成员——"嘉印号"（Celebrity Silhouette）在德国汉堡正式下水。其长320m，最大宽度36.88m，共13层客用甲板，12.2万t的排水量，最多可容纳2886名乘客和1233名船员，赌场、购物中心、游泳池、俱乐部、餐厅、1443套迷你海景公寓、2000m²的最高级真草皮等设施一应俱全。让"嘉印号"与众不同的是它的客房，其面积绝对超过了一般游轮的平均水平，而且几乎所有客房都配有独立阳台，最大化地保证了游客的隐私，同时又使得每个客房看上去都独一无二（图1-6）。

2014年，美国佛罗里达州"自由之船国际公司"开始建造漂浮城市——"自由之船"（Freedom Ship）。其由钢制箱体构成，每个箱体大约90m宽、120m长，焊接为整体，构成船的底层，然后在上面再一层层加高。长1.6km，重270万t，共25层。船上设施一应俱全，包括医院、学校、商店、公园，甚至有一座小型机场。这座海上浮动城市可承载10

图 1-6 嘉印号

余万人，每两年环游世界一周，其中 70％ 的时间停靠在全球各大主要城市和旅游景点附近，其余 30％ 的时间在海上航行。

b. 漂浮建筑及城市

近年来，国外有关漂浮建筑及城市的项目实践越来越多[149-153]。

·荷兰

真正意义上的漂浮建筑始于长期与海争地的荷兰。在荷兰语中，"荷兰"一词的意思是"低地"。荷兰人日日生活在危险边缘，四分之一的国土位于海平面下，且多数由湖泊、海湾、河流再生而成。数百年来，荷兰人一直与恶劣的生存环境做斗争，依靠技术抵御河水、海水的入侵，因此有了"上帝创造地球，荷兰人创造荷兰"的古谚。

近些年，飓风洪水的侵袭，让荷兰人越发认为与海对抗并非明智之举，一些前卫的建筑师提出与海"握手言和"，"漂浮建筑"应运而生。荷兰政府计划将围海造陆的土地恢复成原来的湿地，建造海上漂浮房屋，并为此修改和增设了相关建筑法规。设计师们将"创造"方向转移到民用住宅上，将水涨屋高、住宅与水共生的梦想化为现实。第一间水上建筑事务所 Waterstudio. NL 紧紧抓住荷兰最大、最迫切的"水患"问题，不遗余力地支持并实践着生存空间与水"共生"的观念，长期致力于"漂浮建筑与城市"的设计研究，尝试建立水上城市与生活的新关系。其创办人科恩·奥瑟斯（Koen Olthuis）成为第一批意图改变传统船屋（House boat），开始设计漂浮屋（Floating Houses）的建筑师。从早期的独立水上住宅研究发展到大型水上公寓、片区设计及城市尺度。例如，海牙西岛（Westland）、马尔代夫未来海上浮岛、迪拜漂浮游轮码头等，向世人展示了漂浮森林、漂浮道路、漂浮城市等漂浮建造项目（图 1-7）。

图 1-7 Waterstudio. NL 的漂浮项目

2003 年，荷兰政府就开始了史无前例的 15 年国土规划，大力开发"漂浮建筑"。2004 年，杜拉·弗美尔集团与总部设在阿姆斯特丹的因素建筑设计公司联手建造"水上社区"（图 1-8）。位于阿纳姆地区南部的马斯博默尔，坐落在马斯河岸边，700 平方英尺的水面上漂浮着 34 幢"两栖住宅"。房子选用轻质木材，建在填放着泡沫材料的中空混凝土基座上，下面由埋入河底的钢柱支撑。房子就会随河水上涨而漂

图 1-8 马斯博默尔水上社区

离钢柱，最高可升高约 550cm。两根更高的停泊杆与房屋连接，固定泊位，防止漂走。屋内铺设的 PVC 管道也会随之伸缩，电缆线、自来水和天然气管道等都会随着移动，并能

将污水和废弃物及时排出。据悉，这种房屋每栋的售价为35万美元。集团五年前就将发展"水上建筑"作为战略目标之一，如今最大的项目就是在阿姆斯特丹的史基浦机场附近，建造一处可容纳一万二千人居住的"浮动城市"，造价估计超过1.2亿美元，政府负担其中的45%。同时，在多特列南部，荷兰另一家知名建筑公司七巧板正为新开发的85幢"漂浮民宅"大力宣传。负责人表示，荷兰是世界上人口密度最高的国家之一，他们必须谨慎利用每一寸土地。

2008年，在荷兰议会会议上，住宅空间计划及环境部方面提出，应该提供更多"居住在水上"的空间，并规划在15个河床附近的地区列为试验区，兴建漂浮屋，应用特殊的工具和设施，使该区拥有具有活力的水上管理计划，具备水弹性。MIII一水工作室为此设计了特殊工具。"我们需要新的建造理念，这些理念将使水上建筑按水位和其波动情况分别来处理"。MIII一水工作室与水打交道的理念分别为：托起式、防水式、密封式和漂浮式。在建造漂浮基础时，利用泡沫与混凝土来建造，这已经有十分成熟的专利技术了。这样的建筑是"两栖"的：平时建造在浮动地基上，与柱子联系固定，当洪水袭来时，建筑地基将脱离柱子，成为浮动的土地。住在漂浮住宅里的居民们可以放心住上100年。

很多水上建筑商还在浮动平台上建造联排住房、道路和绿化带，通过可移动的管道供电，并连接下水道，跟石油钻井平台采用的技术类似。如"＋31ARCHITECTS"设计的单户家庭形式的别墅"水上雅居"（图1-9）。项目完成于2008年，面积197m²，卧室和浴室位于第一层，顶层宽阔的移门外是一个宽阔的木质阳台，具备最大的私密性和多用途要求。

图1-9 水上雅居

2010 年，荷兰建造的漂浮展亭（Floating Pavilion）在上海世博会上向世人推介了"浮动城市"。这座半球形结构相连接的实验性城市，外形如同蜂巢，由电影院、酒吧、门廊等球形蜂巢组成（图 1-10），可随水而上下浮动，但不会有颠簸感。其中 4 只小型蜂巢球体围绕在 1 只大型的蜂巢球体周围，大型球体顶端是一座空中餐厅。整个漂浮展亭距离黄浦江面 80m，人们可以一边用餐、一边欣赏周边的江景。展亭基座采用浮材制成，利于保持城市在水面上的平稳性，并装配有将海浪转化为电能的潮汐发电装置，用于建筑供电。热泵系统则将建筑和水体形成一套完整的热能循环体系，利用水的天然降温等功能，使浮动城市时刻处于适宜的温度，进行空气循环调节，达到环保、节约土地资源等目的。设计师 Bart van Bueren 从 2005 年以来专攻水上建筑，不断用高科技建筑和革新性材料，如 ETFE（创新性的塑料）来做实验。该漂浮展亭已成为鹿特丹的新地标，展示着"与水共生"的理念。

图 1-10　漂浮展亭

2011 年，荷兰政府和私人营建商合作"新水计划"（New Water Project），在 1600hm² 的鹿特丹 Stadshavens 港区，建造 1200 栋漂浮屋，售价从 12 万欧元的国民住宅到 100 万欧元的水上豪宅不等，还有其他漂浮休闲娱乐设施、浮动办公楼等。荷兰 Flex-Base 公司总经理 Jan Willem Roël 表示，漂浮屋的建造成本仅比陆地房屋高 5%～10%。

同年，荷兰建筑事务所 Architectenbureau——Marlies Rhomer 完成了"IJburg 水上住宅"项目（图 1-11），位于阿姆斯特丹 Zeeburgereiland 和 Haveneiland 之间，是一个漂浮在 IJburg 河上的居住密度很大的集约住宅社区，每公顷容纳 60 户居民，在高密度基础上创造出松散而具有个性化的居住氛围。沿海滨长达 75200m，有 200 间房屋，混合了公寓、商店、办公、地下停车场。建筑采用浸入式混凝土锚固定、支撑，结构采用轻质钢框架，立面选用光滑且色彩鲜艳的铝塑板，住户可以根据需求最大限度地改变、设计自己的住宅，如可自行决定窗户的安装位置，增建休闲平台、绿植阳台和凉棚等，都可以简易地加建在钢框架上。每个单元面积不同，平面布局也不尽相同，基本都是由 3 层自由布置的住宅单元组成，最底层部分与水面相接。二层与三层的平台连接室内外空间，其半封闭半开放式设计占据了大部分空间，紧密地连接了室内外空间。建筑由堤坝、码头和水系组成的网络相连接，连接房子的木栈道穿插在水系与房子之间，强调了人与水的亲密关系，让居住者随时都能与水接触。小区共享码头种植了绿色植物和公共休息区设施。基地被水系、岛屿和一个港口包围，社区组合在一起，与湖泊和周边文脉形成了独特的对话关系。

第一批建造了 150 套漂浮住宅，每栋 3 层 140t，放置 500 多斤的家具。漂浮办公楼 650m²，48km 长，承载 600t，38 个设施齐全的房间，100 个员工，停泊柱固定，花费 200 万美元。目前都已投入使用。

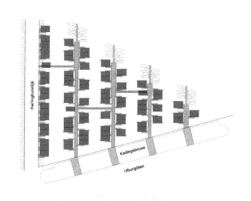

图 1-11　IJburg 水上社区

在靠近海牙的韦斯特兰建设的 Citadel 漂浮住区有 60 个单元的 4 层楼建筑，于 2014 年完工后成为欧洲第一座高密度浮动式公寓楼（图 1-12）。这座城市大部分地方海拔低于海平面，因此浮动公寓楼将帮助人们对抗不断上涨的海平面。建筑的浮动式水泥基座将会使用浮动道路与高地地区相连接。预计这栋建筑及规划中的其他 5 栋建筑和传统的普通住房相比，在整个使用寿命期间，其能耗会降低 25％左右。

荷兰作为漂浮城市建造的先驱，现已建成了漂浮的展亭、餐馆、旅馆、办公楼、社区等，计划建造漂浮公路、漂浮摩天大楼等。阿姆斯特丹的漂浮建造工厂，每年建造 60 座技术尖端的住宅、学校、办公楼……政府为解决居住难题展开了大规模的漂浮实践。

图 1-12 Citadel 浮动式公寓楼

• 韩国

2010 年 2 月，世界首个人工"漂浮岛"在韩国首尔面世（图 1-13）。这组以钢铁制造的岛耗资 964 亿韩元，由首尔市政府和私人发展商合资兴建。三岛面积达近万平方米，可承受万余吨重的设施，大如足球场，外形像一艘货船，用作国际会议、水上活动、餐厅、表演和展览场地。首尔市政府希望借此振兴当地文娱和活化生态，并将漂浮岛打造成新地标。三岛计划的第 2 个浮岛 Viva（意为"万岁"），重 2500t，面积近 4000m²，大如足球场，外形像一艘货船，可承受 6400t 重的设施，容纳 2000～2500 名游客，主要作举办文化活动之用。在汉江边经过 1 年时间建造后，以接近零速缓缓移至 60m 外的铜雀大桥南端河面，在底部装备 24 个直径 2m 的特制橡胶气囊使其浮起，再组装岛上设施。为防止漂浮岛飘走，江底打下了 500t 重的石墩，然后以多条最长达 69m 的铁链连系。

图 1-13 浮岛 Viva

• 英国

为应对频繁的洪水威胁，英国的研究人员提出了最新解决方案：随洪水上下浮动的房屋。伦敦巴卡建筑事务所（Baca Architect）获得许可，于 2012 年在英格兰白金汉郡泰晤士河河岸沿线，建造英国第一座两栖住房（图 1-14），成为未来应对不确定性气候变化的一个解决方案。这座房屋利用最新技术，是减灾的一次突破性研究成果。225m² 的房屋距离河沿仅有 10m，受到 4 根靠近侧墙的系船柱保护，房屋上半部分为轻质木结构，下面是混凝土支撑物，由挡土墙和底板构成，可随上升水位自由浮动，房屋每个方面都有阻挡洪水渗入内部的设计，洪水袭来时，住户就可留在原地，不用四处逃窜，从而使居民摆脱被水淹的苦恼。花园里不同高度的平台成为一个天然的洪水预警系统，多层露台的设计旨在洪水递增到达危险水位时警告住户。最下层露台将被种上芦苇，另一层被种上灌木和植物，还有一层被铺上草坪，而最高一层将直接通往餐厅。现代化的房屋安装了大面积的窗户和倾斜的屋顶，具有高度隔热性，能耗也很低。安装在这种两栖房屋中的所有水管、煤气管、电线和下水管道都很灵活，这样的设计旨在房屋高于本来位置数米时保留它的基本功能。房屋的建造成本约为150万英镑，比相似规模传统房屋的费用高出约20%，但可节省不少保险费，避免洪水侵袭。

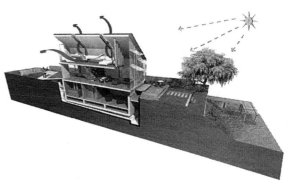

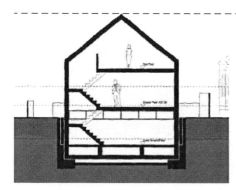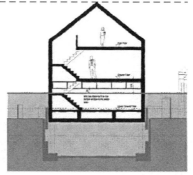

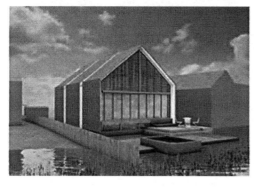

图 1-14　英国两栖住房

　　同年，由 Sanitov Studio 设计的"Inachus 浮动的家"项目（图 1-15），作为创新和可持续发展的建筑，就像一个浮动的家。其配备了住宅家电系统，方便智能手机或平板电脑的使用，综合考虑供暖、通风和碳的零排放等多方面问题；突出的天窗屋顶使日照时间达到一整天，三层玻璃、热回收通风和自然采光提高整体效率；住户和设备产生的热量，在其密闭的空间内预热且高性能的绝缘，最大限度地减少了损失，实现碳的零排放。

图 1-15　Inachus 浮动的家

　　位于英国 Beaulieu 河口的蛋形建筑 Exbury Egg（图 1-16），由 PAD Studio、The SPUD Group 和艺术家 Stephen Turner 合作设计。作为一个自给自足的工作空间，该建筑既是住宅，又是研究潮汐的实验室，是拥有完整储藏区和展示区的收集整理中心。设计师利用船舶的制造技术和当地材料来建造蛋形空间，其内部包括一张床、一个桌子、小火炉和一个房间，用电需求的电力都可以通过屋顶太阳能获得。这个蛋像船一样被"固定"在摇篮式的结构中，随着潮汐上下起伏。在每天的潮汐影响下，建筑水下部分会生出铜绿，风吹日晒将会漂白水上的木结构部分。Exbury Egg 有两个主要的设计原则"精益，绿色和洁净"以及"减少，重复利用和再循环"。设计师的兴趣点在于研究与自然之间的移情关系，通过对当地自然周期和过程的理解，以及人类各季节活动与环境的关系来创造一种全新的设计和作品。以轻盈的触感和自然材料的选择旨在重新定义人们的生活方式；还考虑了可持续和自然资源在未来的使用情况。运行过程中潜在的能源需求是通过调查日常活动而得来的，包括因季节变化而产生的不同情况。用电需求包括为各种电器充电，例如笔记本电脑、数码相机和手机，这些电力都可以通过太阳能获得。

　　·德国

　　汉堡市建筑规划总监约恩·瓦尔特（Jörn Walter）在 2006 年和 2007 年先后启动了两个有着不同实施方案的水上建筑示范工程。在哈默布鲁克区（Hammerbrook）举办的投资商招标活动中，共计有 15 个设计方案中标，这些泊位与由博特、里希特和特朗尼三位建筑师联手设计、位于维多利亚码头的柏林圆弧大厦（Berliner Bogen）相衔接，呈现为两种不同的建筑风格，分别由 Netzwerk 和 ff 建筑师事务所担纲设计。2010 年，作为最大的

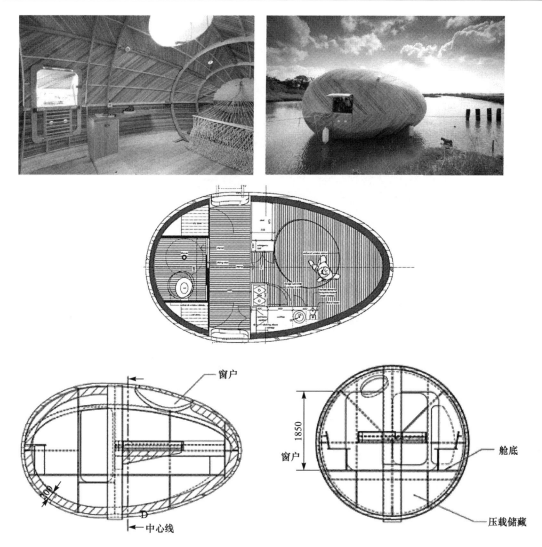

图 1-16　蛋形漂浮工作室

水上写字楼及国际建筑展（IBA）的新址，IBA 船坞在米根堡（Müggenburger）保税港区内落成。这座由绿、蓝、黑、白四色钢结构组件构成的三层立方体建筑（图 1-17），由汉诺威设计师汉·斯拉维克（Han Slawik）设计完成。

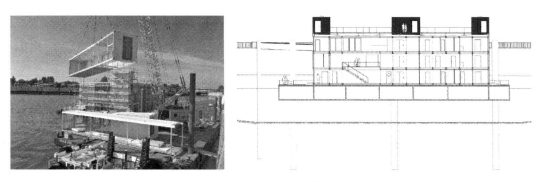

图 1-17　IBA 水上写字楼（一）

图 1-17　IBA 水上写字楼（二）

另一个位于艾尔贝克运河上（图 1-18），介于巴姆贝克与艾尔贝克两个城区之间，毗邻伍伦霍斯特区的造型艺术学院。第一批水上建筑已沿河岸大街分两段建造完工。作为临水而建的居住之乡和工作之所，虽坐落于城中，却因闹中取静而颇具田园气息，体现出亲近自然的特点。每栋船屋都有独立的门牌号和一段板桥，其下敷设各种管线，矗立在由钢筋混凝土建造的浮动码头上。浮动码头在船坞上建成后，被拖运到泊位或建筑地点，泊位间距有其固定规律，所占面积不超过 6m 宽、20m 长。相应地，房屋平面图也都经过了功能化设计，室内全部采用嵌入式家具，而较少使用固定设备，使空间得到了最大程度的利用。每一座漂浮建筑都具有个性化的风格与迥异的外观，所用材料也不尽相同。流动空间所营造出的开放、明亮、宽阔的开放空间，分布在底层和甲板之中，显得颇为醒目，使人油然产生一种内外设计与水上风景浑然一体的和谐感。20 世纪"黄金二十年代"（Golden Twenties）具有代表性的蒸汽船主题也在此找到了相宜的归宿。在室内建筑师马丁·穆勒-沃尔夫（Martin Müller-Wolf）所设计的船屋中，面对运河的宽大舱口同时也可作为舒

图 1-18　艾尔贝克漂浮建筑

适梦幻的休憩之地；Sprenger von der Lippe 建筑师事务所的作品则以考顿钢为立面，极易让人联想到工业港口、集装箱和搁浅船只的画面；而无论是出自 Rost Niderehe 事务所的那些华丽优雅、线条浑圆的木结构外立面、甲板和玻璃窗面，还是 Rolf Zurl von dinsefeestzurl 事务所所采用的质朴简约却不失动感的建筑语言，都会让人回忆起 20 世纪 20 年代的别墅和商厦。新的顶推式船屋"普莱斯尼茨号"，同时也是汉堡"One-of-One"大型活动的场地，这座水上建筑来自 baubüro. eins 和 FORMAT 21 事务所的一个设计项目，能够容纳 120 人，是举办会议、派对和摄影取景的理想场所。

图 1-19 防汛漂浮屋

2012 年位于易北河上的国际建筑展（IBA）总部 IBADOCK，成为汉堡独特的防汛漂浮屋（图 1-19）。这栋 3 层建筑被 1075m² 的混凝土浮台托在河面上，具有防水性能，漂浮在易北河中，可以随着河水的潮涨潮落而浮动升降，自动浮动高度可达 3.5m。这一研究使得汉堡在暴雨来临、河水涨潮时，即便出现了房屋被水淹的情况，也不会无处可去。这些漂浮屋可以供人们办公或者居住，并且可以经受住大雨的重创，无论雨水下得多大，都可以从容应对雨水的来袭。漂浮屋的研究还在继续，相关的项目负责人希望它可以在日后防汛工作中起到重要作用。

此外，一些可举办大型活动的漂浮建筑也在柏林完成建造，譬如在施普雷河中游东码头的货运驳船被改造成了漂浮水池，这座船屋依照 AMP arquitectos 建筑师事务所、吉尔·维克（Gil Wilk）以及艺术家苏珊娜·洛伦兹（Susanne Lorenz）的设计方案建造而成（图 1-20）。在德国奥登堡、基尔和劳西茨等地，更多样板式水上建筑也正在相继建立。

图 1-20 漂浮水池

· 马尔代夫

为应对被海水淹没的消失危机，马尔代夫政府已于 2012 年开始建造漂浮式岛屿（图 1-21）。设计理念是让建筑和周围的自然景色融为一体。水上浮岛呈星形状，覆盖面积为 8km²。借用岸外钻油台的建筑技术，通过一些缆索与海床接在一起，固定在同一个地点，即使狂风暴雨也不会漂移。浮岛建筑会随着海平面升降和浪涛波动，但极为稳固，如同站在陆地上的别墅一般。人们可以通过一个宽阔的水下隧道到达浮岛。浮岛群上设施齐全，建造 43 座配有游泳池和游艇停泊港的私人岛屿、海洋花朵豪华别墅、绿海星酒店、会展中心和高尔夫球场（被美国《福布斯》杂志称为"漂浮的高尔夫胜地"），以及可供40万马尔代夫公民居住的经济适用房，可以容纳超过800名过夜旅客以及2000名会议与会者。漂浮海岛以中空混凝土填充泡沫塑料作为基底，使用钢缆或伸缩浮桩从海底固定，即使狂风暴雨也不会漂移。相比过去用沙子碎石造人工岛，漂浮建造的"无伤痕"环保技术可保持海水自然流动，对海床的破坏最低，也可减少对海底形成阴影、影响生物，不会破坏海洋及海床生态系统。所有浮岛在印度或中东打造以降低成本，完工后再拖至马尔代夫。

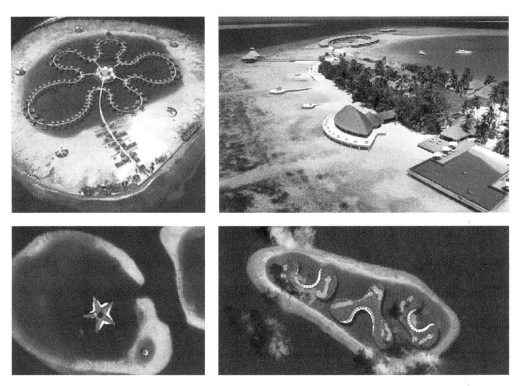

图1-21　马尔代夫的漂浮岛屿

• 美国

2012年，"Blueseed漂浮城市"由马克思·马蒂（Max Marty）、达里奥·马特迪加（Dario Mutabdzija）联合创建，并由风险投资家和PayPal联合创始人皮特·泰尔（Peter Thiel）领导。项目规划在硅谷以外的国际水域，距离加利福尼亚海岸，将游艇或平底驳船改造成一座海岛，上面提供生活舱、工作区和娱乐设施（图1-22），为1000位客户提供服务，每位客户每月需支付1200～3000美元费用。该改造船将停泊在距离加利福尼亚海岸12海里处，位于国际海域，允许非美国籍创业家在距离硅谷较近的位置工作，却不需要获得美国工作签证。美国每年有接近7000名计算机科学硕士和博士毕业生都是外国人，其中很多人都遭遇了工作签证问题而被迫返国。此项目有待改变这一现状。调查显示，有20.3％的美国企业对该项目感兴趣，而印度和澳大利亚也分别有10.5％和6％的企业对该项目感兴趣。

2014年，美国爱达荷州的科达伦湖面上建成了全球首个漂浮的高尔夫球场（图1-23）。该球场名为"科达伦高尔夫度假村"，坐落在爱达荷州北部的科达伦湖湖畔，

27

不仅能漂浮在湖面上，而且还能移动，是当地度假村的最大亮点，不仅被《高尔夫文摘》和《高尔夫杂志》评为美国最棒的球场之一，而且被认为是世界上最美的高尔夫球场之一。小岛面积约 1394 平方米，是一个 18 洞标准球场，中间是第 14 洞的果岭草坪，四周栽着天竺葵和几棵绿树。球迷们坐船登上"水上绿岛"，打完一杆后需移动球场位置才能继续下一杆。球员在湖边发球台把球打上果岭后，乘坐电动船摆渡到小岛上，继续击球。借助电脑控制将命令传达至指定的设备，人造小岛便可以沿着水下的钢丝绳移动一定距离，以适应不同球员的要求。如果是男性球员，球洞与发球台距离可以调至 110～210 码（100.6～192m）；若球员为女性，两者距离可以调至 65～130 码（59.4～118.9m）。

图 1-22 Blueseed 漂浮城市

图 1-23 漂浮的高尔夫球场

· 坦桑尼亚

2013 年，位于坦桑尼亚的桑吉巴尔岛曼塔度假村的水下酒店对外开放，当地的旅游业者 Manta Resort 在瑞典工程师 Mikael Genberg 的设计下，于奔巴岛邻近海域打造了独特的漂浮酒店"The Manta Underwater Room"。建筑共 3 层，部分漂浮在水上，部分潜在水底（图 1-24）。入住者在水上垂钓，水下的银色鱼饵包围着屋子；入夜后更加激动人心，特别是在喂食时间打开聚光灯后，各种水下生物和鱼类都会游过窗户，提供给游客不一样的度假体验。这栋漂浮在水面上的房屋坐落在湖面之上，选址具有优越的地理优势，当然也带来了一些难以克服的挑战，尤其是解决建筑如何应对水位不断变化的问题。外部雪松板起到实际减少风荷载和热增益的作用，金属浮桥是房屋的支撑点与连接点，室内全部以木架结构为主。

图 1-24　漂浮酒店

· 尼日利亚

为应对水面上涨、洪水泛滥、土地松软等一系列环境问题，尼日利亚政府在拉各斯的马科科区（Makoko）建造水上漂浮系列项目，希望让当地蓬勃的社区功能转移到这些漂浮房屋上，一旦发生危情即可通过转移来保存人命和社区功能。首先是构建漂浮学校。整个漂浮学校呈现"A"字形，NCL 建筑师孔勒·阿德耶米（Kunlé Adeyemi）使用当地产的木材搭建 16 块木板，拼成长方形大木板作为底板，下面固定 256 个塑料桶，以提供浮力。底板长的两侧用木头搭建斜面，形成三角柱，形似普通建筑的三角屋顶。整座木质三角形建筑共分为三层，底层为绿地和活动空间；中层为密闭式课室，顶层为开放式教室，可容纳 100 人。漂浮学校的底板可以收集和储存雨水，用于冲洗厕所；三角柱斜面覆盖太阳能电池板，解决电力问题，实现能源自给自足和绿色节能减碳，保证使用的可持续性，建造成本约 6250 美元。第二步是居民住屋，其结构与学校基本相似，但会包含由日本 Air Danshin Systems Inc 提供的设备以便侦察到某些地质灾害（如海底地震等），然后它会及时通过压缩机给底层浮筒泵入足够空气，提高在洪灾中生存机会。此类漂浮建筑不仅可用做学校，还在建造住宅、医院、游乐场乃至社区（图 1-25），陆续取代贫民窟的棚屋，到最后阶段则是完善社区功能，形成拉各斯水上社区，成为 10 万贫民窟居民的新家园。

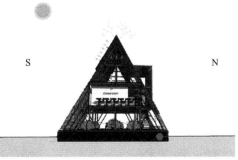

图 1-25　马科科的漂浮社区（一）

图 1-25　马科科的漂浮社区（二）

图 1-26　泰国的漂浮之城

目前，荷兰、英国、卡塔尔、苏格兰的格拉斯哥、斯堪的纳维亚半岛等都在开展漂浮村的建设。世界各国正在根据各自国情实施各种类型的漂浮建造，并积极规划着"海上漂浮"[153-155]：泰国的漂浮之城 Wetropolis、日本的"绿色浮莲"、澳大利亚的"水上漂"、比利时的"百合镇"（图 1-26～图 1-29）……漂浮建造的热潮早已开始，更多的漂浮形式方兴未艾，为漂浮建造扫清了技术障碍，拥有了十分成熟的技术，至少可供居住 100 年[156,157]。除了利用更多的水上空间，漂浮建造技术仍然在不断创新，正在向节能建筑领域发展。

（2）国内进展

我国在这方面的研究相对较为缺乏，类似形式仅有海南的"陵水渔排"、深圳的"海上别墅"，以及有关海上漂浮居住的构想。尚未见在沉陷水域进行漂浮居住的相关信息。

陵水渔排仅是以海上养殖为主的渔船，由木板及泡沫搭建成浮力平台，起到支撑建筑的重力作用。建筑技术相对简单，缺乏相应配套设施，电力与生活用水等均取自附近陆地。

2003 年，在深圳南澳东山湾海域上，开始建造一座漂浮居住建筑。这座海上别墅由四块巨大的渔排组成，被无数根绳索固定在岸边的岩石上，底部由 3000 多个泡沫垫子托起保证漂浮性，周边以缆绳固定，每根缆绳中部有 1000 公斤重的铁锚增强稳定性。整体面积 3000 多平方米，设置有花园、游泳池、跑马场等（图 1-30）。

在海上漂浮居住方面，以构想规划为主，如田洁针对海上漂浮建筑的产业化价值进行了论述，在对海上漂浮居住模式理念分析的基础上，就其在我国的规划设想及产业化开发思路进行了研究[154]；程季泓通过对国内外海上漂浮居住景观的案例分析，设计以上海为例的"海上拼图"漂浮居住景观规划方案[155]。

（3）国内外对比分析

国外对海上漂浮建造的实践和规划一直在不断更新，而我国在这方面却较为迟缓。国外实践工程中的已用技术、规划项目中的贮备技术，不但为城市发展选址提供了巨大的潜在可能，更为我国在沉陷水域建造漂浮城镇提供了可以借鉴的经验和方法。

图 1-27　日本的"绿色浮莲"

图 1-28　澳大利亚的"水上漂"

图 1-29　比利时的"百合镇"

图 1-30　深圳海上别墅

1.4 漂浮城镇的构建思路

1.4.1 主要内容

（1）漂浮城镇的构建依据

从沉陷区治理需求和城镇建设需求出发，对漂浮城镇的构建背景和构建基础进行详细论证，就其构建的必要性和可行性进行深入分析，阐述其构建所具备的基础资源、支持的技术条件和广阔的发展前景，从而奠定漂浮城镇的开发基础和构建依据。

（2）漂浮城镇的建构理论及技术基础

针对漂浮城镇的建造特征和特殊环境，确立漂浮城镇的建设原则和发展模式，对漂浮建造方式进行结构设计和验算，对城镇形态进行系统规划，从城镇布局、空间结构等方面展开深入研究（图1-31），并对城镇配套基础设施及工程规划给出解决方案和基本措施，形成漂浮城镇建构的基本理论和框架体系。

图 1-31　漂浮城镇的规划布局

（3）漂浮城镇建构的实证研究

以淮南西淝河下段沉陷水域为例，通过计算机模拟实地环境，构建三维数字化漂浮城镇（图1-32），对其建造结构和建设模式进行模拟试验与数值验算，做出数据分析和资料整理，建立应用模型系统。

图 1-32　漂浮城镇局部三维模型

1.4.2 基本方案

（1）漂浮城镇的建造方式

根据采煤沉陷水域的特殊环境，确立可行的漂浮建造方式，如漂浮基座、漂浮模块、漂浮构造等。分别采用钢筋混凝土和轻钢两种框架结构，对 3 层、6 层民用居住建筑及住宅小区进行力学计算和模拟实验，通过实验推演和有限元分析，对漂浮构筑物的结构类型、构造方式给出预期方案（图 1-33）。

图 1-33　漂浮城镇的建筑形式

实施方案：城镇由多个单元的漂浮模块互相连接构成，区域之间依据水域进行分割与联系（图 1-34）。单个模块由漂浮基座承载上部建筑，达到荷载平衡。漂浮基座由混凝土板围合形成空室结构，实现刚性强度、水密性和漂浮性。在水底，通过浸入式混凝土锚或者以桩基式及牵拉式系泊结构限定位置。

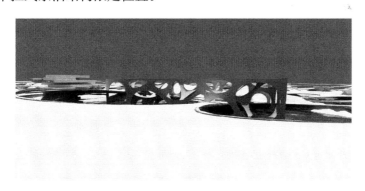

图 1-34　漂浮城镇的空间水系连接

（2）漂浮城镇的规划形态

确立漂浮城镇的建设原则和战略模式，对其规划布局、空间结构等给出具体建设方案，并进行实地环境的三维数字化模拟验证（图 1-35），形成水上生态城镇的建设规划模式。

实施方案：根据自然环境和水域特征，以水环境为依托，将多个单元的漂浮模块组合形成有机的城镇体系；科学化地安排城镇布局，有效串联陆路与水路，构建出多层次的城

图 1-35　漂浮城镇的数字化模拟

镇空间网络（图 1-36）；通过拆分与组装，随势而变地自由组织空间结构和组团布局，使城镇空间具有灵活性和发展性，让居住者在体验无穷新鲜感的同时，享受多样的生活方式，建设集生态社区、文教科研、商务办公和休闲度假等功能于一体的体验式旅游型城镇。

图 1-36　漂浮城镇的多层次空间

（3）漂浮城镇的运行系统

根据漂浮城镇的建造特征、规划布局、空间结构及环境特色，确定相应的城镇基础设施及工程规划方案，并模拟实地环境建立三维数字化模型，确立应用体系。

实施方案：合理配置和优化建设功能齐全、科学高效、布局合理的绿色智能化的城镇基础设施，从道路工程、水系统工程、能源动力系统工程、工程管线规划系统、环境卫生工程、电力工程、供热通信工程、安全与防灾工程等方面，综合进行城内的市政工程建设，配备相关运营及管理体系，并通过贯通水系、引淮入湖、驳岸护坡等辅助工程打造良好的建设环境，保障城镇的高效运行。

1.4.3　构建方法

根据漂浮城镇的构建目标及内容，拟采用的科学方法主要有：

（1）文献研究与实地调研相结合

通过大量文献资料的查阅，在了解国内外采煤沉陷水域利用现状的基础上，掌握现有治理方法和措施。通过对淮南矿区的现场勘查，根据实地访谈、问卷调查和信息反馈，对沉陷区土地利用现状、沉陷水域分布及利用情况进行全面调研，保证数据来源的真实性和完整性，比对收集到的相关信息，进行图纸绘制和分析，为研究提供基础资料。

（2）归纳法与演绎法相结合

通过相关理论资料和数据信息的归纳整理，梳理采煤沉陷水域形成的规律、分类及特征，在对其利用现状和存在问题的逻辑分析基础之上，通过比较分析并结合我国国情，针对沉陷水域面临的具体问题，找出既有研究存在的不足之处，综合运用生态学、资源利用、土木工程、市政工程、城市规划、建筑学等多学科知识，探寻采煤沉陷水域的优化利用方式，提出构建漂浮城镇的设想和策略，奠定城镇的构建依据和开发基础。

（3）定性与定量分析相结合

就采煤沉陷区及沉陷水域面临的问题，对既有利用方式的局限性及欠缺之处进行深入分析，并根据沉陷水域的面积、深度和水质情况，归纳其基本特征，确立其优化利用的方案和策略。运用计算机软件对漂浮城镇进行参数设计和三维建模，进行模拟数值验算与分析等。

（4）规范分析与实证分析相结合

基于对沉陷水域利用现状的分析，打破成效不佳的利用范式，因地制宜地确立其优化利用的原则和模式，并通过对漂浮城镇构建的必要性与可行性分析，以平原高潜水位的淮南矿区为例进行实证研究，探索漂浮城镇建设的基本理论和框架体系，以便形成应用模型，使研究趋于实效化、系统化。

（5）三维数字、实体模型以及模拟实验

通过计算机软件模拟实地环境，构建三维数字化漂浮城镇，并运用模拟实验、数字模型、实体模型等方法，对漂浮城镇的建设模式进行数据分析和验证，为漂浮城镇的系统建设提供科学依据。

注释

[1] 付饶. 周大地谈中国能源现状与突围途径［N/OL］. 中国海洋石油报，［2013-02-08］. http://www.cnooc.com.cn/data/html/news/2013-02-08/chinese/334663.htm.

[2] 袁家柱. 煤矿塌陷型水域水质控制因素研究［D］. 淮南：安徽理工大学，2009.

[3] 刘梅，曾勇. 矿区开采沉陷地质灾害与防治对策研究［J］. 江苏环境科技，2005，18（3）：29-32.

[4] 席莎. 内蒙古自治区煤炭矿区地面塌陷严重程度分析［D］. 北京：中国地质大学，2012.

[5] 许士国，刘佳，张树军. 采煤沉陷区水资源综合开发利用研究［J］. 东北水利水电，2010，28（8），29-31.

[6] 胡振琪，赵艳玲，程琳琳. 中国土地复垦目标与内涵扩展［J］. 中国土地科学，2004，18（3）：3-8.

[7] 陈新生，岳庆如，王巧妮等. 我国采煤塌陷地复垦模式研究［J］. 林业科技开发，2013，27（3）：5-9.

[8] 张文敏. 国外土地复垦法规与复垦技术［J］. 有色金属，1991（4）：41-46.

[9] 胡振琪，杨秀红，鲍艳等. 论矿区生态环境修复［J］. 科技导报，2005，23（1）：38-41.

[10] Hobbs R J，Norton D A. Towards a conceptual framework of restoration Ecology［J］. Restoration ecology，1996，4（2）：93-110.

[11] Cairns J J，Dickson K L，Herricks E E. Recovery and restoration of damaged ecosystems［M］. Charlottesville：University of Virginia Press，1977：17-27.

［12］ Desai U. Implementation of the surface mining and reclamation act in Illinois ［C］. Proceedings of First Midestern Region Reclamation Conference，Carbondale，IL USA，1990：103-105.

［13］ Whitchouse A E. OSM-More scientific and Less political ［C］. Proeeedings of First Midestern Region Reclamation Conference，Carbondale，IL USA，1990：126-128.

［14］ 付梅臣，谢宏全. 煤矿区生态复垦中表土管理模式研究 ［J］. 中国矿业，2004（4）：36-38.

［15］ Cairns J J. The Recovery Process in Damaged Ecosystems ［M］. Ann Arbor：Ann Arbor Science Publishers，1980：1-167.

［16］ Jordan W R，GilPin M E，Aber J D. Restoration Ecology：A Synthetic Approach to Ecological Research ［M］. Cambridge：Cambridge University Press，1990：1-356.

［17］ 高国雄，高保山，周心澄等. 国外工矿区土地复垦动态研究 ［J］. 水土保持研究，2001，8（1）：98-103.

［18］ 黄铭洪，骆永明. 矿区土地修复与生态恢复 ［J］. 土壤学报，2003，40（2）：161-169.

［19］ Barbara G. Inactivation of cadmium in contaminated soil using synthetic zeolites ［J］. Environmental Pollution，1992，75（3）：269-273.

［20］ 赵晓英，孙成权. 恢复生态学及其发展 ［J］. 地球科学进展，1998，13（5）：474-480.

［21］ 包维楷，刘照光，刘庆. 生态恢复重建研究与发展现状及存在的主要问题 ［J］. 世界科技研究与发展，2001，23（1）：44-48.

［22］ Zeitoun D G，Wakshal E. Land Subsidence Analysis in Urban Areas ［M］. Netherlands：Springer，2013：9-23.

［23］ Robert B，John C. Possible use of wetlands in ecological restoration of surface mined lands ［J］. Journal of Aquatic Ecosystem Stress and Recovery. 1994，3（2）：139-144.

［24］ Mc N. Knight mine reclamation：A study of revegetation difficulties in a semiarid environment ［J］. I-JSM，R & E，1995，（9）：113-119.

［25］ 胡振琪，毕银丽. 试论复垦的概念及其与生态重建的关系 ［J］. 煤矿环境保护，2000，14（5）：13-16.

［26］ Bell F G，Stacey T R，Genske D D. Mining subsidence and its effect on the environment：some differing examples ［J］，Environmental Geology 40（2）：December 2000：135-152.

［27］ 任海，彭少麟. 恢复生态学导论 ［M］. 北京：科学出版社，2001：201-202.

［28］ Ghose M K. Management of topsoil for geo-environmental reclamation of coalmining areas，Environmental Geology ［J］. 2001，40（1）：1405-1410.

［29］ Sahadeb D，Arup K M. Reclamation of mining-generated wastelands at Alkusha-Gopalpur abandoned open cast projec，Raniganj Coalfield eastern India. Environmental Geology ［M］. 2002，43（2）：39-47.

［30］ Sidle R C，Kamil I，Sharma A，et al. Steam response to subsidence from underground coal mining in central Utah ［J］. Environmental Geology. 2000，39（3）：279-291.

［31］ Bell F G，Bruyn A D. Subsidence problems due to abandoned pillar workings in coal seams ［J］. Bull Eng Geol Env. 1999，57（3）：225-237.

［32］ Erickson D. Policies for the planning and reclamation of coal-mined landscapes：an international comparison ［J］. Journal of environmental Planning and management，1995，38（4）：127-131.

［33］ Runlae B. Effect of long wall mining on surface soil moisture and tree growth. Proeessings of 3rd subsidence work-shop due to underground mining ［C］. Kenturcky，1993（6）：173-181.

［34］ Damigos D，Kaliampakos D. Environmental Economics and the Mining Industry：Monetary benefits of an abandoned quarry rehabilitation in Greece ［J］. Environmental Geology. 2003，44（3）：356-

362.

[35] Jackson L. A methodology for integrating materials balance and land reclamation [J]. Journal of Chromatography A, 1996, 10 (3): 143-146.

[36] Robert G, Scott L. Vance. Modeling agricultural impacts of long all mine subsidence: A GIS approaeh [C]. Proceedings of the international land reclamation and mine drainage conference and the third international conference on the abatement of acidic drainage, Pittsburgh, 1994: 249-256.

[37] Younos T M, Yagow E R. Modeling mined land reclamation Strategies in a GIS environments [J]. Applied Engineering in Agriculture. 1993, 9 (1): 56-64.

[38] Gorokhovich Y, Mignone E. Prioritizing Abandoned Coal Mine Reclamation Projects Within the Contiguous United States Using Geographic Information System Extrapolation [J]. Environmental Management. 2003, 32 (4): 527-534.

[39] Jochimsen M A. Reclamation of colliery mine spoil founded on natural succession [J]. Water, Air, Soil Pollution. 1996, 91 (1, 2): 99-108.

[40] Ries E. Historical perspectives of ecological reclamation [C], Proceedings of the 10th National Meeting of ASSMR, 1997: 3-13.

[41] Streltson. The importance of mine surveying to rational ecological management. Processings of 8th international congress & exhibitio, International society for mine surveying (ISM)[C]. Lexington. Kentucky, 1991: 22-27.

[42] Sheorey P R, Loui J P, Singh K B, et al. Ground subsidence observations and a modified influence function method for complete subsidence prediction [J]. International Journal of Rock Mechanics and Mining Sciences, 2000, 37: 801-818.

[43] Nadja Z, Rainer S, Helmut K, et al. Agricultural reclamation of disturbed soils in a lignite mining area using municipal and coal wastes: the humus situation at the beginning of reclamation [J]. Plant and soil, 1999, 213 (2): 241-250.

[44] Schwab A P, Tomecek M B, Boron P D. Plant availability of in amended coal ash [J]. Water, Air, Soil Pollution. 1991, 57 (1): 297-306.

[45] Mazej Z. Heavy Metal Concentrations in Food Chain of Lake Velenjsko jezero, Slovenia: An Artificial Lake from Mining [J]. Arch Environ Contam Toxicol, 2010, 58 (3): 998-1007.

[46] Bukowski P, Bromek T, Augustyniak I. Using the DRASTIC System to Assess the Vulnerability of Ground Water to Pollution in Mined Areas of the Upper Silesian Coal Basin [J]. Mine Water and the Environment, 2006, 25 (7): 15-22.

[47] Younger P L, Wolkersdorfer C. Mining Impacts on the Fresh Water Environment: Technical and Managerial Guidelines for Catchment Scale Management [J]. Mine Water and the Environment, 2004, 23 (5): 2-80.

[48] Hossner L R. Reclamation of Surface-Mined Lands [M]. Florida: CRC Press, USA, 1988.

[49] Baath E. Effeets of heavy metals in soil on microbial Processes and Populations [J]. Water Air and soil Pollution, 1989, 47 (6): 335-379.

[50] 虞莳君. 废弃地再生的研究 [D]. 南京: 南京农业大学, 2007.

[51] 刘伯英, 陈挥. 走在生态复兴的前沿 [J]. 城市环境设计, 2007, 20 (5): 24-27.

[52] 雷养锋, 张化民, 李海斌等. 德国鲁尔煤炭公司矸石的利用和处理 [J]. 煤, 2000, 12 (4): 66-68.

[53] James R. Hardrock Reclamation Bonding Practices in the Western United States [J]. National Wildlife Federation. 2000, 23 (5): 1-51.

［54］ Bell F G，Stacey T R，Genske D D. Unusual cases of mining subsidence from Great Britain，Germany and Colombia ［J］. Environ Geol，2005，47（3）：620-631.

［55］ Banuelos G S，Carbon G. Boron and Selenium removal in boron-laden soil by sprinkler Plant-species ［J］. Journal of Environment quality，1993，22（6）：786-792.

［56］ Daniels W. Lee，Bell James C. First year effects of rock type and surface treatments on mine soil properties and plant growth. Proceedings：Symposium on surface Mining Hydrology ［M］，Lexington：Sedimentology and Reclamation，1983：275-283.

［57］ Barry R. Evaluation of leachate quality from codisposed coal refuse ［J］. Journal of Environmental Quality，1997，26（5）：1417-1424.

［58］ Tom P. The agricultural impact of opencast coal mining in England and Wales ［J］. Environmental Geochemistry and Health，1980，2（2）：78-100.

［59］ 卞正富. 国内外煤矿区土地复垦研究综述 ［J］. 中国土地科学. 2001，1（1）：6-11.

［60］ Gerhard D. Landscape and surfacer mining：Ecological guidelines for reclamation ［M］. New York：Van Nostrand Reinhold Company，1992：132-137.

［61］ Banks S B. Abandoned mines drainage：impact assessment and mitigation of discharges from coal mines in the UK ［J］. Engineering Geology，2001，60（5）：31-37.

［62］ Chockalingam E，Subramanian S. Studies on removal of metal ions sulphate reduction using ricehusk and Desulfotomaculum nigrificans with reference to remediation of acid mine drainage ［J］. Chemosphere，2006，（62）5：699-708.

［63］ JohnsonB，Kevin B. Acid mine drainage remediation options：a review ［J］. The Science of The Total Environment，2005，338（6）：3-14.

［64］ Kalin M，Tyson A. The chemistry of conventional and alternative treatment systems for the neutralization of acid mine drainage ［J］. The Science of The Total Environment，2006，392（7）：137-141.

［65］ Younger P L. Mine water pollution in Scotland：nature，extent and preventative strategies ［J］. The Science of The Total Environment，2001，265（7）：309-326.

［66］ Kepler D A，McCleary E C. Successive alkalinity producing systems（SAPS）for the treatment of acidicmine drainage. Proceedings of the International Land Reclamation and Mine Drainage Conference and the 3rd International Conference on the Abatement of Acidic Drainage ［J］ 1994（1）：195-205.

［67］ Jr RCV，Tierney AE，Semmens KJ. Use of treated mine water for rainbow trout（Oncorhynchus mykiss）culture：a production scale assessment ［J］. Aquaculturral Engineering，2004，31（3）：319-336.

［68］ Banuelos G S，Carbon G. Boron and Selenium removal in boron-laden soil by 4 sprinkler plant-species ［J］. Journal of Environment quality，1993，22（6）：786-792.

［69］ Schaller F W. Reclamation of Drastieally Disturbed Lands，American Society of Agronomy ［M］. Madison：Wis，1978：163-178.

［70］ Bradshaw A D，Chadwick M J. The Restoration of Land：The ecological and reclamation of delrelic and degraded land ［M］. University of Califorlia Press，Blaekwell Scientific Publicationa，1980：257-273.

［71］ 胡振东，高雅静，宋效刚. 微核技术监测煤矿塌陷区水体水质污染的研究 ［J］. 能源环境保护，2004，18（4）：18-24.

［72］ 崔继宪. 煤炭开采土地破坏机器复垦利用技术 ［J］. 煤矿环境保护，1999，11（1）：35-40.

[73] Bayer P, Duran E, Baumann R, et al. Optimized groundwater drawdown in a subsiding urban mining area [J]. Journal of Hydrology, 2009, 365 (2): 95-104.

[74] Cuenca M C, Hooper A J, Hanssen R F. Surface deformation induced by water influx in the abandoned coal mines in Limburg, The Netherlands observed by satellite radar interferometry [J]. Journal of Applied Geophysics, 2012, 88 (1): 73-78.

[75] Elick J M. The effect of abundant precipitation on coal fire subsidence and its implications in Centralia, PA [J]. International Journal of Coal Geology, 2013 (105): 110-119.

[76] Preusse A, Kateloe H J, Sroka A. Future demands on mining subsidence engineering in theory and practice [J]. Gospodarka Surowcami Mineralnymi-Mineral Resources Management, 2008, 24 (3): 15-26.

[77] Khadse A, Qayyumi M, Mahajam S, et al. Underground coal gasification: A new clean coal utilization technique for India [J], Energy, 2007: 2061-2071.

[78] Ball T K, Wysocka M. Radon in Coalfields in the United Kingdom and Poland [J]. Archives of Minning Sciences, 2011, 56 (2): 249-264.

[79] Sillerico E, Marchamalo M, Rejas G J, et al. DInSAR technique: basis and applications to terrain subsidence monitoring in construction works [J]. Informes DE LA Construccion, 2010, 62 (519): 47-53.

[80] Krodkiewska M, Krolczyk, A. Impact of Environmental Conditions on Bottom Oligochaete Communities in Subsidence Ponds (The Silesian Upland, Southern Poland) [J]. International Revie of Hydrobiology, 2011, 96 (1): 48-57.

[81] Mutke G, Bukowski P. Diagnosis of some hazards associated closuring of mines in upper silesia coal basin-Poland [C]. 11th International Multidisciplinary Scientific Geo Conference, 2011: 429-436.

[82] Pelka G J, Rahmonov O, Szczypek T. Water reservoirs in subsidence depressions in landscape of the Silesian Upland (southern Poland) [C]. 7Th International Conference Environmental Engineering, 2008: 274-281.

[83] Mikolajczak J, Kozakiewicz R. Severity of the environmental impact of planned mining exploitation of "Debiensko I" Hard Coal Deposit on the "Cistercian Landscape Composition of Rudy Wielkie" [C]. ospodarka Surowcami Mineralnymi-Mineral Resources Management, 2008, 24 (3): 453-464.

[84] Matysik M, Absalon D. Renaturization Plan for a River Valley Subject to High Human Impact-Hydrological Aspects [J]. Polish Journal of Environmental Studies, 2012, 21 (2): 249-257.

[85] Pozzi M, Weglarczyk J. Environmental management in hard coal mine group in the Upper Silesian Coal Basin, Poland [M]. Environmental Issues and Management of Waste in Energy and Mineral Production, 2000: 69-74.

[86] Roman Ross G, Charlet L, Tisserand D, et al. Redox processes in a eutrophic coal-mine lake [J]. Mineralogical Magazine. 2005, 69 (5): 797-805.

[87] Lewin I. Occurrence of the Invasive Species Potamopyrgus Antipodarum in Mining Subsidence Reservoirs in Poland in Relation to Environmental Factors [J]. Malacologia, 2012 (55): 15-31.

[88] Jasper K., Hartkopf F C, Flajs G. Palaeoecological evolution of Duckmantian wetlands in the Ruhr Basin: A palynological and coal petrographical analysis [J]. Review of Palaeobotany and Palynology, 2010, 162 (2): 123-145.

[89] Bielanska Grajner I, Gladysz A. Planktonic Rotifers in Mining Lakes in the Silesian Upland: Relationship to Environmental Parameters [J]. Limnologica, 2010, 40 (1): 67-72.

[90] Mattson L L, Magers J A, Dolinar D R. Subsidence impacts on ground and surface water at a west-

ern coal mine [J]. Land Subsidence Case Studies and Current Research, 1998 (8): 267-273.

[91] Miller R L, Fujii R. Plant community, primary productivity, and environmental conditions following wetland re-establishment in the Sacramento-San Joaquin Delta, California [J]. Wetlands Ecology and Management, 2010, 18 (1): 1-16.

[92] Jeffries M J. Ponds and the importance of their history: an audit of pond numbers, turnover and the relationship between the origins of ponds and their contemporary plant communities in south-east Northumberland, UK [J]. Hydrobiologia, 2012, 689 (1): 11-21.

[93] Pierzchala L, Kamila K, Stalmachova B. The Assessment of Flooded Mine Subsidence Reclamation in the Upper Silesia Through the Phyto and Zoocenosis [C]. 11th International Multidisciplinary Scientific Geo conference, 2011: 661-668.

[94] Charles A C, Robin A B, Michael J L. Abandoned Mine Drainage in the Swatara Creek Basin, Southern Anthracite Coalfield, Pennsylvania, USA [J]. Mine Water and the Environment, 2010, 29 (3): 176-199.

[95] 胡振琪, 赵艳玲, 程玲玲. 采煤塌陷地的土地资源管理与复垦 [J]. 中国土地科学, 2004, 18 (3): 1-8.

[96] 杨海燕. 淮南田集采煤沉陷地生态环境修复模式研究 [D]. 合肥: 安徽理工大学, 2009.

[97] 卞正富. 矿区土地复垦界面要素的演替规律及其调控研究 [M]. 北京: 高等教育出版社, 2001: 132-143.

[98] 郭继光. 露天矿土地复垦理论分析与覆盖土改良的试验研究 [D]. 北京: 中国矿业大学, 1996.

[99] 韩正明. 采煤塌陷矿区土地整理模式研究 [D]. 北京: 中国农业大学, 2004.

[100] 付梅臣. 煤矿区复垦农田景观演变及其控制研究 [D]. 北京: 中国矿业大学, 2004.

[101] 张慧. 典型平原区采煤塌陷地复垦方案研究 [D]. 南京: 南京师范大学, 2007.

[102] 白中科, 赵景逵, 段永红等. 工矿区土地复垦与生态重建 [M]. 北京: 中国农业科技出版社, 2000: 172-181.

[103] 卞正富, 张国良. 高潜水位矿区土地复垦的工程措施及其选择 [J]. 中国矿业大学学报, 1991 (3): 38-41.

[104] 顾和和. 煤矿区环境保护的对策与建议 [J]. 煤, 1999, 8 (6): 4-7.

[105] 罗爱武. 淮北市采煤塌陷区土地复垦研究 [J]. 安徽师范大学学报, 2002, 25 (3): 256-289.

[106] 卢全生, 张文新. 煤矿塌陷区土地复垦的模式 [J]. 中州煤炭, 2002, 18 (4): 17-18.

[107] 董祥林, 陈银翠, 欧阳长敏. 矿区塌陷地梯次动态复垦研究 [J] 中国地质灾害与防治学报, 2002, 13 (3): 45-47.

[108] 阎允庭, 陆建华, 陈德存等. 唐山采煤塌陷区土地复垦与生态重建模式研究 [J]. 资源产业, 2000 (7): 15-19.

[109] 周晓燕. 采煤塌陷区水域浮游动物生态环境研究 [D]. 淮南: 安徽理工大学, 2005.

[110] 徐良骥. 煤矿塌陷水域水质影响因素及其污染综合评价方法研究 [D]. 淮南: 安徽理工大学, 2009.

[111] 桂和荣, 王和平, 方文慧等. 煤矿塌陷区水域环境指示微生物 [J]. 煤炭学报, 2007, 32 (8): 848-853.

[112] 计承富. 矿区塌陷塘水质特征综合研究及模糊评价 [D]. 淮南: 安徽理工大学, 2007.

[113] 裴文明. 淮南潘集采煤塌陷积水区水环境遥感动态监测研究 [D]. 南京: 南京大学, 2012.

[114] 师雄, 许永丽, 李富平. 矿区废弃地对环境的破坏及其生态恢复 [J]. 矿业快报, 2007, 23 (6): 35-37.

[115] 郑元福, 何葵. 黑龙江省矿山公园建设与地质环境治理研究 [J]. 哈尔滨师范大学自然科学学

报. 2007, 23 (4): 83-88.

[116] 王霖琳, 胡振琪, 赵艳玲等. 中国煤矿区生态修复规划的方法与实例 [J]. 金属矿山, 2007, 12 (5): 17-20.

[117] 卞正富. 我国煤矿区土地复垦与生态重建研究 [J]. 资源产业, 2005, 7 (2): 18-24.

[118] 姚章杰. 资源与环境约束下的采煤塌陷区发展潜力评价与生态重建策略研究 [D]. 上海: 复旦大学, 2010.

[119] 任晨曦. 兴隆庄采煤塌陷区水质演变趋势及水资源开发利用适宜性研究 [D]. 泰安: 山东农业大学, 2012.

[120] 郭联宏. 浅谈煤炭开采沉陷与复垦技术 [J]. 山西煤炭管理学院学报, 2008, 21 (3): 131-134.

[121] 王振红, 桂和荣, 罗专溪. 浅水塌陷塘新型湿地藻类群落季节特征及其对生境的响应 [J]. 水土保持学报, 2007, 21 (4): 197-200.

[122] 王雪湘, 赵国际, 李秀云等. 采煤塌陷区湿地生物多样性保护研究 [J]. 河北林业科技, 2010, (1): 29-30.

[123] 何春桂. 采煤塌陷区水域浮游动物群落特征研究 [D]. 淮南: 安徽理工大学, 2006.

[124] 王振红, 桂和荣, 罗专溪等. 采煤塌陷塘浮游生物对矿区生态变化的响应 [J]. 中国环境科学, 2005, 25 (1): 42-46.

[125] 姚恩亲, 桂和荣. 应用蚕豆微核技术对煤矿塌陷塘水质的监测 [J]. 环境工程, 2006, 24 (4): 55-59.

[126] 何春桂, 刘辉, 桂和荣. 淮南市典型采煤塌陷区水域环境现状评价 [J]. 煤炭学报, 2005, 30 (6): 754-758.

[127] 张辉, 严家平, 徐良骥等. 淮南矿区塌陷水域水质理化特征分析 [J]. 煤炭工程, 2008 (3): 73-75.

[128] 张梅丽. 张集煤矿塌陷水域水环境现状评价及其变化规律研究 [D]. 淮南: 安徽理工大学, 2011.

[129] 贾俊. 基于GIS的潘谢塌陷水域水环境污染分析与评价 [D]. 淮南: 安徽理工大学, 2012.

[130] 侯来利, 宋小梅, 何春桂. 淮南市采煤塌陷区水域的有机物污染研究 [J]. 北京教育学院学报, 2006, 1 (5): 18-22.

[131] 王和平, 桂和荣, 王和平等. 淮南矿区塌陷塘水体水质的变化 [J]. 煤田地质与勘探, 2008, 36 (1): 44-48.

[132] 苏桂荣等. 基于ARCGIS的塌陷塘水质特征研究及评价 [J]. 安徽理工大学学报, 2012, 32 (1): 39-42.

[133] 严家平, 姚多喜, 李守勤等. 淮南矿区不同塌陷年龄积水区环境效应分析 [J]. 环境科学与技术, 2009, 32 (9): 140-143.

[134] 王雪湘, 陈颢, 陈秀梅. 唐山市采煤塌陷区湿地效益分析 [J]. 河北林业科技, 2009 (2): 36-41.

[135] 渠俊峰. 煤矿区水土资源配置型复垦理论与方法研究 [D]. 徐州: 中国矿业大学, 2010.

[136] 曾晖. 资源枯竭矿区土地复垦与生态重建技术 [J]. 科技导报, 2009, 27 (17): 38-43.

[137] 叶东疆, 占幸梅. 采煤塌陷区整治与生态修复初探 [J]. 中国水运, 2011, 11 (9): 242-243.

[138] 张玮. 两淮采煤塌陷区土地复垦模式及其工程技术研究 [D]. 合肥: 安徽农业大学, 2008.

[139] 刘子梅. 淮北市利用煤矿塌陷水域进行水产养殖的经验 [J]. 河北渔业, 2011 (11): 21-23.

[140] 赵后会, 朱兴国. 煤矿塌陷地综合开发生态养鱼技术 [J]. 水产养殖, 2011, 32 (8): 41-42.

[141] Van D. Status of Floating City Technology [C]. Marine Technology Soc. Oceans Conference Record. New York: Institute of Electrical and Electronics Engineers, 1985: 1077-1082.

[142]　Morash T. Marine Recreation An Advancing Technology for Future Ocean Space Technology [M]. Ocean Space Utilization' 85, 1985: 95-102.

[143]　Kent M K. Floating cities: A new challenge for transnational law [J]. Marine Policy, 1977, 1 (7): 190-204.

[144]　Roggma R. Adaptation to climate change: A spatial challenge [M]. New York: Springer-Verlag New York Inc, 2009: 183-210.

[145]　Hay W W. Experimenting on a small planet [M]. Berlin: Springer-Verlag Berlin and Heidelberg GmbH & Co. K, 2013: 896-940.

[146]　Filho W L. The economic, social and political elements of climate change management [M]. Berlin: Springer-Verlag Berlin and Heidelberg GmbH & Co. K, 2011: 669-692.

[147]　Sintusingha S. Bangkok' s urban evolution: Challenges and opportunities for urban sustainability [J]. Megacities: Library for Sustainable Urban Regeneration, 2011 (10): 133-161.

[148]　Campbell C J. Netherlands [M]. Campbell's Atlas of Oil and Gas Depletion, 2013: 199-201.

[149]　褚冬竹. 对水的另一种态度: 荷兰建筑师欧道斯访谈及思考 [J]. 中国园林, 2011, 27 (10): 53-57.

[150]　White J. Floating cities could redefine human existence [J]. New Scientist, 2012 (9): 26-27.

[151]　Stanley D B. Engineering earth [M]. Netherlands: Springer, 2011: 967-983.

[152]　Nakanjlma T, Kawagishi U, Sugimoto H, et al. A concept for water-based community to sea level rise in the lower-lying land areas [C]. MTS. 2012 OCEANS. New York: Institute of Electrical and Electronics Engineers, 2012: 1-9.

[153]　Wang C M, Tay Z Y. Very large floating structures: Applications, research and development [J]. Procedia Engineering, 2011, 14 (7): 62-72.

[154]　田洁. 海上漂浮居住模式规划开发构想 [D]. 济南: 山东大学. 2011.

[155]　程季泓. 漂浮居住景观形态规划设计研究 [D]. 济南: 山东大学. 2012.

2 漂浮城镇的构建环境与基础

当前，我国大量的采煤沉陷水域基本处于荒废状态，一些小范围的湿地景观或农渔开发也只是尝试性启用，对环境整治和生态重建具有一定意义。但面对优化国土空间格局、开拓建设用地模式、实现资源集约利用、坚持新型城镇化道路的战略需求，则意义不大。迫切需要全方位、立体化地探索沉陷水域的利用方向，寻求资源利用与可持续发展的新途径。本章就漂浮城镇的构建环境与构建基础进行详细论证，通过对其构建的必要性和可行性分析，奠定漂浮城镇的开发基础和构建依据。

2.1 构建环境

2.1.1 区域概况

（1）区域的界定

地下煤层采出后，采空区上覆岩层的原始应力平衡受到破坏，依次发生冒落、裂隙和弯沉等变形现象，再次受到扰动后，其内部应力重新分布，导致上述变形不断扩大，引起上覆地表发生中心下沉并伴随挤压带或环状裂纹带，最终造成地表沉陷。其中一半以上集中在以耕地为主的平原地带。该区井田分布范围广、矿井生产规模大、服务年限长，多数为煤层群重复开采，形成了沉陷深度大、面积广的沉陷区。其中在高潜水位且降水较丰的地区，充足的地下水含量、较浅的埋藏水位、丰富的雨量提供了充足的补给源，当水源补给大于漏失量、蒸发量时，在地表径流、地下渗流、气候等因素的综合作用下，逐渐形成大于采空区的沉陷水域，地貌结构和生态环境相应发生改变（图2-1），由原来的陆生生态系统演变为水生生态系统[1]。这些库容量较大的沉陷水域，无法满足恢复耕地的要求，导致大量农田损毁、耕地红线吃紧、人地矛盾加剧、水土资源流失（图2-2）。

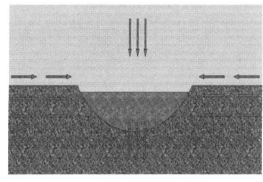

图 2-1 沉陷水域的形成机理　　　　　图 2-2 沉陷水域实地调研情况

本书从水土资源优化利用角度出发，将水深5m以上的采煤沉陷水域作为研究对象，并以典型平原高潜水位的淮南矿区西淝河下段为例，进行漂浮城镇的构建研究。该区为多煤层开采，地表移动和变形较大、相对沉降较深、稳沉期较长，属于长期都不能开发利用的非稳沉区，且紧邻淮河，河网众多，地下水位高，年降水较丰，沉陷地表积水量大，水域面积逐年增长，最大水深已达20m以上，形成了大规模的沉陷湖泊。广阔的水域面积为漂浮城镇的构建奠定了良好的基础条件。

（2）区位特征

研究区位于安徽省淮南市淮河以北的西淝河下段沉陷区。淮南市总面积2585km²，其中市区面积1566.4km²，城镇化率达64.1%。截至2012年年底，全市沉陷面积约204.6km²，涉及27个乡镇，占全市面积的7.9%，涉及居民31.1万人，占全市总人口的12.8%。市辖潘集区、大通区、田家庵区、谢家集区、毛集实验区、八公山区和凤台县。其中研究区所属凤台县位于东经116°～117°，北纬32°～33°，南北向长50km，东西向宽42km，总面积1100km²，人口数量为76万。东部与淮南市区相连，北部与蒙城县相接，西部与阜阳市颍上县相邻，南部隔淮河与寿县相望（图2-3）。淮阜铁路和合阜高速公路从中穿过，102、203、308省道交汇于此。

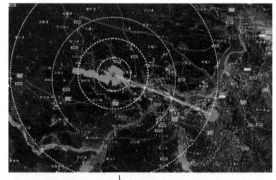

图2-3　基地的区位特征

漂浮城镇的基地选址为西淝河下段沉陷水域的东部，距凤台区中心约26km，距潘集区约42km，距淮南市中心约75km，周边散落着一些小城镇，如顾桥镇，桂集等，以大分散，小聚居为主，大多呈组团式布局（图2-4）。根据淮南城市总体规划分为四个发展区，其中以淮南中心城区为主发展区，辅以凤台-桂集、潘集-芦集、毛集-新集协调发展区。研究基地正位于凤台-桂集和毛集-新集区域之间，与之相辅相成，区位优势明显（图 2-5）。基地交通便利：公路方面，西部有 224 省道穿过，东邻 308 省道，另有两条县道穿过，与外界联系紧密（图 2-6）。水运方面，地处西淝河下段，有港河、济河等多条河流穿过，依托西淝河-东淝河-江淮河运-芜湖裕溪港口-长江三角水路运输，水运发达。根据淮南 2020 年整体规划，陆运系统依托于 308 省道，水运系统依托于西淝河下段，考虑以东北口为漂浮城镇的主要出入口，设置公路与水路综合交通枢纽，成为城镇对外的主要交通联系平台，为城镇的旅游业和其他产业提供良好的交通基础。

图 2-4 基地周边机理分析

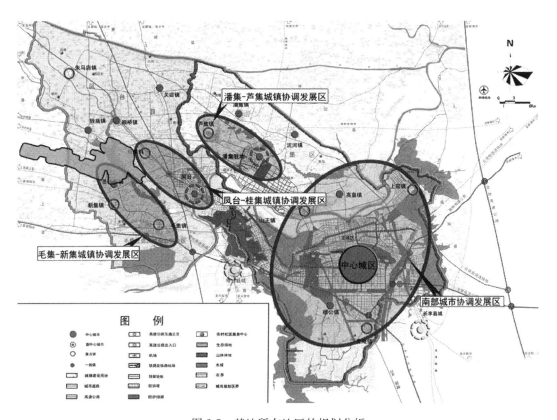

图 2-5 基地所在地区的规划分析

图 2-6　基地交通现状分析

（3）社会经济发展概况

研究区以淮南市凤台县、毛集区为主，涉及阜阳市颍东区、颍上县，亳州市利辛县等3市5县（区），总人口125.7万人，耕地171.4万亩，是安徽省的粮食核心产区。区内地下煤炭资源丰富，现有张集、新集、顾桥矿，已查明的可采煤炭资源量近87亿t，还有煤气、石灰石、高岭土、煤泥等资源，国有煤矿、电厂、煤化工等重大项目近20个，是淮南煤电基地的重要组成部分，是我国重要的粮食主产区和能源基地，同时承担着粮食和煤炭生产与输出的重要功能。区内居民以农民和矿工为主，产业以农业和采矿为主，未来计划发展多种产业（图2-7）；主要农产品为小麦和水稻。但由于采煤沉陷，洪、涝、旱、渍灾害频繁，历年平均亩产较低，城市工业产值和人均收入处于中等偏下水平。

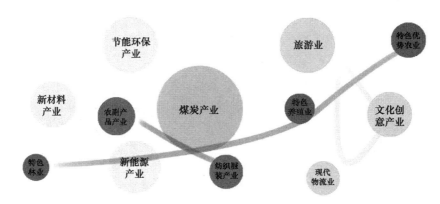

图 2-7　淮南产业发展分析

淮南地区作为长三角的主要工业能源供应地，成为国务院中部崛起政策落实的关键点。处于淮南-合肥-芜湖经济带，且属于淮蚌经济体的一部分，渗透至以徐州为中心的淮北经济圈和以郑州为中心的中原经济圈，发展潜力雄厚。

（4）自然资源概况

① 气候因素

研究区位于淮北平原的南部，区域地势低平，大部分居于海拔25m以下；属亚热带湿润季风气候，冷暖空气交汇频繁，四季分明，光照充足，夏冬长、春秋短，年平均温度在 14.3～16.4℃之间，气候温和；1 月份最冷，月平均温度为 1.1℃；7 月份最热，月平均温度为 28.1℃；年均降雨量 700～1800mm，年际变化较大，且四季分配不均，夏季集中，雨量占全年的 60％以上，易出现局部洪涝干旱。

② 水文资源

淮南市位于淮河流域，淮河干流自西向东穿越市境计 87km。主要支流有西淝河、架河、泥黑河、永幸河、窑河、东淝河；主要湖泊有高塘湖、瓦埠湖、焦岗湖、石涧湖、花家湖、城北湖、胡大涧，以及采煤沉陷区积水而成的湖泊；还有乳山、泉山、丁山、老龙眼等小型山塘水库。全市水域面积 375km²，占总面积的 24％；水面 182.7km²，占水域面积的 49％。全市水资源总量约为 6.23 亿 m²，浅层地下水资源总量 2.77 亿 m²，主要分布在淮河北岸，其次是沿淮南岸、瓦埠湖区、高塘湖区。凤台县水面积覆盖率约为 12％，水资源分布量位于全市首位。姬沟湖、城北湖、焦岗湖、花家湖分布其间，淮河、西淝河、永幸河、茨淮新河穿境而过，还有凤台港，水上交通发达，水资源丰富，水质较好。根据安徽省水环境监测中心监测，除焦岗湖、高塘湖的汛期呈中度富营养化状态外，其余均呈轻度营养化状态。

③ 土地资源

全市土地总面积约为 258512.80hm²，人均土地面积 1066m²。其中，农用地共有 187277.17hm²，占土地总面积的 72.44％；建设用地 46182.05hm²，占土地总面积的 17.86％；未利用地 25053.57hm²，占土地总面积的 9.69％。根据《淮南市土地利用总体规划（2006—2020）》，到 2020 年淮南耕地保有量保持在 140165hm² 以上、基本农田保护面积保持在 118284hm² 以上、新增建设占用耕地控制在 8618hm² 以内、土地整理复垦开发补充耕地义务量不少于 8618hm²。严格控制建设用地规模，城乡建设用地控制在 42794hm² 以内、人均城镇工矿用地控制在 130m² 以内。到 2020 年，中心城区建设用地规模不得突破 165km²。该区建设用地量少，土地利用情况紧张。

（5）沉陷区概况

淮南矿区东西长 270km，南北长约 20km，矿区面积 3000km²，属煤层群开采，煤层厚、分布集中，可采煤层 11～13 层，厚达 20m 以上。煤系地层产状平缓且多用综合放顶开采，覆岩破坏严重，开采后沉陷范围广、深度大。由于冲积平原地势平坦，地下潜水位较高，地表径流及地下水汇集沉陷盆地，已经形成了面广、水深的沉陷水域，80％以上深度大于 10m。目前全市沉陷面积约 204.6km²，涉及 27 个乡镇，占全市面积的 7.9％，涉及居民 31.1 万人，占全市总人口的 12.8％。至开采结束，全市沉陷面积将达到 70078hm²，27％以上的土地将成为沉陷区及沉陷水域。未来两淮地区将成为沉陷水域的集中区域（表 2-1）。

2025 年两淮采煤沉陷区面积预测表　　　　　　　　　　表 2-1

矿区	沉陷面积（km²）	积水面积（km²）	积水率（％）
淮南矿业集团	314.09	199.27	63.4
国投新集	125.00	53.70	43.0
淮北矿区	646.20	283.10	43.8
总计	1085.29	536.07	49.4

淮南市采煤沉陷区按照沉陷现状可以分为：稳沉区、相对稳沉区和非稳沉区。其中稳沉区主要分布在淮河以南的大通区，辖区内积水较少，部分沉陷地得到整治。相对稳沉区主要分布在淮河以南的谢家集、八公山区，辖区内积水约占沉陷面积的40%，大部分沉陷地未得到整治。80%为非稳沉区，主要分布在淮河以北潘谢矿区的潘集区、凤台县和毛集实验区，辖区内新建矿井较多，沉陷速度快、范围广，待稳沉时间长，积水约占沉陷面积的60%以上（表2-2）。

淮南市采煤沉陷区面积分布现状 表2-2

位置	区县	沉陷面积（万亩）	功能划分
淮河以北兴盛型矿区	凤台县	10.640	未稳沉区，以村庄搬迁为主，生态修复为辅
	潘集区	9.700	
	毛集实验区	2.200	
淮河以南衰退型矿区	谢家集区	2.822	相对稳沉区，以生态修复和综合利用为主
	八公山区	3.300	
	大通区	2.028	基本稳沉，以生态修复为主
合计		30.690	

据《淮南潘谢矿区开采沉陷预计报告》预测，潘谢矿区2020年沉陷面积将达到70.45km²，积水面积41.66km²，蓄水容积2.28亿m³；2030年沉陷面积将达到275.3km²，积水面积195.78km²，蓄水容积13.48亿m³（表2-3）。按地域和水系大致分为西淝河下段洼地沉陷区、永幸河洼地沉陷区、泥河洼地沉陷区（图2-8～图2-10）。本书

潘谢矿区采煤沉陷面积、深度及蓄水库容情况表 表2-3

年份	沉陷面积（km²）	积水面积（km²）	最大积水深度（m）	平均积水深度（m）	蓄水库容（亿m³）
2010	121.4	59.8	6	3	2.5
2020	186.9	112.6	13	5	6.2
2030	275.2	195.4	16	10	13.5
2050	516.4	502.3	20	13	38.6

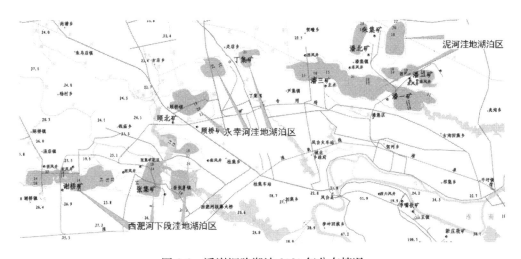

图2-8 潘谢沉陷湖泊2020年分布情况

图 2-9　潘谢沉陷湖泊 2030 年分布情况

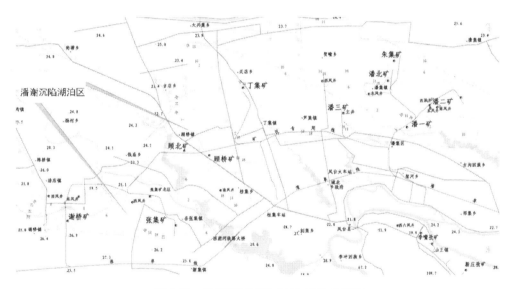

图 2-10　潘谢沉陷湖泊 2050 年分布情况

研究重点为西淝河下段洼地沉陷区，包括谢桥矿、张集矿以及顾桥、顾北矿的部分。随着沉陷范围扩大，将与原有河流水系相连通，到 2030 年，西淝河及其支流港河、济河以及泥河、架河等区域的沉陷区将连成片，沉陷水域与水系下游洼地相连，将形成大范围的湖泊群。预计届时沉陷区面积将达到 92.84km²，积水面积 79.37km²，蓄水库容 5.46 亿 m³（表 2-4）。到 2050 年，西淝河下段洼地沉陷区、永幸河洼地沉陷区、泥河洼地沉陷区将汇集一起，潘谢矿区沉陷面积将达到 516.4km²，积水面积 502.3km²，蓄水容积 38.6 亿 m³。最终将影响西淝河左堤以及南堤、颍利公路、济河闸等，政府计划通过工程措施，建设具有综合利用功能的生态湖泊。

西淝河下段沉陷区蓄水库容表 　（亿 m³）					表 2-4
2015 年	2020 年	2030 年			2050 年
西淝河下段沉陷区	西淝河下段沉陷区	西淝河下段沉陷区	永幸河沉陷区	泥河沉陷区	潘谢矿区沉陷区
1.96	2.28	5.46	2.86	5.16	38.6

2.1.2 存在的主要问题

由于属煤层群开采，沉陷区相对集中，地表沉陷时间长、沉陷深度大、积水面积广，导致复垦难度大、代价高，治理难度相对较大，对沿淮及皖北地区生态环境、经济发展、社会安定以及居民生活影响极大。

（1）生态环境破坏

采煤沉陷改变了原本的地形地貌，出现大面积积水，破坏了原有的生态系统平衡，扰乱了相对稳定的土壤结构和地质环境。而且，煤矿生产过程中会产生大量的废水、粉尘、有害气体等，煤矸石、粉尘等废弃物的堆积还会污染沟、河、土壤和地下水，极易对自然环境造成巨大污染，对生态环境和投资软环境都造成了相当程度的负面影响（图 2-11）。

图 2-11 沉陷水域受污环境状况

（2）基础设施损毁

随着采煤沉陷的范围和程度不断加大，地表沉陷面积逐渐增大，尚存大面积沉陷水域未能治理。对河流水系、水利工程、交通和农村居民点的影响不断加深和扩大，严重影响到已建水利工程防洪、除涝、灌溉、供水效益的发挥，损害了大量公路、输电线路、通信线路等基础设施，迫切需要统筹煤炭基地建设与水系治理的关系，对沉陷水域、河流水系进行综合规划和治理（图 2-12）。

图 2-12 沉陷区基础设施损毁现状（一）

图 2-12 沉陷区基础设施损毁现状（二）

（3）移民总量巨大

由于区域煤层群特点，地表下沉量很大，所有受到影响的村庄都要进行搬迁。又因地处黄淮冲积平原，村庄密集、人口众多，移民安置任务尤为繁重，涉及资源、环境、农民利益、企业安全生产、社会稳定和区域经济发展等方方面面的难题。据两淮四大煤炭企业预测，到 2025 年，两淮采煤沉陷面积将达到 1085km²，损失耕地达到 70.72 万亩，搬迁人口达 56.56 万人（约为三峡工程农村动迁人口的 2 倍）。据淮南矿业集团预计，至 2025年，仅潘谢、新集矿区就需要搬迁移民 22 万人，其中凤台县和潘集区分别为 9.6 万人和6.1 万人，共占动迁人口的 71%。

长期以来，移民安置始终未能妥善解决，以致造成煤炭资源被压占、居民二次搬迁浪费巨大、搬迁工作滞后、农民利益得不到保障等多方面问题，严重影响社会稳定和发展。随着经济和社会的发展，村庄搬迁的难度将越来越大，解决失地人口的生产生活出路问题难度很大。

（4）居民生活存忧

随着沉陷面积的逐年递增，土地沉陷造成大量农民失去房屋、耕地，陷入贫困，由此引发了诸多的社会问题。区域居民生活来源单一、就业困难等情况不容乐观。

经过对研究区居民搬迁安置状况的实地调研，了解到只有少数成功转型的居民对现在的生活比较满意，而大多数人对未来生活抱有十分的担忧与期盼。当地居民现状调研结果显示，15% 左右的人对于安置工作满意，30% 左右表示基本满意，55% 左右表示不满意，甚至表示失望和愤怒。调查意见的不满意情况主要涉及以下几点：

A. 土地补偿过低；

B. 收入来源保障缺失，生活质量下降；

C. 强制性搬迁；

D. 就业问题得不到解决；

E. 基础设施不完善，缺少文化、娱乐和休闲的场所；

F. 教育资源有限，孩子就学问题受到影响。

由图 2-13 可以看出，居民的不满意之处大多集中在土地补偿过低、就业问题无法解决方面。

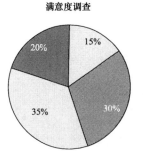
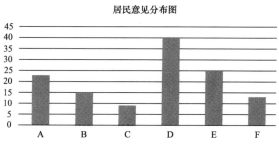

图 2-13 基地居民生活现状分析

2.2 构建基础

2.2.1 必要性分析

（1）矿区治理需求

由于大量村庄搬迁以及耕地数量的减少，农民的就业和生活成为采煤沉陷区需要解决的重要难题。加之采空沉陷区的地质灾害使原有水土受损，原有生态系统已经遭到破坏。只有重建生活生产方式，提供新的物质来源和生存环境，建立新的依存系统，重新达到人与环境的有机协调，才能有效实现矿区社会经济稳定地、持续地发展。

① 现有措施有待完善

通过大量文献分析和多次实地调研发现，现有对采煤沉陷水域的处理方式、应用效果及收益并不十分理想，不同程度地存在诸多问题：

a. 疏排填充，基建复垦

采取疏排法和挖深垫浅法进行土地复垦：前者通过工程强排或挖沟开渠把沉陷区积水排出，将沉陷水淹地恢复为土地，需要设计合理的排水方案和排水系统，并注意后期的防洪、除涝和降渍；后者运用人工或机械方法，将局部或季节性积水的沉陷较大区域挖深形成水塘，用挖出的土方填充沉陷较小区域。经过疏排填充后，造地搞基建或进行农林种植。此种方式只适用于少数积水量较少的区域，局限于对小部分水域进行陆地生态系统的修复。而沉陷水域大多面积较大、分布较广，沉陷深度及积水量都达到一定程度，采用填充方法复垦难度很大：一是填充材料缺乏；二是工程量过于浩大和繁重、投入费用较高；三是复垦时间过长。

造地搞基建：对地质状况和稳沉年限都有严格要求，不但进行勘探及建造投入较大、对房屋建造方式也有诸多限制，还要面临后续矿震及沉陷造成的房屋变形及裂缝问题，居住的安全系数不高。而且，现有已稳沉可复垦的土地相对较少，在未来几年、几十年甚至更长时间，大量非稳沉区都不能及时开发利用，易形成问题累积。

农林复垦：一方面，受煤炭开采方式和技术所限，我国沉陷地复垦率一直很低。利用废弃物填充后的农林复垦，只能在部分试点地区进行，且修复工程投入大、费用高，且存在粗放耕作，广种薄收的问题。另一方面，由于仍在沉陷区域内，势必存在后续隐患，由此带来的二次污染、复垦回报不确定以及食品安全问题都将难以解决。

此外，由于采煤区沉陷幅度不均匀，按照挖深垫浅或粉煤灰回填进行土地复垦后，地势高程仍然存在较大差异，汛期区内涝水越级串排，低洼地带的积涝压力很大[2]。

b. 发展农渔养殖

在大面积水域开挖改造鱼塘，进行网箱或围栏水产养殖，种植水生植物，在附近建造禽畜养殖场；在深浅交错区域，采取鱼鸭混养或果蔬间作的复垦方法。农渔养殖对水体生产力和水域环境都有所要求，且需投入大量资金进行水体环境的养护，适用范围有限。

首先，需要耗时等待。在自然状态下，形成稳定的沉陷区必须经过一定的时效期，而新的生态系统形成，则需要更长的时间。单纯进行水产养殖，需要经过水生态环境较长时间的自然修复过程，而沉陷水域一般缺乏长期生态演替，水生物种单一，生态系统不够完善。

其次，大量的研究与实验表明，由于沉陷水域已经受到不同程度的污染，并不利于水产养殖。一方面，矿区沉陷水域由农田转变而来，积水后土壤中的盐类 N、P、K 都逐渐溶于水中，形成较肥沃的水层，使水体趋于富营养化，部分藻类释放的毒素，易引起鱼类死亡。而且，由于富营养化水体中所含的亚硝酸盐、硝酸盐含量较高，人畜长期饮用也易导致中毒[3-5]。另一方面，矿井排水、矸石淋溶水和外界污染的排入等会造成水体不同程度的污染，其中煤矸石和矿井排水中的重金属可在微生物作用下转化为毒性更强的金属化合物，致使水生动植物受到毒害，出现枯萎和死亡，导致生态平衡破坏，生物种类数量减少，甚至在自然水体中绝迹。

另外，存在于沉陷土壤中的重金属较难自然降解且具有富集性，随着沉陷区域的扩大，土壤逐渐转变为底泥的形态存在，继续对水体造成污染，即使浓度很小，也容易积累在藻类和底泥内，逐渐吸附在鱼类、贝类的体表。而且，重金属潜在的遗传毒性还会导致生物体的 DNA 损伤，继而通过食物链被植物、动物、人体吸收，形成长期累积性的危害，损害人体相关功能器官[6]，引发慢性中毒，影响人体健康。

c. 建立湿地景观

通过对大面积沉陷水域的生态恢复，建造湿地公园[7]，将公共活动场所与水体景观相互结合。

由于矿区所处地多为城市远郊，大量的沉陷地又迫使周围的村庄逐渐搬迁，周边生态环境差，人迹罕至且交通不便，作为湿地景观的利用价值不高，长期处于弃置状态，容易沦为摆设，造成资源闲置，浪费大量投入（图 2-14）。

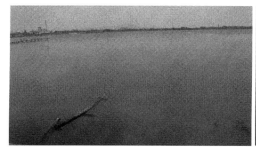

图 2-14　湿地景观现状

d. 农业灌溉及储水蓄洪

建设农业用水区，进行农田灌溉、引水浇林；在洪涝灾害易发区，利用沉陷水域进行储水蓄洪。

由于沉陷水体已经受到矿山废水和淋溶水污染，水质状况令人担忧，绝大多数有机污染的综合指数都大大超出了国家规定的五类水质的标准[8-9]。如果水处理措施不当，农业灌溉会使农田受到重金属污染，导致土壤盐渍化，使其肥力下降乃至功能衰退。储水蓄洪方面，不但需要进行水环境治理与维护，还要进行较大工程的水域开挖和连系，投入过高而回报较低。

e. 工业用水及污水处理

将沉陷水域作为工业用水使用，如洗涤、冷却、发电，或者作为矿区除尘用水等；建立构造湿地，通过种植芦苇、茅草等水生植物，对污染物进行生物降解，或建设污水处理系统[10-15]，解决尾水资源化利用的问题。此种方式需要结合周边环境综合考虑，利用范围大大受限。

综合来看，目前沉陷水域的利用状况比较纷杂，虽然在一定时期、一定范围内具有一定的作用，但由于受到水质、水深、稳沉年限等诸多因素的制约，实施困难、成效甚微，存在些许弊端和局限性（表2-5），面临投入高而回报低的问题，土地利用效果并不理想。

我国采煤沉陷水域的利用现状分析　　　　　　　　　　　　表2-5

利用方式	治理目标	存在问题
疏排填充	造地搞基建、农林复垦	应用范围受限；面临后续矿震及沉陷带来的诸多问题；存在二次污染、食品安全隐患，回报不确定
水环境治理与维护	发展农渔水产养殖	适用范围有限，面临水体富营养化和重金属污染，无法保证收益
生态重建、水环境恢复	建立湿地景观	投入高、收效慢、回报低
开挖工程、连系水域	农业灌溉、储水蓄洪	农田易受污染，投入高而回报低

② 迄今研究存在不足

由此看来，既有研究存在多方面的不足之处，集中体现在：

a. 利用方式零散，缺乏系统性

由于受沉陷类型、沉陷时间及各种环境因素的限制，沉陷水域的水质情况各有不同，利用方向不易确定，利用方式大多处于零散、无序状态，多是阶段性、临时性的措施，缺乏合理利用的科学配置、长期规划和系统引导。而且，偏向于就事论事的解决方案，仅是对某一问题的片面修复，缺乏对利用方向、治理措施的优化研究，应对方式还停留在工程技术层面，往往容易脱离实际需求，忽视了可利用资源及环境因素，导致水土资源闲置浪费，问题不断累积甚至加剧。

b. 利用方向局限，缺乏创新性

目前对沉陷水域的研究与利用方向过于单一，主要集中在生态复垦和重建方面，而且仅限于以单一因素为研究对象或发展单一途径，忽视了时空转换下社会、经济发展的需求变化，缺乏利用模式的更新与利用方式的根本转变，以致应用面过窄、局限性较大，实施效果及收益不佳，不能充分发挥资源的利用价值。

c. 利用角度孤立，缺乏可持续性

对沉陷水域的利用缺少全局眼光，忽视了与人地矛盾、新型城镇化等现实国情的有机结合。往往把沉陷区和城市孤立对待，未能理清沉陷区与城市未来发展的关系，没有从城市建设角度出发，对沉陷水域及整个矿区进行综合研究，割断了沉陷区与周边城镇的联系，势必不能实现区域未来整体、系统的可持续发展。

可以看出，权宜之下的治理模式，无法实现沉陷水域的标本兼治，传统的利用方式已经不能解决新形势下面临的诸多问题。大量沉陷水域仍长年处于闲置荒废状态，影响矿区及城市的发展。随着我国工业持续发展对能源需求的有增无减，煤炭在未来仍是我国的主体能源，持续采煤造成的沉陷地及积水面积还将继续扩大。因此，亟需从我国国情和城市特有情况出发，探索适合的资源利用模式。

③ 治理方向需要更新

现阶段，党的十八大确立了推动资源利用方式的根本转变、优化国土空间格局、走中国特色新型城镇化道路的发展战略，在为我国未来建设指明方向的同时，对新时期水土资源利用提出了新的要求。

a. 资源利用方式需要更新转变

由于受沉陷类型、沉陷时间、水质状况等多种因素的限制，现阶段对沉陷水域的利用处于片面、零散的无序状态，利用方式欠缺战略性规划。阶段性、临时性的粗放型措施已经不能满足在生态文明理念下，实现资源的集约和节约利用、提高资源利用效率和效益的基本要求，需要从更广的角度和尺度上，重新审视沉陷水域的利用模式，寻求资源利用方式的根本转变，实现可持续的优化利用。

b. 缓解用地危机需要发展空间

沉陷积水造成原本以农耕为主的土地大受毁坏，加之人口密度较高，人地矛盾加剧。耕地红线告急，移民安置困难，建设需求增长——多重的用地危机成为制约区域发展的瓶颈，亟需寻找一条切实有效的解决途径。面对严峻的生态环境、社会经济问题，如何在坚守耕地红线的前提下，最大限度地挖掘沉陷水域的潜在利用价值并尽可能地物尽其用，以扩大土地供应渠道，缓解用地匮乏的危机，成为沉陷水域利用下一步探索的新方向。

c. 新型城镇化建设需要开拓思维

走集约、智能、绿色的新型城镇化道路，利用自然生态系统建设宜居城市已经成为我国城市发展的新方向，也是矿区城镇建设的必然趋势。现有对沉陷水域的利用仅仅是从水资源角度出发，应用面过窄、局限性较大，忽视了与新型城镇化有机结合的全局统筹，缺乏将沉陷水域纳入矿区及城镇整体建设的综合考虑，难以实现系统的可持续发展。作为不适宜复垦的大片沉陷水域，如何为就地城镇化提供基础资源，找到与新型城镇化建设相适应的发展途径，探索与城市群发展相匹配的形态格局，发展特色品牌的区域模式，成为沉陷水域利用面临的新要求。

为此，采煤沉陷水域的治理利用还需转换新视角、打造新理念、创造新模式：若能因地制宜地使其成为新的发展空间——漂浮建设用地，则可以将其治理利用与开发用地相结合，在改善生态环境的同时，有效拓展生存空间，实现水土资源的优化利用及增值（图 2-15）。

图 2-15　漂浮建设用地的城镇布局

（2）城镇建设需求

① 亲水本性使然

《管子·水地篇》中说："水者，何也？万物之本原也，诸生之宗室也。"作为万物之源，水是大自然生态环境的先决条件，是生命中不可或缺的元素，孕育了生命，也孕育了文明，与人类的繁衍生息有着密不可分的联系。《周易·说卦》中曾说："说万物者莫说乎泽，润万物者莫润乎水。"亲水性是人类与生俱来的特性，人们自古便逐水草丰茂之地而居，从最早的原始聚落到早期的城市，都是由水边发展起来的，经历渔猎文明、游牧文明、农业文明、工业文明发展到现在的生态文明，人们临水而居、傍水而生，始终与水有着紧密连系。水决定了城市的出现及更新，是城市定居、选址及发展的源泉。古代筑城理论就有"依山者甚多，亦需有水可通舟楫，而后可建"之说。一座城市的繁荣与兴盛离不开水，水系一直是人类聚居的理想环境。

水在现代社会中的功能日益综合化和多元化：泄洪排涝、营造生态景观、提升土地价值、带动产业发展、改善居住环境等。随着城市规模的扩大和城镇化进程的推进，城市问题不断凸现，人们越来越重视水在人文、景观和生态等方面的价值。城市设计也强调人性化因素，力求以人为本、回归自然，使人与环境达到和谐、平衡的发展。黑川纪章就曾说过："人都是在有水的地方建筑城市，再创造文化。"

漂浮城镇因水而建，水成为连系城内空间生态脉络的自然要素，从而形成优质的生态居住环境。作为城镇的灵气所在，水体的空间形态构成充分满足人们对水的自然需求和视觉审美需要，让人直接感受水景、融入自然。作为自然生态系统的重要组成部分，水系还兼顾净化空气、消除空中悬浮物、调节环境温度等作用。同时，水上漂浮景观大大增强城镇的可识别性，体现地域特色，展示别样风貌（图 2-16）。

② 城市发展趋势

从传统到现代，城市的空间形态演化过程是城市建设、更新、改造的必经过程。农业社会发展到工业社会形成工业城市，工业社会发展到生态社会形成生态城市。城市始终处于不断的发展变化之中，总是在不断变化的空间环境中进行着新旧交替。城镇化进程为城市发展带来机遇，城市的建设模式在改变，建设理念也在发生变化。山本理显曾说过"改变居住方式，就是改变城市"。城市建设理念的革新作为城市自我生长、自我整合的机制，一直是城市进一步发展的必然趋势。

图 2-16　漂浮城镇鸟瞰图

近半个世纪以来，全球化发展给城市发展带来趋同性，出现了城市特色危机。而我国的现代城市设计在经历了近 30 年的发展后，多地处于千城一面的笼罩之中，迫切需要城市的创新发展。在城市的扩张和发展过程中，每个城市都会面临不同的选择，如何从本身现状出发，因地制宜地立足并适应环境，寻求适合的发展方向和解决途径是当下城市发展所普遍面临的难题。

目前，随着城镇化进程的快速推进，传统的城市形式已经无法满足我国众多矿业城市活动对空间形态的需求，传统的城市规划设计与发展管理方式也不能应对出现的众多问题，空间发展、生态环境建设及治理问题日益突出。如何在保证城市运转和发展的同时，又能达到生态系统的平衡？如何从更为整体、更为系统、更为深层次的角度重新审视城市空间发展的规划，找出更为先进的、科学的城市空间发展规划途径，为城市空间发展提供科学有力的技术支持？这就需要尽早找到一种适合此类城市发展的城市形态，既能满足生活需求，又能用生态的方法解决资源、能源和环境的问题。正如俞孔坚所说"根据自然的过程和留给人类的安全空间来适应性地选择我们的栖息地，来确定我们的城市形态和格局"。

漂浮城镇正是通过对环境资源的综合分析，利用采煤沉陷水域建造水上城镇，在水系中形成多元化、多层次的漂浮空间，变"生态破坏"为"生态复兴"，建立多功能、高效率的区域群落，依靠新的生态循环系统，顺应未来城市的综合发展。同时，将城市发展新理念与空间形态创造性地整合，寻求特色行为的空间格局，构成具有标志性特征的特色城镇。

③ 建设用地需要

几乎任何城市发展到一定程度都会经历空间扩张，只是在扩展方向、形式上有所差别。为了拓展空间，向空中延伸，出现了摩天大楼；向地下发展，就有了地下建筑。随着工业化的急速发展、日益增长的人口导致城市用地愈发紧张，除却上天入地，人们开始向水面索要空间。从 20 世纪 40 年代，滨水空间正式被拉入规划范围。随后 80 年代前后，英国、美国、加拿大等先后对废弃的滨水空间进行了再开发规划及建设。到 2050 年，世界人口的 70% 将生活在城市，而约 90% 的大城市将坐落于水边。人们需要找到新的方法处理好居住环境与水的关系，也为气候变化和海平面上升做好准备。世界发展历史会主席、著名未来学家麦金利·康韦说过"人类的居住、工作空间将向水上发展……"。水，为城市扩张带来了新的机遇。

在我国，经济正处于快速增长阶段，工业化、城镇化水平不断提高，对土地的需求日益膨胀，人地矛盾愈发突出，由此引发的城市住房问题也日趋严峻，建设用地总量频频突破规划。尤其是以安徽为代表的粮食主产地区，城市规模迅速扩张，耕地面积不容减损，而大范围的沉陷水域却占据着广大空间，用地危机成为制约区域发展的重要瓶颈。如何在城镇化快速发展的同时，最大程度地提高资源利用效率，兼顾经济发展与耕地保护，成为此类地区发展面临的一项现实难题。鉴于城镇化发展的必然性和缓解资源环境压力的紧迫性，只有寻求新的土地利用思路，才有可能在协调城镇化与用地扩张关系上有所突破和发展。

作为一个充分利用空间资源、增加建设用地的新方式，漂浮城镇不占用昂贵珍稀的土地，利用沉陷水域进行资源置换，将非建设用地转化为建设用地，让公众享有更多的环境和用地资源，大大缓解矿业城市的资源压力，扩展所在地区的城市容量，实现城市空间的新发展，也为沉陷区治理乃至新型城镇化建设提供了一种崭新的解决方案。

2.2.2 可行性分析

（1）基础资源具备

采煤沉陷水域蕴含着巨大的开发潜力。据不完全统计，在我国即使到 2050 年，煤炭在一次能源中的比重将仍不低于 50%，由此造成的地表沉陷及积水面积还将不断扩大。研究区隶属的淮南淮河以北区域目前已经形成了大面积的沉陷湖泊，80% 以上深度在 10 米以上。由于属多煤层开采，地表移动和变形较大、相对沉降较深、稳沉期较长，且紧邻淮河，河网众多、地下水位高、年降水较丰，再加上水域蒸发量较小、土壤透水性强、水量渗漏损失小，地下水补给和地表水补充保证了水源的稳定性，造成该区沉陷地表积水且面积逐年增长。水域范围会随季节和年降雨量的不同发生变化，干旱年份缩小，洪涝年份扩大，但总体变幅不大。区内还有西淝河、架河等河流，自身来水面积约 $4000 km^2$，水源容量充足，积水面域宽广，形成了众多的沉陷湖泊群，为漂浮城镇的选址提供了广阔的水域范围。

而且，整体来看，沉陷水体将呈良性发展。伴随沉陷时间的增长，其面积、深度逐渐增大，水体互相连通，水量逐步增加，从而不断稀释水中的污染物质。同时，水中浮游生物和植物种类越来越多，对污染物的降解能力越来越强[3]，生态系统趋稳，具备持续建设漂浮城镇的良好自然条件。

同时，随着时间推移和水系渗透，沉陷水域之间及其与自然河流之间具备较好的贯通条件。通过湖泊清淤、开挖阻隔体等工程贯通水体，便可促进沉陷水体与河流的水利、水生态功能的联系，使原本无法流动的水体易排易灌，逐渐连系成片，形成开放的水生态系统。目前淮南的西淝河、永幸河和泥河等逐渐连系成片，沉陷湖泊面积正在日趋扩大。根据国家治淮方针、《安徽省淮河流域能源基地建设和水系治理规划》以及淮河流域防洪战略要求，计划实施"淮河潘谢矿区蓄洪与水源工程"建设湖泊型水库，积水区域面积约

223km²，平均蓄水深度约 16m，蓄水量达 36 亿 m³。通过"淮湖联通工程"、"淮南蓄洪"和"平原水库工程"，借助沉陷区蓄水空间建设淮阳湖，形成"大水面、大绿地、大空间"的水环境与生态环境，这些都为漂浮城镇的规划提供了有利的自然空间（图 2-17）。

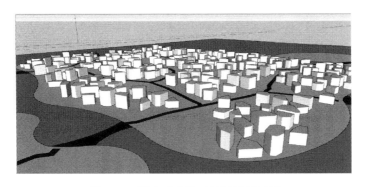

图 2-17 随水系连通而扩展城镇区域

（2）技术条件支持

从最初漂浮概念的提出，经历近一个世纪，漂浮建造技术不断发展。依靠现有技术，就能支持漂浮城镇的建造。近年来，一些国家已经开始了海上漂浮的实践（图 2-18）：如荷兰建成了漂浮的旅馆、餐馆、展厅及社区；韩国建造了钢铁漂浮岛；马尔代夫修建的漂浮岛屿，预计今年将完成第一个模块的制作；以及规划中的阿姆斯特丹漂浮场馆、奥地利的 Osros 浮岛、新奥尔良的"理想城市"……海上漂浮建造的已用技术、规划项目中的贮备技术，都为我国在采煤沉陷水域构建漂浮城镇提供了经验和方法。

图 2-18 国外海上漂浮建造

相比海上漂浮，沉陷水域的漂浮建造更易于实施：没有海风海浪对建筑物的冲击、磨耗，也没有台风、赤潮、风暴潮的危害，相对稳定的水域环境减少了对建造技术的高难度要求，节省了防灾预警系统及防御设施的高额投入，降低了房屋造价；没有海水的干湿交替、冻融循环及潮湿海雾的影响，也没有海水氯盐、海中微生物和生物粘泥的腐蚀，降低了对建筑用材的苛刻要求，缩减了建筑工程和建设维护成本。

（3）发展前景广阔

吴良镛先生说过，"只有人工构成部分和自然构成部分两者综合在一起，包括城市的人工构成部分和自然构成部分，才形成人类的居住环境。"麦克哈格也在《广义建筑学》一书中指出"城市地区最好有两种系统，一个是按自然的演进过程中保护的开放空间系统，另一个是城市发展的系统，要是这两种系统结合在一起的话，就可以为全体居民提供满意的开放空间。"漂浮城镇正实现了自然与人工的综合统一：一方面，自然资源的集约利用、循环的可持续发展形成了城镇良好的生活场所；另一方面，城镇的生态要素和景观要素丰富了水体空间，重塑了生态的自然环境。从而达到城镇发展与自然环境的相互平衡，以可持续性发展收获良好的经济效益、生态效益和社会效益，具有广阔的发展前景。

在政策支持方面，国家有关低碳、绿色的发展要求，以及现代农业、新型城镇化的发展导向，都为漂浮城镇提供了大好的建设环境。国家一直在加大力度推进绿色建筑规模化发展与绿色生态城区的规划建设，支持城市新区按照绿色生态城区的标准因地制宜进行规划建设。2011 年《中国绿色地产发展现状与趋势研究报告》中就已指出——"生态城市与低碳社区将是绿色建筑内涵延伸的主要方向。"从住建部 2013 年发布的《"十二五"绿色建筑和绿色生态城区发展规划》和《绿色建筑行动方案》开始，就将绿色建筑引向区域发展、规模化发展。按照《国家新型城镇化规划（2014～2020 年)》要求，大力发展绿色生态城和生态项目成为大势所趋。2015 年中央一号文件明确将"围绕建设现代农业，加快转变农业发展方式"放在首位。面对利好政策的进一步加强，随着现代农业的上位，后续水利等工程项目将加速进展。国家正在不断创新投融资机制，加大资金投入，集中力量加快建设一批重大引调水工程、重点水源工程等。而且，随着国家对矿区生态保护与恢复工作的高度重视，城乡建设用地增减挂钩、低效用地再开发和工矿废弃地复垦已经纳入国家土地利用计划，生态恢复补偿机制及利好政策都将大大推动漂浮城镇的建设与发展。

在采煤沉陷区治理方面，利用我国大范围沉陷水域建造漂浮城镇，可以打破传统利用及基建方式的多重限制，大幅提高非稳沉区的利用率。而且，循序渐进的漂浮城镇建设将沉陷区治理与特色城镇发展互为同步，形成湖中现代核心、环湖农渔村落，水陆共促的"新型有机群落"，并与外围城市构成"特色发展圈"，以资源集约型的利用方式促进资源整合置换与区域经济的协调发展，实现水土资源优化利用及增值，一项投入、综合收益，达到可持续地循环发展，以特色城镇模式促进新型城镇化的发展。

在建筑行业发展和建造技术方面，建筑生产的转型升级和 3D 技术的成熟应用都为漂浮城镇的模块化建造奠定了坚实的技术基础。一方面，伴随我国建筑工业化生产技术的推进和建筑产业化标准建设的加速，建筑生产模式正在发生变革，现代工业化手段加速建筑生产模式的产业化，加之预制技术的应用，通过对建筑生产各阶段生产要素的系统整合，就可以方便快速地在工厂内完成建筑的生产安装，随后运至水域现场进行组装即可（图 2-19）。从而实现建筑的标准化、构件生产工厂化、土建装修一体化、现场施工装配化，形成有序的流水作业，构成建造的体系化、整体化（图 2-20），大幅提高效率、提升质量、延长寿命，节能环保、降低成本。另一方面，伴随 3D 打印技术的成熟，建筑的模块化建造有望快速推广，利用建筑垃圾便可打印墙体、铺地板、水管、电线，甚至连上漆、贴墙纸都整套打印成型，大大缩减成本、提高速度、经济环保。目前，《国家增材制造发展推进计划（2014-2020 年)》已经制订完成，计划到 2017 年初步建立增材制造（即 3D 打印）技术创新体系，培育 5 至 10 家年产值超过 5 亿元、具有较强研发和应用能力的增材制造企业，并在全国形成一批研发及产业化示范基地等。此外，更多高新技术将支持建筑构件根据需要制成任意形状，让建筑轻松拥有曲线异形的独特造型，为漂浮城镇的构造形式提供更多的可能和便利（图 2-21）。

图 2-19 漂浮城镇的建设形式

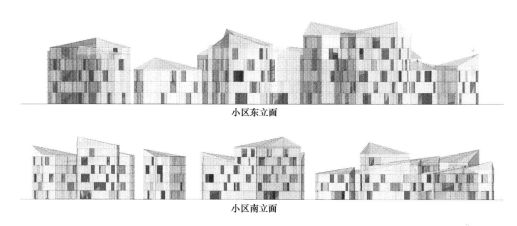

小区东立面

小区南立面

图 2-20 漂浮城镇的住宅小区立面

在消费需求方面,一方面可以将城镇建设与居民安置相结合,在通过土地置换解决矿区移民安置问题的基础上,借助漂浮城镇建设与漂浮农业的发展辐射周边地区,以就地城镇化满足农民的生活和就业需求。另一方面,随着人们生活水平的提高,消费水平日益旺盛,对自然性的资源有着广泛的需求和浓厚的兴趣。漂浮城镇在改善生态环境的同时,创建适宜的人居场所,发展景观娱乐、旅游度假,与周边风景区一同形成旅游

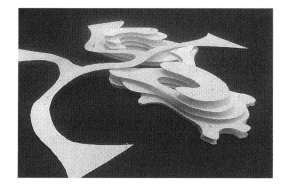

图 2-21 漂浮城镇的实体模型

链条,有效满足市场需求,成为所在地区旅游市场的主导项目,为长期规划积累储备资金,逐步发展为系统的生产生活模式。

在生活空间方面,漂浮城镇不但能够直接提高空间承载力、缓解人地矛盾,也顺应了人们对生活及活动空间的需求,独特的生活方式和附属娱乐设施既能构建新奇、浪漫的休

闲之所，也能利用开阔的水景、清新的空气，形成清静宜居的养生佳地（图 2-22）。

图 2-22 漂浮城镇的宜居佳境

2.3 本章小结

本章通过对漂浮城镇的构建环境研究，发现目前对采煤沉陷水域的处理方式、应用效果及收益并不十分理想，不同程度地存在诸多问题，如生态环境破坏、基础设施损毁、移民安置困难等。通过对漂浮城镇构建的必要性和可行性分析得出，漂浮城镇构建的基础条件也已完备：

（1）经过对其的必要性研究，得出从矿区治理和城镇建设需求来看，漂浮城镇正是可以综合解决这些问题的适合方法，具备其构建的必要性。

（2）经过对其的可行性研究，表明构建漂浮城镇的基础资源已经具备、技术条件能够支持、发展前景足够广阔，具备其构建的可行性。

注释

[1] 廖谌婳. 平原高潜水位采煤塌陷区的景观生态规划与设计研究 [D]. 北京：中国地质大学，2012.

[2] 渠俊峰，李钢，张绍良. 基于平原高潜水位采煤塌陷土地复垦的水系修复规划 [J]. 国土资源科技管理，2008. 25（2）：10-13.

[3] 武会强. 采煤塌陷区水体富营养化生物修复试验研究 [D]. 唐山：河北理工大学，2008.

[4] 张冰，严家平，范廷玉. 采煤塌陷水域富营养化评价与分析 [J]. 煤炭技术，2012，31（1）：159-161.

[5] 贺晓蕾，王敏，刘伟. 煤矿塌陷湿地水体富营养化评价 [J]. 北方环境，2012，24（1）：41-43.

[6] 闫永峰，王兵丽. 煤矿塌陷区水污染对鱼类肝细胞 DNA 的损伤 [J]. 河南农业科学，2010（4）：109-111.

[7] 汤淏. 基于平原高潜水位采煤塌陷区的生态环境景观恢复研究 [D]. 南京：南京大学，2011.

[8] 刘劲松. 淮南潘集矿区地表水质及环境影响因素分析 [D]. 淮南：安徽理工大学，2009.

[9] 鲁叶江. 东部高潜水位采煤沉陷区破坏耕地生产力评价研究 [J]. 安徽农业科学，2011，38（1）：292-294.

[10] 魏婷婷. 淮南煤矿复垦区土壤肥力空间分析与评价 [D]. 淮南：安徽理工大学，2011.

[11] 渠俊峰，李钢，张绍良. 基于平原高潜水位采煤塌陷土地复垦的人工湿地规划 [J]. 节水灌溉，2008（3）：27-30.

[12] 常伟明. 开滦采煤下沉区改建人工湿地的技术分析 [J]. 河北科技师范学院学报，2007，21（2）：

32-34.

[13] 林振山，王国祥. 矿区塌陷地改造与构造湿地建设 [J]. 自然资源学报，2005，20（5）：790-794.

[14] 杨叶. 以湿地系统为核心的矿区生态改造 [D]. 天津：天津大学，2008.

[15] 盛兆云，杜祥更，孙文龙. 煤炭塌陷地生态治理中的湿地建设初探 [J]. 农业科技通讯，2010（5）：146-148.

3 漂浮城镇的建造模式与技术方法

本章基于采煤沉陷水域的水体环境和地质特征,对漂浮城镇的建造方法进行详细研究。选取代表性的3层、6层民用建筑及住宅小区进行结构设计和力学验算,通过模拟实验推演和有限元分析,对漂浮构筑物的构造方式、结构类型及构件选型给出预期方案。

3.1 建造原理及模式

3.1.1 基本原理

漂浮城镇在水中会受到两个作用力:一为城镇构筑物及其承载的物品和人员重量所引起的重力,方向垂直向下,作用点为重心;二为水压力作用下形成的浮力,方向垂直向上,作用点为浮心。当重力等于浮力,即城镇所排开水的重量等于自重,并且重心和浮心位于同一垂直线上时,在水面上就能够达到平衡的漂浮状态。因此,只要通过力学计算,控制好重量和重心的位置以及适当增加面积,就能使漂浮城镇具备良好的浮性、抗沉性、抗风性、耐波性及稳定性等,避免在风浪作用下的摇荡及倾覆,保证在倾侧力消失后能够恢复正常状态。

3.1.2 建造模式

通过文献比对和试验研究,拟定在沉陷水域进行漂浮建造的基本模式为:构筑物在水面上由漂浮基座承载(图3-1),水下结合桩基或者牵拉方式系泊限位,在满足底部浮力和水压力要求的同时,达到荷载平衡,如图3-2、图3-3所示。具体建造如下:

首先,水面漂浮部分由上部构筑物和下部漂浮基座组成。构筑物采用钢结构或钢筋混凝土框架结构,轻质隔墙,内部为集成化的高品质空间和家具(图3-4、图3-5)。漂浮基座选用混凝土围合形成空室结构,可利用为水下空间,实现基座的刚度、强度、水密性和漂浮性。

其次,将工厂规模化生产的房屋及城镇单元安装连接,完成模块装配和区域规划的组合。通过多个单元式漂浮模块的按需组合、相互连接,扩大或改变城镇布局,每个模块上均装备若干建筑及配套设施,各个模块之间及其与其他结构之间可以方便地连接或拆卸,实现漂浮模块的拆分移动和自由组合(图3-6)。

最后,将漂浮模块通过两种系泊方式限定位置:一为桩基式,在水底预埋基础,并在其上建造抵抗柱伸出水面,水上部分的抵抗柱与漂浮基座及构筑物侧面的滚轴连接件连

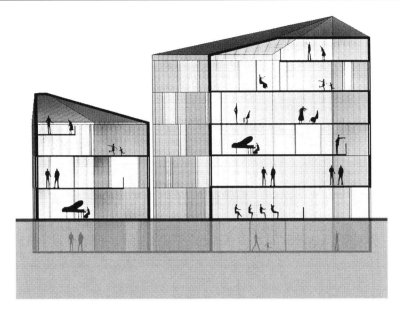

图 3-1 漂浮构筑物的组成部分

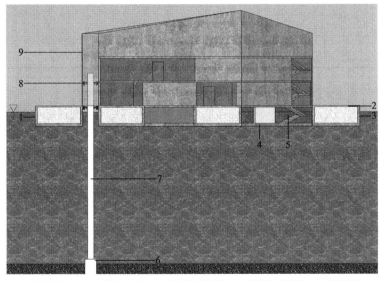

1—漂浮基座；2—漂浮基座顶板；3—漂浮基座侧板；4—漂浮基座底板；5—空室结构；
6—水底基础；7—抵抗柱；8—滚轴连接件；9—套管

图 3-2 桩基式系泊结构

接，外罩套管与构筑物自成一体，支持漂浮模块随水位变化而沿抵抗柱上下浮动（图 3-2），抵抗柱由厚壁钢管或钢筋混凝土制成，钢管长度可以根据需要随时改变，在连接处安设消能设施橡胶护舷，形成柔性连接，受力撞击后直接挤压橡胶护舷，与钢管共同吸收撞击力量；二为牵拉式，由固定在水底基础上的伸缩钢缆牵拉漂浮模块（图 3-3）。根据沉陷水域深度和稳沉条件，选择不同的限位方式：水深 10m 以内的基本稳沉区采用桩基式系泊；水深 10m 以上及未稳沉区采用牵拉式系泊；对于需要不时移动的模块，则可以采用浸入式混凝土锚限定位置。

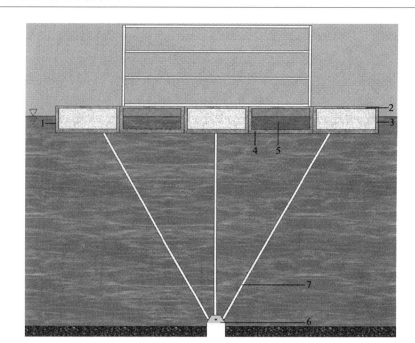

1—漂浮基座；2—漂浮基座顶板；3—漂浮基座侧板；4—漂浮基座底板；5—空室结构；
6—水底基础；7—伸缩钢缆

图 3-3 牵拉式系泊结构

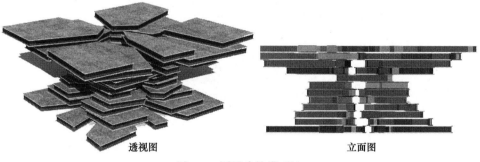

透视图   立面图

图 3-4 漂浮建筑模型Ⅰ

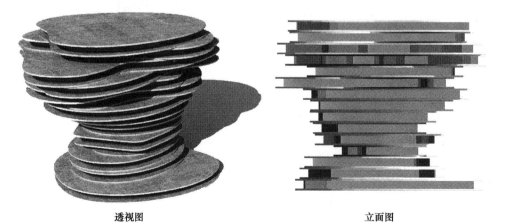

透视图   立面图

图 3-5 漂浮建筑模型Ⅱ

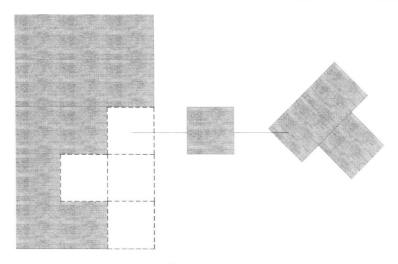

图 3-6　漂浮模块的拆分移动和自由组合

3.1.3　技术特点

采用上述技术方案建造漂浮城镇，既不需要高额耗费去处理地基，也不必受沉陷区地质状况及稳沉条件限制。构筑物和配套的延展性管道皆可随水位变化而浮动，还可以通过水涨屋高或移动位置趋避洪涝等灾害。在技术层面上，具有抗渗性强、自重较轻、耐久性好、灵活性强、工艺先进等优势。

上部构筑物方面，首层为架空结构或为可拆卸墙体，以便消减荷载，增强整体的稳定性。另外，建筑高度控制以低层为主，自重较小、受力面积小，所受的风浪等环境载荷也较小，以避免风暴等破坏性环境的影响。

漂浮基座方面，以混凝土同时灌浆浇筑围合成无缝的整体结构，将混凝土充气排除气泡，内部形成空室，利用为水下空间，保证基座的承载力和密封防水。而且，通过边缘紧实围合的混凝土，可以将重量分散到上部构筑物，紧密结合牢固支撑的箱型结构，既可以增加构筑物的整体刚性和强度，又能够提升水密性、抗沉性和安全性，保证漂浮模块在受到碰撞、破损而进水时，不会倾覆或沉没。同时，通过加大基座面积，或增加吃水深度，可以最大限度地增强结构的平稳性能。另外，在基座外部涂刷强力炭黑防腐涂料，且最外层涂料中的二氧化钛微粒能够与紫外线发生化学反应，以净化水体、清洁水域。由此，漂浮基座能够综合满足结构稳定、承载能力、环境影响（如腐蚀、低温侵袭）以及环保等技术要求。

水下系泊方面，系泊结构的固定装置和缓冲设计能够有效保持漂浮模块的稳定，保证最佳应力分布范围，有效约束漂浮模块垂荡、纵摇和横摇运动，即使有小幅的波动，身在其中也几乎不会有所感觉。

3.1.4　制作施工

施工建造时，先将漂浮基座和上部构筑物在工厂干船坞进行一体化浇筑，使其坚固且不可分离，预制墙体内装备好隔热层、水管和电线等。然后，在干船坞注水，使模块浮起并保持平衡，使用拖船拖出船坞至水面，直至到达建造地点。对于道路、景观场地及公共开敞等地块，根据城镇规划和工程需要，在工厂进行规模化生产，然后在指定地点进行拼接，组成各种形状的浮式结构，可以快速拆分，便于运输和安装，形成标准化、模块化、系列化的生产与施工。该拼组结构作为水上承载平台，可以根据需要加装不同用途的生活生产等基础设施（图 3-7）。

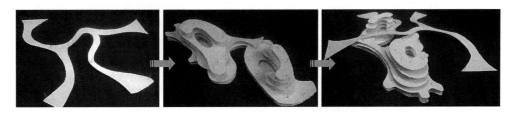

图 3-7　拼接组合方式的实体模型演示

整体施工以预制化为基本标准，使用预制构件标准化组装配件，辅助机器设备吊装拼接，制造施工和安装组合简单易行，形成全装配整体式的快速施工体系，全程劳动强度低，工业化程度高，建造和扩展速度迅速，一栋房屋几个月便可建造完成，1 天即可组装完毕，极大地加快了施工进度、缩短了工期，还能够降低制造难度、建造耗资和后期的维护成本。

（1）连接方式

城镇由若干个漂浮模块单元组成。每个单元都可以独立漂浮于水上，只需通过预埋在漂浮基座侧面的构件如高强螺栓、锁紧装置进行连接，或者以榫卯结构相连接（图 3-8）。模数化体系保证各个模块能够方便地组合和拆分，以适应不同规模的使用需求。模块节点连接牢固可靠，便于水上操作，且相互独立，当一个模块失效时，只限于该浮体结构。此外，各个独立的模块之间还可以通过轻质折叠吊桥联系，由钢制半潜式模块和吊桥组成独立式连接构件，需要时各模块之间可以互通相连。

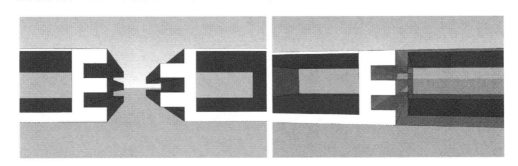

图 3-8　漂浮模块的榫卯连接示意图

（2）边缘防护

为保证漂浮模块的稳定和防止水流冲刷，在沿水区域，以景观形式布置挡水间隔和亲水层级台阶，适应不同水位变化及保证安全水位（图 3-9）；并安设护木、系柱，便于停靠浮式运输设备和水上交通工具；侧面设置防撞橡胶护舷、外板和双护舷等加强结构，防止撞击损害，便于分散作用力，降低对结构的影响，彼此抵消、安全可靠，提高缓冲性能，增强平稳性。同时，在沉陷水域的岸坡结合生态种植，采用水下模袋混凝土护坡，防止水土流失及环境污染对漂浮城镇造成影响。

图 3-9　城镇边缘与水的处理

3.2　建造材料

　　漂浮建筑及城镇建造的各个层面，综合使用了塑料工程材料、橡胶工程材料、复合工

程材料和高性能防污涂料等，达到材料的良好连续性、韧性，形成高强度结构。各材料相互结合，既能增强材料的使用寿命，还可增加创意造型形式。如景观构筑物由塑钢、铝板、竹木、轻钢或钢筋混凝土构成，外喷涂料饰面；景观绿化则由藤蔓植物攀爬生长在搭建的框架上，随造型高低起伏变化，框架可由轻钢、铝塑、玻璃钢环氧树脂、合成金属等构成，形成漂浮城镇的特色景观绿化（图 3-10）。

图 3-10　漂浮城镇的特色景观绿化

3.2.1　上部建筑材料

　　（1）建筑墙体

　　① 建筑外墙

　　针对水上环境特点，建筑外部墙体设计尤其需要注意保护建筑不被空气、湿气渗漏，做好隔热，避免因热短路而产生功能衰减。建筑的支撑框架由钢筋混凝土或者钢结构构成。建筑外墙体采用环保轻质混凝土。建筑外饰面采用木塑板、软瓷、铝塑板、工业塑料等高科技建筑和革新性材料，具体可以视情况选用。

　　环保轻质混凝土。用作漂浮建筑的内外墙、楼板或者屋面板。就地取材，废物利用，以粉煤灰、矿渣微粉、尾矿砂、高炉水渣、加气碎渣、河沙、石粉等为原料。作为轻质高

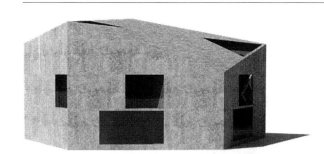

图 3-11　混凝土饰面的漂浮建筑模型

强围护结构材料，能够满足抗弯、抗裂及节点强度要求，容重轻，仅相当于同体积普通混凝土重量的 1/5～1/8，大幅度降低房屋自重，具有很好的抗渗抗水、抗压耐久、保温隔热、防火隔声性能，对振动冲击载荷有良好的吸收和分散作用，施工方便，经济环保（图 3-11）。

木纤维复合材料及木塑复合材料。用作漂浮建筑表皮材料，为建筑造型带来更多的形式变化。以木纤维和回收塑料加工制成，在利用回收材料的同时再次利用，生态环保。具有高强度、防微生物危害、容易加工的优越性能，还能够防紫外线、防褪色，实用性强。

超轻陶瓷。把中空树脂填料的超轻塑料，按一定数量比例与黏土掺制成各种陶瓷建筑材料形状，再经烧制即成。其比重仅为 $0.3kg/m^3$，能够漂浮在水面上，但强度却与传统的陶瓷建筑材料一样。

高强轻质膜材料。用于漂浮城镇具有大跨度空间结构的公共建筑。由优良性能的织物通过支撑构件，并给膜内空气加压施加初始预张力，形成具有一定刚度、承受外荷载的空间结构形式。其透光率好，不受紫外线影响，热吸收量少，具有重量轻、强度高、防火难燃、自洁性好，抗疲劳、耐扭曲、耐老化、使用寿命长等良好性能。

光合薄膜。具有不规则凸起的曲面薄膜，对风的分散作用好，强韧而富有弹性。在膜中间夹有植物细胞或者水培种植，利用光合作用为建筑提供能量。由悬垂膜构成的保护网，还能够给漂浮构筑物提供保护屏障，防止被洪水淹没。

ETFE 创新性塑料。以此作为建筑外围护材料，其坚固的膜结构兼具光伏发电和保护装置，不但能减轻自身重量，还有利于储存能量。

生物塑料。作为可自由塑形并且重复使用的生物塑料，通过电脑数值控制、钻、层压和激光切割，注塑或者挤压，便可制成漂浮建筑不同的面与结构，适用于流线形体结构及其他异形造型。其超过 90% 的组成部分为生物聚合物，能够有效抵挡紫外线。

芦苇保温墙体。就近采用地方材料，将疏松多孔的芦苇压制成型，作为墙体填充材料，再分别粘贴防水层及木板，成为墙体围护结构。其内部具有许多封闭的孔洞，阻热性能好，具有保温隔热功能。作为可降解材料，可以安全回归自然，减少环境污染。

矿渣保温墙体。用粉煤灰、煤矸石等工业废弃物制成节能环保暖浮砖，或者与浮石、陶粒等结合生产混凝土空心砌块复合墙体，中间做成保温层，保温效率可提高 50% 以上，且密度小于 $1kg/m^3$，质量轻。既可实现建筑保温，还能漂浮在水面上。

新型水泥。将具有空气净化功能的特制水泥材料用于建筑表面。阳光照射时，可以捕获空气中的污染物，转化为惰性盐，帮助净化大气。

锐化钛。用于漂浮建筑的外墙材料，其表面附有二氧化钛的聚酯纤维，能够吸收大气污染、改善环境。

② 内墙材料

建筑内部墙体采用轻质隔墙，由环保轻质混凝土、水泥压力板等构成，以及其他材料：

调湿型内墙材料。在墙体中夹置 2～3 层由彩土系材料制成的板，中间掺入吸湿的填充物，调节室内湿度功能，使用室内面积的 10% 左右，即可将室内湿度保持在 60% 的最佳状态。

新型环保装饰材料应用。选用新型绿色环保材料，如 GRG 人造板、A 级防火软膜、玻璃纤维吸声喷涂等，具有低挥发性、无毒无污染的绿色环保建材。

（2）建筑屋面

玻璃瓦光伏屋面。将玻璃屋瓦安装在太阳能电池板上，构成光伏屋面。玻璃瓦为双 S 异形瓦，使用高透明度的玻璃和低级的氧化铁制作。屋面收集太阳能之后与建筑内已有的供热系统结合，储存能源于储存罐内，可以为使用者提供一整年的热水和供暖。

TPO（热塑性聚烯烃类）单层屋面。采用 TPO 作为漂浮房屋的屋面，具有热反射功能，以及极小的荷载、极强的耐久性和优良的绿色性能，耐候性、耐久性佳，寿命可达 50 年以上，而且易于安装和维修，节约城镇房屋的建造成本。

（3）建筑门窗

漂浮建筑的门窗采用密闭设计防止雨水、湖水的侵袭，使用高性能的窗户，如聚氯乙烯的窗框和填充氢气的双层中空玻璃，既保证较高的通透性，还可以有效防止过热。根据需要还可以选用：

智能温控调光玻璃。在两层玻璃中注入特殊的水性凝胶，根据太阳光辐照的强弱，自动调节玻璃的透光率。夏季阳光暴晒下玻璃自动变色，透光率降至 5% 以下，有效阻挡强光辐射；冬季保持通透，玻璃透光率升至 80% 以上，由温度和太阳光双重调节透光度，响应速度快。还可以给房间设定体感舒适的温度，高于此温度时，玻璃迅速变成白色，阻隔紫外线、可见眩光和近红外线，阻止室温上升；低于此温度时，玻璃保持透明，吸收大量太阳光线，促使室温上升。

丙烯酸弯曲玻璃。以弯曲型玻璃作为漂浮建筑的外墙，方便采光集热，还可以起到收集雨水的作用，让雨水经通道流入存水库，为顶层的植物提供灌溉用水，净化后还可以作为生活用水使用[1]。

轻质有机玻璃。密度约为 1.18g/cm³，具有密度低、机械强度高、耐燃性能好、节能性好、成本低、加工方便等特性。

（4）建筑构件

建筑构件方面，可以选用轻质高强度的材料，例如：

高强超轻合金。采用镁铝合金等，其密度为 1.8～3.0g/cm³，具有密度低、比重小、强度高、刚度高、成本低、易回收、环保好等特性。

高强超轻纤维。采用碳纤维材料等，其密度在 1.5～2.0g/cm³ 之间，具有密度低、各向异性柔软、强度高、耐久性能好、抗腐蚀能力强、施工简便、无污染等良好特性，可补强漂浮建筑的整体结构而无需金属构件固定。

3.2.2　漂浮基座材料

漂浮基座采用钢筋混凝土或钢结构框架，外围板采用高强度混凝土，达到良好的预应力处理的抗疲劳效果，并在预制件的接头处加涂环氧树脂保证水密性；外层浸水部分利用涂层和阴极保护来防腐，选择防腐性能强的防污材料，并加强防滑度，减少微生物的附着，飞溅区使用钛合金衬层进行保护；关键连接部位的牢固性通过加大该处的板厚来保证，局部强度和局部冲击载荷通过设置纵、横加强筋来保证[2]。

除此之外，还可以选用其他密度比水小的高分子材料或者自重轻、强度高的辅助材料：

超轻高强发泡混凝土。其密度低至 $160kg/m^3$，仅为水密度的 1/6。具有密度低、强度高、保温隔热、防水性能强、耐久性好、加工方便成本低、资源丰富无污染等诸多特性。

碳素补强材料。具有与钢板同等的补强效果，适用于漂浮构筑物的复杂形状，并能提高弯曲压力。表面不生锈、可防水，能有效抑制钢筋腐蚀和混凝土风化，且材料质轻，搬运方便。

防水填缝材料。选用能在水中凝固且有柔韧性和防水性的新颖型防水材料 Aguaphalt。其主要成分有沥青乳胶、水泥和聚甲醛丙醋乳胶和能吸收其自身体积 300 倍水的聚合物。室温下为液态，可用泵抽；混合时立即形成半液态的凝胶，凝固后略有弹性。利用此凝胶注射漂浮建筑构造的缝隙部分，在凝固而稍有膨胀的过程中保证建筑的密封防水。

玻璃纤维筋。可采用为漂浮建造中替代钢筋的优良材料，其自重较轻、抗拉能力高、电磁绝缘性能好、耐腐蚀能力强。

矿渣水泥。对矿产废弃物进行再利用，将粉煤灰等矿渣超细粉掺入混凝土及水泥，优化混凝土孔结构，降低和抑制氯离子扩散性能，减少体系内 $Ca(OH)_2$，抑制碱集料反应，提高密实性、抗硫酸盐腐蚀性以及在恶劣环境中的耐久性。后期强度增长率较高，干燥收缩和徐变值较低，抗渗性能强，具有良好的抗蚀性、抗碱抗碳化，降低水化热，有利于防止大体积混凝土内部升温引起的裂缝。

3.3 结构设计与计算

漂浮建造的结构设计包括漂浮建筑的整体结构选型，上部构筑物、漂浮基座、漂浮道路和漂浮小区的结构设计。

3.3.1 基本条件

设计漂浮建筑使用年限为 50 年，结构安全等级为二级，建筑环境类别为二 a 类。以淮南地区为例，设防地震分组为第一组，抗震设防烈度为 6 度，设计基本地震加速度为 0.05g。由于规划的建筑属于平面不规则结构，考虑到地震时流体的影响，在结构设计中抗震需提高一度设防，设计基本地震加速度为 0.05g。该区基本风压为 $0.35kN/m^2$，重现期为 50 年，地面粗糙度为 A 类。

3.3.2 结构选型

漂浮建筑由上部构筑物和漂浮基座组成，漂浮道路由漂浮基座和路面组成，其上部结构选型着重考虑建筑结构的防水和结构自重问题。考虑到漂浮城镇内多为底层建筑,在进行结构选型时,若采用砌体结构,则防水性能不好且自重过大;如若采用剪力墙结构,虽整体防水性能较好但自重较大,因此这两种结构都不符合要求。而框架结构主要是由梁和柱组成,能够较好地共同抵抗使用过程中的水平荷载和竖向荷载,因此确立漂浮建筑选用框架结构。

水上部分为钢筋混凝土或钢结构框架建筑。对于钢筋混凝土结构,墙体选用防水轻质的建筑环保材料,如蒸压轻质加气混凝土(ALC)板材;梁、柱和楼板采用现浇混凝土结构,以提高框架结构的整体性;同时为了减轻建筑重量,建筑材料选用 LC45 级轻骨料混凝土,其轴心抗压强度为 29.6MPa,抗拉强度为 2.51MPa,而容重为普通混凝土的 0.7 倍左右;受力钢筋选用 HRB400 钢筋,箍筋采用 HRB335 钢筋。对于钢结构,梁和柱选用容重为 78kN/m³ 的 Q345 型钢构件,表面涂有防腐材料层,采用高强螺栓连接。

漂浮基座是整体结构设计的关键部分,用以保证上部建筑能够漂浮于水上。由于基座与水体直接接触,需要提高其防水性能,因此在漂浮基座的结构设计中,为减轻结构自重,基座外围采用剪力墙,内部采用框架结构;为确保结构的整体性和密封性,将基座底板和侧板同时整体浇筑。

3.3.3 建筑荷载

根据漂浮建筑所处条件,作用于建筑的荷载主要包括结构自重、固定家具及设备自重、建筑可变荷载和作用在漂浮基座的水压力。漂浮建筑依靠漂浮基座承受竖向荷载,而基座浮力与其吃水深度有关,在竖向可变荷载作用下,其吃水深度的变化需满足建筑舒适度要求,因此,在进行上部结构设计时,需限制可变荷载取值。在本研究中,仅将人的活动荷载作为竖向可变荷载。另外,漂浮城镇地处内陆沉陷区,波浪影响较小,在计算中忽略波浪荷载作用。根据建筑结构做法,楼(屋)面以及非承重墙体的竖向荷载计算结果如下:

(1)屋面恒荷载和可变荷载

根据结构设计,不上人屋面的屋面板厚为 90mm,其恒荷载主要为楼板以及屋面防水层等结构自重。根据《建筑结构荷载规范》GB 5009—2011 中的规定,若不上人屋面的可变荷载取值过低,易发生质量事故,因此其恒荷载和可变荷载取值如表 3-1 所示。

不上人屋面荷载取值 表 3-1

荷载分类	构造层	面荷载
恒荷载	屋面板	1.62kN/m²
	设备层	0.40kN/m²
	合计	2.02kN/m²
可变荷载	人群荷载	0.50kN/m²

(2)楼面恒荷载和可变荷载取值

楼面竖向恒荷载主要包括固定家具和设备、轻质隔墙以及楼板本身的重量。其中,楼板厚度为 100mm,为轻集料混凝土现浇结构;在《建筑结构荷载规范》中,家具和电器设备等均为持久性可变荷载。考虑到建筑设施基本为固定布置,将其作为恒荷载,并按面积平均集度法将其换算为楼面均布荷载；室内轻质隔墙也按照上述方法折算为楼板均布荷载。

作用在楼面上的可变荷载主要为人员自重，根据荷载规范，住宅的临时可变荷载均值为 $0.468kN/m^2$。设该建筑常住人口为 4.5 人，若按每人 60kg 计算，则根据面积平均集度法，其等效均布荷载为 $0.03kN/m^2$，因此计算时，可变荷载取值为 $0.5kN/m^2$。楼面主要荷载取值如表 3-2 所示。

楼面荷载取值   表 3-2

荷载分类	构造层	面荷载
恒荷载	楼面现浇混凝土板	$1.80kN/m^2$
	设备层、家具等	$1.40kN/m^2$
	轻质隔墙折算荷载	$0.06kN/m^2$
	合计	$3.26kN/m^2$
可变荷载	人群荷载	$0.5kN/m^2$

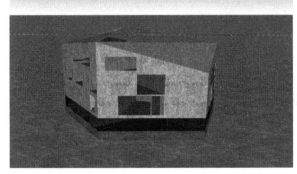

图 3-12　3 层民用建筑模型

（3）墙体

外墙材料采用抗渗性能好的蒸压轻质加气混凝土（ALC）板材，墙厚为 180mm，墙高为 2.5m，墙体容重为 $0.06kN/m^3$，考虑到墙上布置轻质铝合金窗，则外墙重为 $0.03kN/m$。

内墙材料仍采用 ALC 系列板材，墙厚为 100mm，墙高为 2.5m，考虑到开洞和门的折减，则内墙重为 $0.015kN/m$。

3.3.4　上部建筑结构设计

上部建筑结构设计主要为结构材料选择、结构构件截面设计以及局部稳定性验算。以下利用 PKPM 结构设计软件对 3 层和 6 层单体建筑进行结构建模和构件设计分析，并对其结构设计的合理性进行验证。

（1）3 层建筑

① 钢筋混凝土结构

模型如图 3-12，其 3 层单体建筑各层平面布置如图 3-13。当采用钢筋混凝土作为建筑材料时，框架主梁和次梁选用矩形截面，根据结构设计规范的构造规定，框架梁的高度 h_b 和宽度 b 需满足如下条件，即：

$$h_b = \left(\frac{1}{12} \sim \frac{1}{8}\right)l_0 \tag{3-1}$$

$$b = \left(\frac{1}{3} \sim \frac{1}{2}\right)h \tag{3-2}$$

式中，l_0 为框架梁跨度。根据结构布置，选择梁的截面如表 3-3 所示。

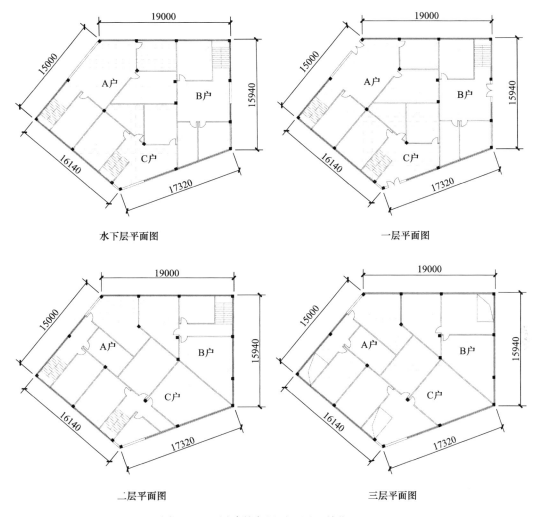

图 3-13　3 层建筑各层平面图（单位：mm）

钢筋混凝土框架模型参数　　　　　　　　　　　　　　　　表 3-3

自然层	层高	中柱	边柱	大跨度框梁	小跨度框梁	大跨度次梁	小跨度次梁	板厚
—1	3300	500×500	450×450	350×900	350×900	300×750	250×500	100
1	3600	450×450	420×420	350×900	350×900	300×750	250×500	100
2	3300	400×400	400×400	350×900	350×900	300×750	250×500	100
3	3300	400×400	400×400	350×900	350×900	300×750	250×500	90

注：表中单位为 mm，—1 自然层表示水下层。

　　建筑平面为不规则布置，其框架柱选用正方形截面，根据柱的轴压比定义，柱截面的面积 A_c 为：

$$A_c = b_c h_c \geqslant \frac{N}{\mu_N f_c} \tag{3-3}$$

式中，b_c 和 h_c 分别为框架柱截面的宽度和高度；μ_N 为轴压比限值；f_c 为混凝土的抗压强度；根据《混凝土结构设计规范》取 $\mu_N = 0.75$，$f_c = 19.1 \text{N/mm}^2$；N 为柱轴向压力设计值，可按照下式计算轴向荷载：

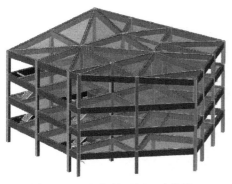

图 3-14　3 层钢筋混凝土计算模型

$$N = \gamma_G q S n \alpha_1 \alpha_2 \beta \qquad (3\text{-}4)$$

式中，$\gamma_G = 1.25$；β 为水平力作用对柱轴力的放大系数；α_2 为柱的位置系数，中柱 $\alpha_2 = 1.0$，边柱 $\alpha_2 = 1.1$，角柱 $\alpha_2 = 1.2$；n 为柱承受楼层数，q 为竖向荷载标准值，对于框架结构，$q = 10 \sim 12$ kN/m²，则柱的截面选择如表 3-3 所示。

楼板采用现浇钢筋混凝土板，以提高结构的整体性能，并将漂浮基座内部空间利用为建筑的负一层。通过 PKPM 软件对漂浮建筑进行建模，结构模型如图 3-14 所示。对该单体建筑采用 SATWE 软件进行有限元计算，得出结构的配筋、水平位移以及整体结构的基本信息。图 3-15 和图 3-16 为平法表示的梁柱配筋图，从该图可以看出，结构构件配筋率均在《混凝土结构设计规范》中配筋允许值范围内。

计算结果表明，最小层刚度比为 1.0，表明立面质量和刚度布置均匀，不存在薄弱层，满足《建筑抗震设计规范》3.4 节中有关建筑形态和构件布置的要求。X 方向的刚重比为 62.53，根据《高层建筑混凝土结构技术规程》5.4.1 和 5.4.2 的规定，满足整体稳定性验算，在弹性分析中可以不考虑重力二阶效应。最小相邻楼层抗剪承载之比为 1.0，满足

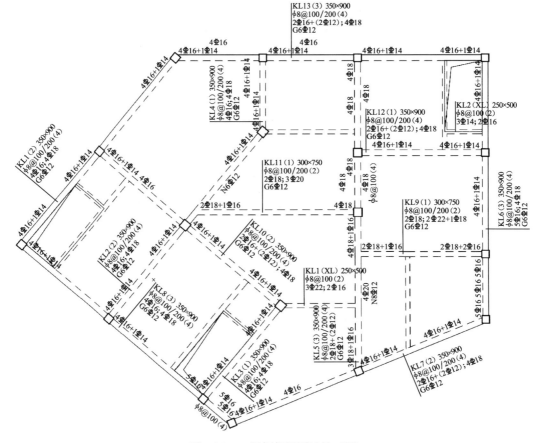

图 3-15　一层框架梁平法施工图

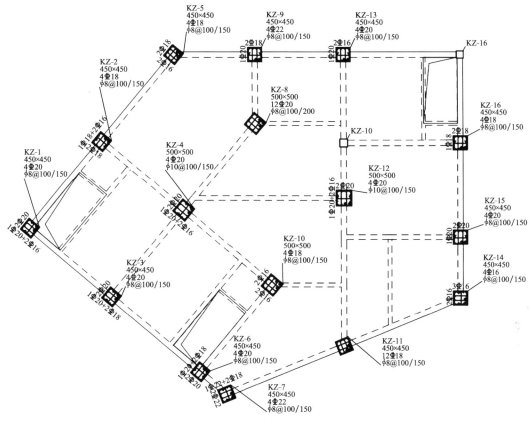

图 3-16 一层框架柱平法施工图

《建筑抗震设计规范》5.2.5 的要求。采用总刚度法计算结构的周期比为 0.88，小于 0.9，满足《高层建筑混凝土结构技术规程》3.4.5 的相关要求。计算所得的最大层间位移角 $[\theta_e] = \Delta u/h = 6.62 \times 10^{-4} < 1.82 \times 10^{-3}$，最大轴压比为 0.50，满足《建筑抗震设计规范》5.5.1 和 6.3.6 的规定。因此，3 层建筑的钢筋混凝土结构设计方案满足相关规范要求。

② 钢结构

由于建筑平面为非规则布置，钢框架柱截面选择箱形截面，框架主梁和次梁选用 H 形钢梁，如图 3-17 所示。

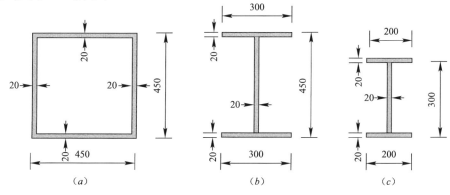

图 3-17 构件截面几何尺寸（单位：mm）
(a) 柱；(b) 主梁；(c) 次梁

根据《钢结构设计规范》，必须验算构件的局部稳定性，首先对箱型柱进行验算，由钢结构设计规范 4.3.8 和 5.4.3，得受压翼缘处：

$$\frac{b_{c0}}{t} = \frac{450}{20} = 22.5 < 40\sqrt{\frac{235}{345}} = 33.0 \tag{3-5}$$

式中，b_{c0} 为钢框架柱受压截面有效宽度；t_c 为对应截面钢板厚度。而对于钢柱腹板处：

$$\frac{h_{c0}}{t} = \frac{410}{20} = 20.5 < 0.8 \times 40\sqrt{\frac{235}{345}} = 26.4 \tag{3-6}$$

式中，h_{c0} 为柱受压截面有效高度；t 为对应钢板厚度。从上述验算结果可知，选择的箱形柱截面满足局部稳定性要求。同理，对主梁进行局部稳定性验算，受压翼缘处：

$$\frac{b}{t} = \frac{140}{20} = 7 < 13\sqrt{\frac{235}{345}} = 10.7 \tag{3-7}$$

式中，t 为梁的腹板厚度。上述计算结果表明选择的主梁截面符合局部稳定要求。

通过 PKPM 软件进行整体结构建模，如图 3-18 所示。根据 SATWE 软件有限元计算结果，整体结构的层刚度比为 1.0，刚重比大于 20，均满足《高层民用建筑钢结构技术规程》3.1.4 和 3.3.1 的要求。对于框架柱，其轴压比最小为 0.05，最大为 0.12，小于 0.6，满足《高层民用建筑钢结构技术规程》6.3.3 的规定；框架柱长细比最大值为 27.8，小于 150，满足《钢结构设计规范》5.3.8 的相关要求；框架梁的挠度如图 3-19 和图 3-20 所示，按照《钢结构设计规范》附录 A.1 的要求，进行验算，均满足钢结构规范挠度设计要求。

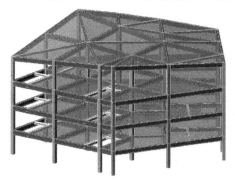

图 3-18 3 层钢结构计算模型

风荷载作用下各层的剪力和水平位移分别如图 3-21 和图 3-22 所示。风荷载最大值为 85.7kN，对应的层间位移最大值为 1.1mm，层位移角最大值为 1.55×10^{-4} rad。经验算，其水平位移均满足《钢结构设计规范》附录 A.2 的要求。

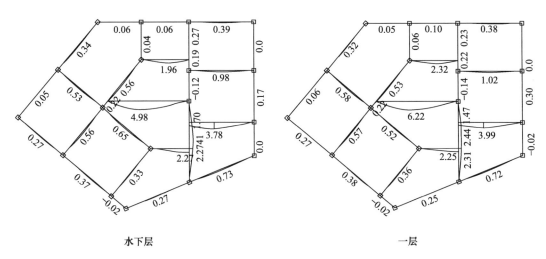

图 3-19 水下层和一层梁的挠度（单位：mm）

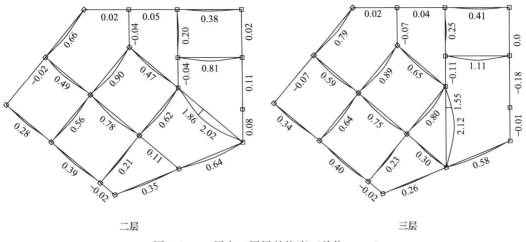

图 3-20 二层和三层梁的挠度（单位：mm）

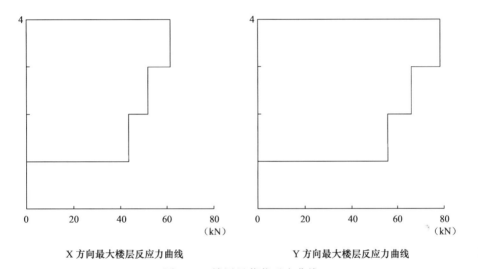

X方向最大楼层反应力曲线   Y方向最大楼层反应力曲线

图 3-21 楼层风荷载反应曲线

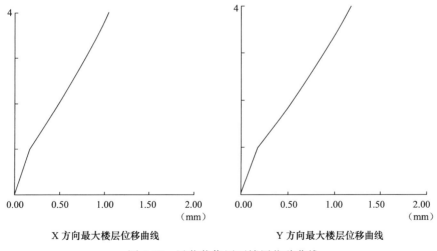

X方向最大楼层位移曲线   Y方向最大楼层位移曲线

图 3-22 风荷载作用下楼层位移曲线

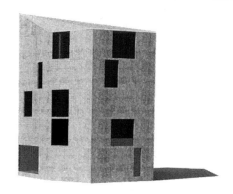

图 3-23　6 层民用建筑模型

（2）6 层建筑

6 层民用建筑为钢框架结构，建筑模型如图 3-23 所示，各层平面如图 3-24 所示。其标准层结构平面及荷载布置如图 3-25 所示，层高为 2.8m，框架采用 Q345 钢，楼板采用现浇混凝土板，以提高整体结构的整体性能。根据设计条件，钢结构框架柱选择箱形截面，而框架梁和次梁选用 H 形截面钢梁，其截面尺寸如图 3-17 所示。梁、柱等节点采用高强螺栓连接，利用 PKPM 对上述框架结构进行建模，如图 3-26 所示。

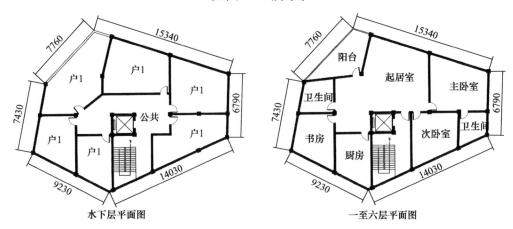

图 3-24　6 层建筑各层平面图（单位：mm）

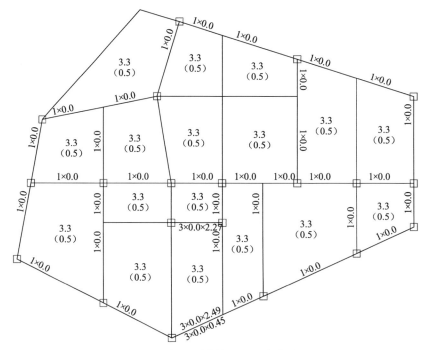

图 3-25　标准层结构平面及荷载布置

80

利用 SATWE 进行有限元计算，计算结果如图 3-27 和图 3-28 所示，分别为框架柱的轴压比和梁的挠度。从图中可以看出，钢框架柱的轴压比最大为 0.15，小于 0.6，满足《高层民用建筑钢结构技术规程》6.3.3 的要求；框架柱的长细比最大为 43.68，小于 66，满足《建筑抗震设计规范》8.3.1 的要求；梁的挠度均满足《钢结构设计规范》3.5.1 的规定。

图 3-26 6 层钢结构
计算模型

图 3-29 和图 3-30 为风荷载作用下楼层层间位移和位移转角。从图中可以看出，层间位移最大为 3.6mm，层间位移角为 2.86×10^{-4} rad，经验算均满足《钢结构设计规范》附录 A.2 中的规定。

根据 SATWE 软件计算结果，6 层钢结构的层刚度比、刚重比和楼层受剪承载力均满足《高层民用建筑钢结构技术规程》的有关规定；根据《建筑抗震设计规范》，剪重比和刚度比也均符合规范要求，说明结构选型符合要求，结构设计合理可行。

从以上建筑结构选型来看，考虑到建筑自重，3 层建筑可选用钢筋混凝土和钢框架结构，6 层建筑可选用钢框架结构。从建筑结构构件的截面来看，两种框架结构柱截面都为正方形，其尺寸在 420～500mm 之间，但钢框架柱为箱形截面；由于两种框架结构选用的梁跨度大都处于 6.5～9.2m 之间，属于中等跨度框架，因此框架梁截面的高度较大，钢筋混凝土框架梁高度在 750～900mm 之间，而钢框架梁的高度为 450mm。从结构自重来看，3 层钢筋混凝土框架结构为 16363kN，而 3 层钢框架结构的自重为 878.8kN。

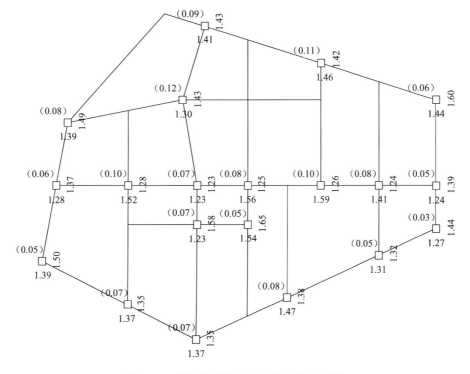

图 3-27 框架柱的轴压比和有效长度系数

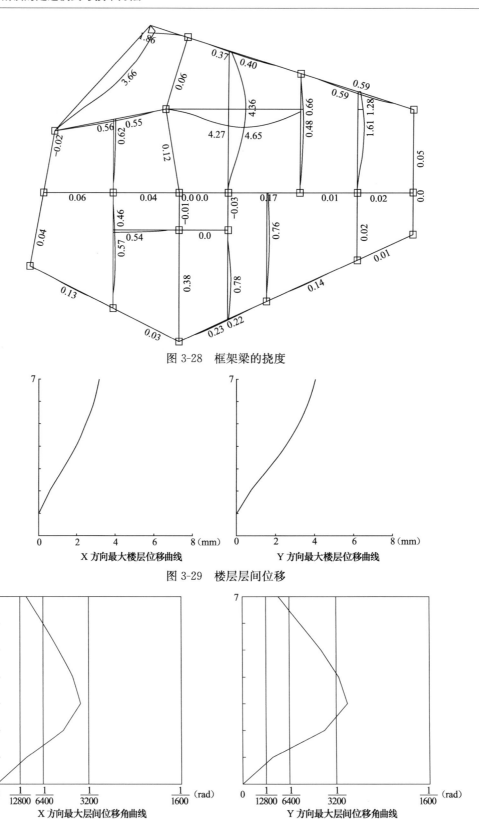

图 3-28　框架梁的挠度

图 3-29　楼层层间位移

图 3-30　层间位移角

3.3.5 漂浮基座结构设计

为减轻重量，漂浮基座采用钢筋混凝土组合结构，其中主要承重构件（龙骨）选用 Q345 钢，底板和侧板采用整体现浇式混凝土板结构，以确保结构防水性能。基座设计承载力采用标准组合进行计算。

设上部结构的永久荷载标准值为 G_{uk}，可变荷载标准值为 Q_{uk}，则上部结构的重量 G_u 为 $G_{uk}+Q_{uk}$。同理，漂浮基座的重量 G_d 为 $G_{dk}+Q_{dk}$。为了能使漂浮基座有效地工作，根据阿基米德原理，则需满足：

$$G_u + G_d = \rho_w g V_w \tag{3-8}$$

式中，ρ_w 为水的密度；g 为重力加速度；V_w 为排水体积。设漂浮基座的底面积为 A，吃水深度为 h_f，则 $V_w = A h_f$，代入公式（3-8）得：

$$h_f = \frac{G_u + G_d}{\rho_w g A} \tag{3-9}$$

为防止水漫过漂浮基座，在漂浮基座设计高度 h 时，要求其顶面要高出水面的距离不小于 0.3m，即 $h_j = h_f + 0.3$。

根据公式 3-8 可知，当可变荷载均匀布置时，基座的吃水深度 h_{qf} 取最大值。为保证建筑使用的舒适度，需限定最不利可变荷载作用下基座的吃水深度 h_{qf}，该值应满足箱型基础最大沉降量限制，根据《建筑地基基础设计规范》（GB 5007—2011）：

$$h_{qf} < 0.2m \tag{3-10}$$

结合公式 3-8，则竖向可变荷载集度为 1.96kN/m²。

为满足漂浮建筑正常承载力及舒适度要求，可变荷载集度变化值作用下基座的吃水深度变化量 Δh_{qf} 不能超过限值，根据《高层建筑混凝土结构技术规程》（2010）中舒适度对层间位移的限值，本书取 $\Delta h_{qf} \leqslant 0.002m$。相应地，可变荷载集度变化值为 $0.02h_f$。

为防止水平荷载和可变荷载作用下漂浮基座的倾覆，设倾斜后漂浮基座最高点和最低点之间的距离为 L，相应地两点的高差为 S_D，如图 3-31 所示，则倾斜量需满足：

$$S_D < 0.008L \tag{3-11}$$

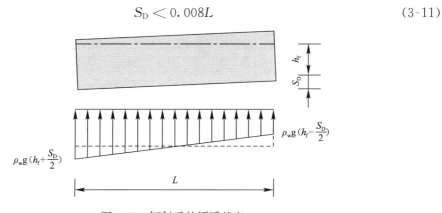

图 3-31 倾斜后的漂浮基座

倾斜后漂浮基座的自恢复力矩 M_{OV} 为：

$$M_{OV} = \frac{1}{3} \rho_w g S_D B L^2 \tag{3-12}$$

式中，B 为漂浮基座的宽度。为了保证倾斜的漂浮建筑能在自恢复力矩下恢复到原位，联立公式 3-11 和公式 3-12，则一侧最不利可变荷载 q 为：

$$q = 0.011L \text{kN/m}^2 \tag{3-13}$$

从该式可以看出，竖向可变荷载取值与漂浮基座的尺寸有关。

以下分别对 3 层和 6 层建筑所需的漂浮基座进行结构设计和验算。

（1）3 层建筑

① 3 层钢筋混凝土结构

根据上部建筑平面几何形状，经 PKPM 计算得出其形心位置 O 如图 3-32 所示。漂浮基座的侧面结构采用剪力墙结构，基座底板选用梁式筏板基础。上部建筑底面积 A_u 为 461.6m²，初步设计时取基座几何形状为正方形，选择基座底面积 $A = 3A_u$，则基座的底边边长 a：

$$a = \sqrt{A_u} = 36.0 \text{m} \tag{3-14}$$

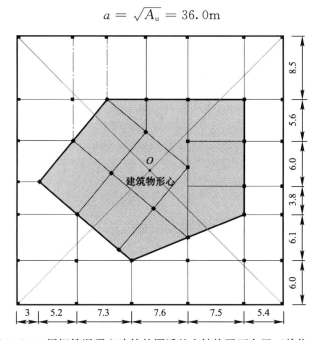

图 3-32　3 层钢筋混凝土建筑的漂浮基座结构平面布置（单位：m）

为了保证基座形心与上部建筑形心重合，基座平面布置如图 3-33 所示。

为了减小漂浮基座的吃水深度，根据其受力特点，基座梁截面采用变截面形式，以减轻基座重量。基座梁截面选择等腰梯形，根据公式 3-1 和公式 3-2，基座横梁的最大跨度为 8.5m，选择横梁高度 h_{b1} 为 800mm，梁顶面宽 b_{bt1} 为 400mm，梁底面宽 b_{bb1} 为 1200mm，如图 3-33 所示。基座纵梁最大跨度为 7.6m，截面高度 h_{b2} 为 700mm，梁顶面宽 b_{bt2} 为 400mm，梁底面宽 b_{bb2} 为 2000mm。基座与上部建筑相接部分，柱截面与上部建筑的柱截面相同，而其他部分的基座柱由于没有承受过大荷载，按照 400mm×400mm 的矩形截面设计。侧面侧板厚度取为 250mm，并靠边布置；基座底板为主要承载构件，选取其厚度为 400mm。

根据 PKPM 设计结果，上部结构的总重量为 $G_U = 16363 \text{kN}$。下部基座的恒荷载重量的计算如表 3-4 所示。

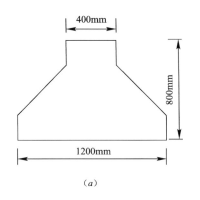 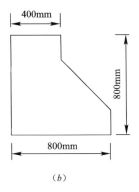

(a) (b)

图 3-33 漂浮基座的梁截面

(a) 中跨基座梁；(b) 边跨基座梁

漂浮基座构件恒重   表 3-4

名称	密度（kN/m³）	截面（mm²）	个数	长度（m）	体积（m³）	重量（kN）	备注
柱	25.0	400×400	25	4.1	16.4	410	
		450×450	4	0.8	0.648	16.2	
		500×500	14	0.8	2.8	70	
梁	25.0	基座梁（a）		312.5	200	5000	
		基座梁（b）		144	69.12	1728	
		350×750		227.6	75.762	1394	
墙	25.0	250	4	2.6×36	93.6	2340	
底板	25.0	400	1	36×36	518.4	12960	
顶板	25.0	100	1		86.4	2160	
合计						26078.2	

根据公式 3-8，基座的吃水深度 $h_f = 3.35$m，相应地，基座的净反力 p_n 为：

$$p_n = \rho_w g h_f = 32.8 \text{kN/m}^2 \tag{3-15}$$

因此，选择 3 层混凝土基础高度为 3.8m。根据《建筑地基基础设计规范》GB 5007—2011，底板区格为双向板，底板受冲切所需厚度为：

$$h_{j0} = \frac{1}{4}(l_{n1} + l_{n1}) - \frac{1}{4}\sqrt{(l_{n1} + l_{n1})^2 - \frac{4P_n l_{n1} l_{n2}}{p_n + 0.7\beta_{hp} f_t}} \tag{3-16}$$

式中，底板净跨 $l_{n1} = 6.4$m，$l_{n2} = 7.3$m；混凝土抗拉强度 $f_t = 1.71$N/mm²，β_{hp} 为受冲切承载力截面高度影响系数，且 $\beta_{hp} = 1.0$，代入得 $h_0 = 2.745$m。则最大冲切荷载 $F_{l,\max}$ 为：

$$F_{l,\max} = p_n(l_{n1} - 0.4 \times 2)(l_{n2} - 0.4 \times 2)1091.6 \text{kN} \tag{3-17}$$

受冲切承载力为：

$$F_{l,\max} < 0.7\beta_{hp} f_t u_m h_0 = 82144.1 \text{kN} \tag{3-18}$$

而双向底板斜截面受剪承载力为：

$$V_s = 339.8 \text{kN} < 0.7\beta_{hs} f_t (l_{n2} - 2h_0)h_0 = 2835.4 \text{kN} \tag{3-19}$$

抗冲切验算和斜截面抗剪均满足规范要求。

② 3 层钢结构

3 层钢结构建筑重为 $G_u = 878.8$kN，上部建筑底面积 $A_上$ 为 461.6m²。设漂浮基座结

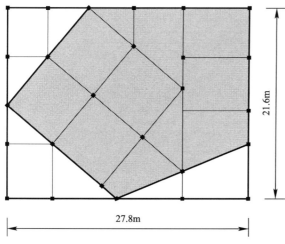

图 3-34 3 层钢结构建筑的漂浮基座结构平面布置

构平面布置如图 3-34 所示，其底面积为 597.7m²。其梁柱与上部结构相同，基座侧板厚度为 180mm，而基座底板厚度为 250mm，设基座的高度为 2.6m，则计算可知，漂浮基座的重量为 413.8t，根据公式 3-8：

$$h_f = \frac{G_u + G_d}{\rho_w g A} = 2.16m \quad (3-20)$$

相应地，底部最大水压力为 21.2kN/m²。因此，上述对漂浮基座的高度设定合理。

利用 PKPM 建模，如图 3-35 所示。通过 SATWE 软件进行计算，结果表明，柱的轴压比为 0.19，梁的最大挠度为 9.8mm，侧板的轴压比为 0.09，配筋没有超筋现象，说明上述结构设计符合规范要求。

图 3-35 3 层钢结构建筑的漂浮基座结构计算模型

（2）6 层建筑

根据 PKPM 计算结果，6 层钢结构建筑的上部结构重量 G_u 为 797.6t，其中恒荷载为 731.0t，可变荷载为 66.6t。在图示 XOY 坐标系下，上部建筑的底面积 A 为 246.78m²，结构重心在原点 O 位置，形心坐标为（0.04，−0.09）。在设计漂浮基座时，其平面布置形式选择与上部结构相同，为了能使包含基座的重心和形心重合，在浇筑漂浮基座时，可以适当地调整漂浮基座的侧板厚度。漂浮基座平面结构布置如图 3-36 所示，相对上部结构，基座每侧挑出长度为 3.2m，基座底面积为 480.46m²。基座边缘梁柱和上部结构相同，侧面板厚度为 150～200mm，底板厚度为 250mm。初步设计时选择漂浮基座的高度为 2.6m，则通过计算基座重量 G_d 为 260t。根据公式 3-8，则 h_f 为：

$$h_f = \frac{G_u + G_d}{\rho_w g A} = 2.20m \quad (3-21)$$

则作用在漂浮基座的底部的水压力 p_n 为：

$$p_n = \rho_w g h_f = 21.56kN \quad (3-22)$$

利用 PKPM 对漂浮基座进行建模，如图 3-37 所示。基座侧面墙承受水平三角形水压力，基座底面承受均等水压力。对上述模型利用 SATWE 软件进行有限元计算，由计算结果可以看出，底板的最大竖向位移为 4.6mm，柱的最大轴压比为 0.09，侧板的轴压比为 0.01，说明上述结构方案合理可行。

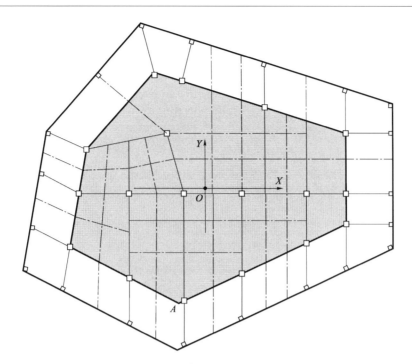

图 3-36　6 层钢结构建筑的漂浮基座结构平面布置

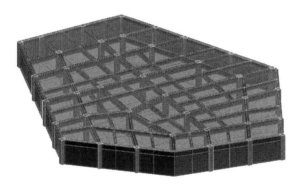

图 3-37　6 层钢结构的漂浮基座计算模型

经过以上对漂浮基座的力学计算，结果表明，漂浮基座的底面尺寸与上部结构和基座的吃水深度有关。对于 3 层钢筋混凝土建筑，其漂浮基座与上部结构的底面积之比为 3∶1；对于 3 层钢结构建筑，其漂浮基座与上部结构的底面积之比为 1.3∶1；6 层钢结构建筑的漂浮基座与上部结构的底面积之比为 1.95∶1。

3.3.6　漂浮道路结构设计

漂浮道路是城镇的水上联系通道，其作用荷载主要包括结构自重、车辆荷载、人群荷载和车辆冲击力等竖向荷载，以及风荷载、车辆离心力和车辆制动力等水平荷载。在漂浮道路的截面和结构设计中，为了满足可变荷载作用下吃水深度的要求，需要对交通密度、车型、车速和车距进行一定的限制。

　　城内漂浮道路属于轻交通量道路，行驶车辆限定为小型车，行车速度不超过 60km/h，且要求同向行驶的车头间距不小于 80m，则交通密度为 12.5 辆/km，相应地道路交通量应不超过 750 辆/h。道路设计为四级道路，水泥混凝土路面。根据《公路工程技术标准》JTG B01—2003，行车道宽度为 7.0m，左侧路缘带宽度为 0.5m，两边的人行道宽度为 2.0m，路肩宽度为 0.5m，横截面设计为箱形结构，基座高度为 2.5m，如图 3-38 所示；漂浮道路按标准段设计，每标准段长 15.0m，道路底板厚度为 300mm，侧板和顶板厚度为 200mm，如图 3-39 所示。材料仍采用 C45 防水轻集料混凝土和 HRB400 钢筋，箍筋采用 HRR335 钢筋。设计竖向永久荷载为箱形结构和围栏自重，则永久荷载标准值 G_{Lk} 如表 3-5 所示。根据公式 3-8，则恒载作用下漂浮道路的吃水深度 h_{Lf} 为 1.82m。

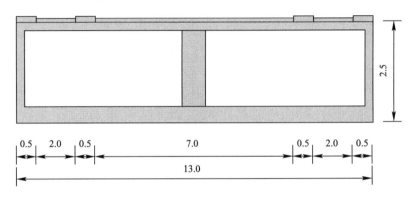

图 3-38　漂浮道路标准段横截面（m）

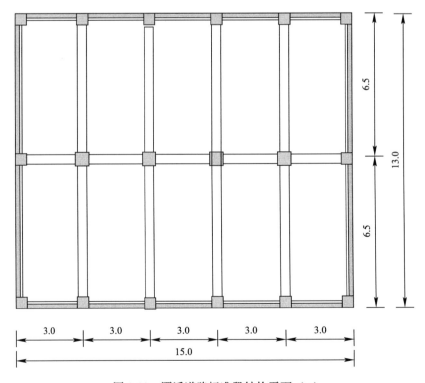

图 3-39　漂浮道路标准段结构平面（m）

漂浮道路的竖向可变荷载主要有车辆荷载、人群荷载和车辆冲击力，在进行整体计算时，汽车荷载取为车道荷载，其大小取决于行驶的车辆重量和交通量，小型车的质量满载时取最大值为2t。漂浮道路的自振频率可按下式估算：

$$f_1 = \frac{13.616}{2\pi l^2}\sqrt{\frac{EI_c}{m_c}} \qquad (3-23)$$

式中，E_c 为混凝土的杨氏模量，$E_c = 3.25 \times 10^{10} N/m^2$；$I_c$ 为漂浮道路跨中处的截面贯矩，$I_c = 4.71 m^4$；A_{LC} 为跨中截面积，$A_{LC} = 4.5 m^2$；m_c 为跨中处单位长度的质量，$m_c = G_c/(gl) = 16339.3 kg/m$；$l$ 为计算长度，$l = 15m$，代入公式 3-23 得 $f_1 = 29.5 Hz$。根据《公路工程技术标准》JTG B01—2003，车辆冲击荷载系数 $\mu = 0.45$，人群荷载取 $0.5 kN/m^2$，则竖向可变荷载的标准值 Q_k 为：

$$Q_k = q_{ck} + q_{pk} + \mu q_{ck} = 43.42 kN \qquad (3-24)$$

式中，q_{ck} 为小车荷载标准值，q_{pk} 为人群荷载标准值。在该可变荷载作用下，漂浮道路的吃水深度变化值为 0.033m。

漂浮道路恒荷载标准值　　　　表 3-5

名称		截面积（m²）	长度（m）	体积（m³）	容重（kN/m³）	重量（kN）
柱	角柱	0.45×0.45	2.5×4	2.025	25.0	50.625
	边柱	0.45×0.45	2.5×8	4.05	25.0	101.25
	内柱	0.50×0.50	2.5×4	2.5	25.0	62.5
梁	边梁	0.30×0.60	39.9	7.182	25.0	179.55
	内梁	0.40×0.60	42.5	10.2	25.0	255.0
板	侧板	0.20m（厚）	51.87m²	10.374	25.0	259.35
	底板	0.30m（厚）	102.4m²	30.72	25.0	768.0
	顶板	0.20m（厚）	102.4m²	20.48	25.0	512.0
路缘面		0.09	30	2.7	25.0	67.5
路肩		0.09	30	2.7	25.0	116.1
钢制护栏		—	30	—	10.0kN/m	30.0
合计		—	—	—	—	2401.875

当发生交通堵塞时，车道占有率最大，设小型车长 5m，停车安全距离为 2.5m，则 15m 范围内分布 2 辆车。在此条件下，根据公式 3-24，不考虑车辆荷载的冲击作用，其竖向可变荷载标准值 Q_k 为 54.6kN。根据公式 3-8，在该可变荷载作用下，漂浮道路吃水深度变化值为 0.042m，小于最大下沉量 0.2m，说明道路截面选择满足要求。

将小型车重量等效为局部均布荷载 13.1kN/m 施加于结构上，采用 PKPM 软件对漂浮道路标准段进行建模，其模型和计算结果如图 3-40～图 3-42 所示。从计算结果可以看出，梁的挠度最大为 0.41mm，梁的挠度和柱的轴压比均符合要求，说明结构选型合理。

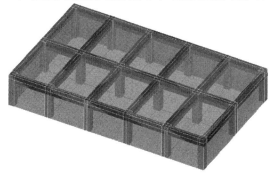

图 3-40 漂浮道路标准段结构计算模型

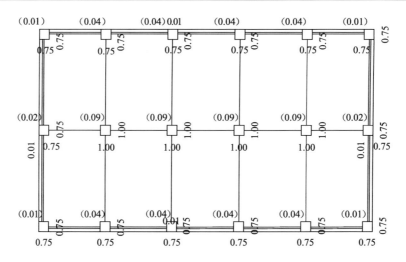

图 3-41　漂浮道路墙柱轴压比

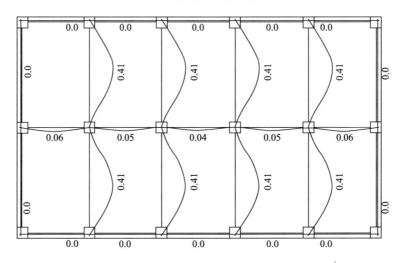

图 3-42　漂浮道路梁挠度

3.3.7　系泊结构设计

通过系泊结构对漂浮建筑进行限位固定。根据漂浮建筑的自身及环境特点，设置两种系泊形式：桩基式系泊结构和牵拉式系泊结构。由于漂浮建筑需要满足居住及正常的使用功能，对其水平方向的位移限值更为严格，即要求产生的水平位移主要为系泊结构的弹性变形。因此，在进行系泊结构设计时，按弹性理论对上述两种形式进行结构计算。

（1）桩基式系泊结构

① 抵抗柱设计

桩基式系泊结构由抵抗柱和水底基础组成。设作用在抵抗柱上的水平荷载为 P_w，水深为 h_m，抵抗柱高为 H_c，则抵抗柱底部的荷载主要包括抵抗柱重力产生的轴向压力 N、剪力 P_w 和水平荷载产生的弯矩 $P_w h_m$，如图 3-43 所示。因此，可按照轴向压力、弯矩和剪力共同作用下进行对钢筋混凝土独立柱的结构设计。根据《混凝土结构设计规范》

GB 50010—2010（简称《混规》），可按偏心受压和斜截面受剪承载力设计抵抗柱的截面和配筋。

在设计前选定混凝土和钢筋材料的标号，设计独立柱的截面为正方形，其截面的边长为 h_{rz}，根据《混规》6.3.1，选择的截面尺寸必须满足：

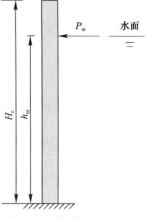

$$(h_{rz} - a)h_{rz} \geqslant \frac{P_w}{0.25 f_c} \tag{3-25}$$

式中，f_c 为混凝土的单轴抗压强度设计值。假设在上述荷载作用下，抵抗柱发生弹性变形，荷载作用点处的位移限值为 $[s]$，则抵抗柱截面的边长为：

$$h_{rz} = \left(\frac{4 P_w h_m^3}{E_c [s]} \right)^{\frac{1}{4}} \tag{3-26}$$

图 3-43　抵抗柱受力示意图

因此，根据公式 3-25 和式 3-26 可选定抵抗柱的截面几何尺寸。

由《混规》6.2.17 进行大偏心受压柱计算，根据 N 和弯矩 $P_w h_m$ 计算轴力对截面重心的偏心距 e_0 为：

$$e_0 = \frac{P_w h_m}{N} \tag{3-27}$$

则偏心距 e 为：

$$e = e_0 + e_a + \frac{h_{rz}}{2} - a \tag{3-28}$$

式中，e_a 为附加偏心距，$e_a = \max(20, h_{rz}/30)$；$h_{rz}$ 为抵抗柱截面高度；a 为受拉钢筋至截面边缘的距离。又由《混规》式 6.2.17-1 和式 6.2.17-2，受压区高度 x 为：

$$x = \frac{N}{\alpha_1 f_c b_{rz}} \tag{3-29}$$

按照对称配筋，$A_s = A_s'$，则配筋面积 A_s' 为：

$$A_s' = \frac{N(e_0 + e_a) - \frac{N h_{rz}}{2} + \frac{0.5 N^2}{\alpha_1 f_c b_{rz}}}{f_y'(h_{rz} - 2a)} \tag{3-30}$$

式中，f_y' 为钢筋屈服强度设计值。

根据《混规》6.3.4 和 6.3.7，对抵抗柱的抗剪承载力进行计算和设计，则抵抗柱按构造配置箍筋时最小受剪承载力 V_{min}：

$$V_{min} = \alpha_{cV} f_t h_{rz} h_{rz0} + 0.05 N \tag{3-31}$$

式中，α_{cV} 为抵抗柱斜截面受剪承载力系数，$\alpha_{cV} = 0.4375$。当 $V_{min} > P_w$ 时，抵抗柱只需按构造配置箍筋即可。否则，按下式计算所需的配置箍筋量 A_{sv}/s：

$$\frac{A_{sv}}{s} = \frac{P_w - \alpha_{cV} f_t h_{rz} h_{rz0} - 0.05 N}{f_{yv} h_{rz0}} \tag{3-32}$$

根据计算结果选择箍筋配置参数。

② 水底基础设计

抵抗柱传递给水底基础的荷载分别为水平荷载 P_w、弯矩 $P_w h_m$ 和轴向压力 N。该沉陷区的地层分布和有关参数如表 3-6 所示。根据《港口工程桩基规范》JTS 167—4—2012 中 3.2.4 和 4.1.3，由于桩数较少，需选择直径为 d 的灌注桩作为水底基础，其持力层为黏土层,桩身长度最小值为23.6+2d。假设桩顶部限制位移为χ_{0a},则根据《建筑桩基技术规范》JGJ 94—2008 中 5.7.2 和 5.7.5:

$$(1.5d + 0.5)^3 d^8 > \frac{788.74}{m^3 E_c^2} \cdot \left(\frac{4P_w v_x}{3\chi_{0a}}\right)^5 \tag{3-33}$$

式中,E_c 为桩身混凝土弹性模量;m 为桩侧土的水平抗力比例系数;v_x 为桩顶水平位移系数,其取值与桩的换算深度有关。因此可根据该式确定桩的直径。

湖底地层分布 表 3-6

地层名称	厚度（m）	粘聚力 c(kPa)	内摩擦角 φ(°)	地基承载力 f_{ak}(kPa)	压缩模量 E_s(Mpa)	m 值 (kN/m⁴)
淤泥质黏土	0.5	—	—	—	—	2500~5000
杂填土	2.6	48.00	14.10	—	—	3000~5000
素填土	1.1	40.20	12.64	—	—	5000~10000
黏土	2.3	56.60	15.10	220	10.59	5000~10000
粉质黏土夹粉土层	8.6	46.80	14.37	180	8.37	5000~10000
粉细砂夹粉质黏土	8.8	42.40	13.92	220	13.00	5000~10000
黏土层	17.4	36.00	13.50	280	16.00	10000~30000

注：m 值取自《港口工程桩基规范》JTS 167-4-2012 表 D.3.1。

桩的直径和深度确定后,可采用 m 法确定桩顶的水平位移。由《港口工程桩基规范》JTS 167-4-2012)附录 D.3,桩顶的水平位移为:

$$Y_0 = \frac{P_w T^3}{0.85 E_c I_P} A_\gamma + \frac{P_w h_m T^2}{0.85 E_c I_p} B_\gamma \tag{3-34}$$

式中,A_r、B_r 为桩变形的无量纲系数,且 $A_\gamma = 2.441$,$B_\gamma = 1.621$;T 为单桩基础的相对刚度特征值,其值可按公式 3-35 计算。

$$T = \left(\frac{0.85 E_c I_0}{m b_0}\right)^{\frac{1}{5}} \tag{3-35}$$

将上述值代入可得出桩顶的水平位移值,当 $Y_0 < \chi_{0a}$ 时,说明桩的选择合理。

③ 算例分析

a. 3 层建筑

采用上述理论对 3 层建筑进行桩基式系泊的结构计算。由上文 PKPM 计算结果可知,该建筑物的水平向风荷载为 133.0kN,纵向风荷载为 171.4kN。考虑到风荷载的作用特性,在布置系泊系统时,系泊点安排在对应风荷载的等效合力作用点附近,即靠近建筑物每侧中部布置,如图 3-44 所示,则纵向单个系泊结构的最大水平荷载为 85.7kN。

抵抗柱采用钢筋混凝土结构,材料选用 C40 混凝土和 HRB400 钢筋,箍筋选用 HRR335 钢筋。设抵抗柱顶端的最大水平位移为 1mm,根据公式 3-25 和式 3-26,抵抗柱的截面边长应大于 322mm,选择抵抗柱截面为 500mm×500mm,设计抵抗柱的长度为 12m,其中嵌入水底基础 0.5m,高处水面 1.5m,抵抗柱底端截面处的轴向荷载为:

$$N = \gamma_c A_c H_c = 75.0\text{kN} \tag{3-36}$$

由公式 3-27 和式 3-28,抵抗柱偏心距 e 为:

$$e = \frac{P_w h_m}{N} + 20 + 250 - 40 = 11656.7\text{mm} \tag{3-37}$$

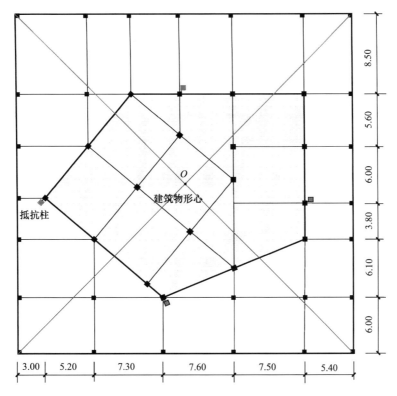

图 3-44　3 层建筑的桩基式系泊结构布置方案（m）

上式表明偏心距 $e>0.3h_0=138\text{mm}$，可按大偏心柱进行计算。抵抗柱压区高度 x：

$$x=\frac{N}{f_c h_{rz}}=7.85\text{mm}<2a_s=100\text{mm} \tag{3-38}$$

则抵抗柱受拉区配筋 A_s：

$$A_s=\frac{P_w h_m}{f_y(h_{rz0}-a_s')}=5668.0\text{mm}^2 \tag{3-39}$$

抵抗柱按照对称配筋方案，则实际选择钢筋为 8C28＋8C32，面积为 $A_s=11360\text{mm}^2$，抵抗柱实际配筋率 $\rho=4.54\%$，根据《混规》8.5.1 和 9.3.1，抵抗柱实际配筋率在最小配筋率 0.6% 和最大配筋率 5% 之间。

对抵抗柱斜截面进行箍筋设计，按照公式 3-31 进行斜截面最小承载力计算：

$$V_{min}=\alpha_{cV}f_t h_{rz} h_{rz0}+0.05N=175.8\text{kN} \tag{3-40}$$

从上式结果可以看出，$V_{min}>P_w$，说明只需按照《混规》9.3.2 的要求，抵抗柱可按构造要求配置箍筋，此时沿抵抗柱通长配置复合箍筋 B8@200。

根据《港口工程桩基规范》JTS 167-4-2012 D.3.4，$m=2889.1\text{kN/m}^4$。当桩顶位移限值取为 2mm 时，根据公式 3-33，灌注桩直径应大于 157.4mm，由于抵抗柱的边长为 500mm，选择灌注桩直径为 750mm。由公式 3-35，该桩的相对刚度特征值 $T=3.14\text{m}$，相应地桩顶位移 0.546mm，小于限值 2mm，说明选取灌注桩满足水平位移限值要求。桩的配筋按照《建筑桩基技术规范》JGJ 94—2008 中 4.1.1 的规定，混凝土桩的纵向钢筋和箍筋均按照构造要求配筋，即选择纵筋 9C18，箍筋为 B8@200。桩基础能够承受的最大水平荷载为 117.3kN，大于单桩承受的最大水平荷载 85.7kN，单桩水平承载力满足设计要求。

b. 6 层建筑

同理，对 6 层建筑的桩基式系泊进行结构设计。考虑到风向的变化，在布置系泊结构时，仍选择对称布置模式，如图 3-45 所示。

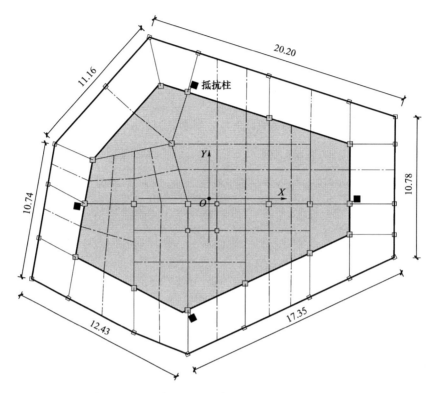

图 3-45　6 层建筑的桩基式系泊结构布置方案（m）

PKPM 计算结果表明，6 层建筑的水平向风荷载为 223.1kN，而竖向风荷载为 275.1kN。在图 3-45 所示的系泊布置方案中，竖向单个系泊结构承担的最大水平荷载为 137.55kN，根据公式 3-25 和 3-26，抵抗柱的截面边长应大于 751.4mm，选择抵抗柱截面为 750mm×750mm。设计该柱的长度为 12m，则由公式 3-26，抵抗柱底端截面处的轴向荷载为 168.75kN。根据公式 3-37，该柱的偏心距 e 为：

$$e = \frac{P_\mathrm{w}h_\mathrm{m}}{N} + 25 + 375 - 50 = 8501.1\mathrm{mm} \tag{3-41}$$

即 $e > 0.3h_0 = 138\mathrm{mm}$，可按大偏心柱进行计算。则由公式 3-38，抵抗柱压区高度 $x = 11.8\mathrm{mm}$，且有 $x < 2a_\mathrm{s}$。因此，抵抗柱在受拉区配筋 A_s：

$$A_\mathrm{s} = \frac{P_\mathrm{w}h_\mathrm{m}}{f_\mathrm{y}(h_\mathrm{rz0} - a_\mathrm{s}')} = 5878.2\mathrm{mm}^2 \tag{3-42}$$

抵抗柱按对称配筋，实际选择配置钢筋 36C28，其面积为 22168mm²，抵抗柱实际配筋率 $\rho = 3.94\%$。根据《混规》8.5.1 和 9.3.1，抵抗柱实际配筋率在最小配筋率 0.6% 和最大配筋率 5% 之间。

按照公式 3-31 对抵抗柱的斜截面最小承载力计算可得 $V_\mathrm{min} = 401.2\mathrm{kN}$，即 $V_\mathrm{min} > P_\mathrm{w}$，说明只需按照《混规》9.3.2 的要求，抵抗柱可按构造要求配置箍筋，此时沿抵抗柱配置复合箍筋 B8@200。

采用公式 3-33 计算水底灌注桩直径最小值为 176.6mm，由于抵抗柱的边长为 750mm，选择灌注桩直径为 1000mm。由公式 3-35，该桩的相对刚度特征值 $T=3.14$m，相应地桩顶位移 0.782mm，小于限值 2mm，说明选取灌注桩满足水平位移限值要求。桩的配筋按照《建筑桩基技术规范》JGJ 94—2008 4.1.1 中的规定，混凝土桩的纵向钢筋和箍筋均按照构造要求配筋，即选择纵筋 9C18，箍筋为 B8@200。桩基础能够承受的最大水平荷载为 157.7kN，大于单桩承受的最大水平荷载 137.55kN，单桩水平承载力满足设计要求。

c. 漂浮小区

漂浮小区的水平荷载主要来自于作用在漂浮道路和建筑物的风荷载。当小区采用桩基式系泊固定其水平位置，需结合小区风荷载的大小和分布位置确定系泊系统的布置方案。

本书设计的漂浮道路高于水面 0.3m，将其简化为矩形封闭的构筑物，则风荷载集度大小为：

$$w = \mu_s \mu_z w_0 = 0.533 \text{kN/m}^2 \tag{3-43}$$

式中，w_0 为基本风压，$w_0 = 0.35 \text{kN/m}^2$；μ_z 为风压高度变化系数，且 $\mu_z = 1.17$；μ_s 为风荷载体型系数，$\mu_s = 1.3$。对整个漂浮小区进行风荷载计算时，若不考虑建筑物之间的相互干扰群体效应，则 P_w 可按下式计算：

$$P_w = \sum_{i=1}^{n_b} P_{wi} + 0.533 h_R B_R \tag{3-44}$$

式中，P_{wi} 为作用在第 i 栋多层建筑的风荷载，n_b 为建筑物总数；h_R 为漂浮道路的高度，B_R 为漂浮道路迎风面的等效宽度。因此，考虑到力的平衡，系泊结构的承载力应满足下式：

$$\left. \begin{array}{l} \sum R_{jH} \geqslant P_{wH} \\ \sum R_{jV} \geqslant P_{wV} \end{array} \right\} \tag{3-45}$$

式中，R_{jH}、R_{jV} 分别为沿水平向和竖向布置的第 j 个桩基式系泊结构的极限承载力，P_{wH}、P_{wV} 分别为当水平向和竖向为迎风面时的风荷载合力。因此，若每个桩基式系泊结构的承载力 R_j 确定时，利用公式 3-45 可分别计算出沿水平向和竖向布置桩基式系泊结构的最小数量。

系泊结构不仅能抵抗作用在小区的风荷载，还必须保证在风荷载作用下小区不发生偏转，即沿水平向和竖向系泊结构的位置需满足如下条件：

$$\left. \begin{array}{l} \sum R_{jH} X_j \geqslant M_{wH} \\ \sum R_{jV} Y_j \geqslant M_{wV} \end{array} \right\} \tag{3-46}$$

式中，X_j、Y_j 分别为系泊结构产生的作用力至圆心 O 的距离；M_{wH}、M_{wV} 分别为水平向和竖向风荷载对圆心 O 的力矩。

由 4 栋 3 层建筑和 5 栋 6 层建筑组成的漂浮小区，区域长度为 295m，宽度为 173m，建筑物在小区的分布位置如图 3-46 所示。根据公式 3-44，当竖向为迎风面时，其风荷载为 2088.8kN；当水平向为迎风面时，其风荷载为 1694.7kN。将 3 层建筑和 6 层建筑对应选用上述设计的桩基式系泊结构，则根据公式 3-45，对于 4 栋 3 层建筑，其风荷载合力为

685.6kN，需设置 6 个系泊结构；对于 5 栋 6 层建筑，其风荷载合力为 1375.5kN，需设置 9 个系泊结构；对于漂浮道路，其风荷载合力为 27.7kN，需要 1 个同 3 层建筑的系泊结构；因此，在这种情况下，竖向布置系泊结构总数为 16 个。同理，当水平向为迎风面时，对于 3 层建筑群，需设置 5 个系泊结构；对 6 层建筑群，需设置 7 个系泊结构；对于漂浮道路，需设置 1 个同 3 层建筑的系泊结构；共计 13 个系泊结构。

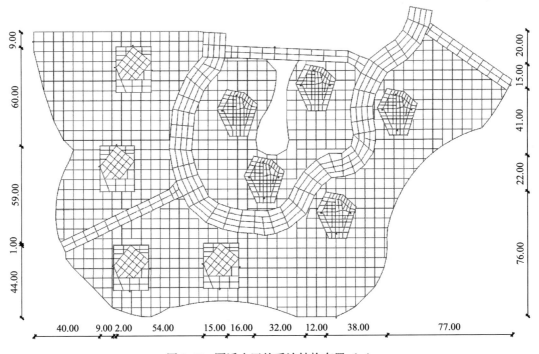

图 3-46 漂浮小区的系泊结构布置（m）

通过漂浮小区的风荷载计算可知，其风荷载主要作用在建筑物上。因此，在根据公式 3-46 布置系泊结构时，可结合风荷载作用位置和风向，从外向内对称布置，根据上述原则，该小区的布置方式如图 3-46 所示。

（2）牵拉式系泊结构

① 钢缆设计

假设系泊结构承担的风荷载 P_w 均匀作用在高为 h 的漂浮建筑上，系泊结构与水平面的倾角为 β，在建筑上的系泊点至基座的形心为 L_c，钢缆的长度为 L_M，如图 3-47 所示。当建筑处于漂浮平衡状态时，则该系泊结构的牵拉力 T_M 为：

$$T_M = \frac{P_w}{\cos\beta} \tag{3-47}$$

从该式可以看出，钢缆所承受的牵拉力与其水平倾角 β 有关。

当系泊点确定后，则由几何关系得系泊结构的水平倾角 β 为：

$$\sin\beta = \frac{h_m - h_f}{L_M} \tag{3-48}$$

联立公式 3-47 和 3-48，则：

$$T_M = \frac{P_w L_M}{\sqrt{L_M^2 - (h_m - h_f)^2}} \tag{3-49}$$

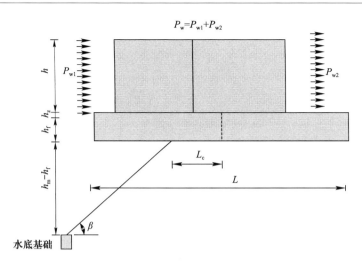

图 3-47 牵拉式系泊结构示意图

上述公式表明，钢缆的拉力与水深、漂浮建筑的吃水深度以及钢缆长度有关。当水位发生变化 Δh_{m} 时，为避免建筑物发生水平位移，确保系泊结构的正常工作，需要调整钢缆的空间位置，即钢缆的水平倾角和长度发生变化（图 3-48），其变化值分别为 $\Delta\beta$ 和 ΔL_{M}，若水位变化时，

$$\Delta L_{\mathrm{M}} = \frac{\Delta h_{\mathrm{m}}}{\sin\beta + \Delta\beta\cos\beta} \tag{3-50}$$

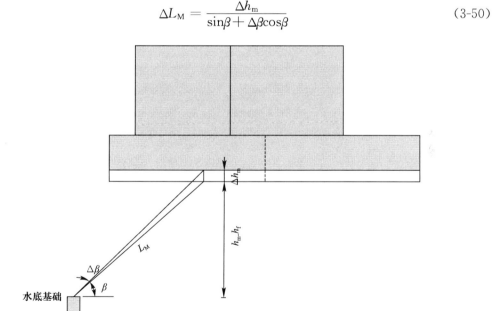

图 3-48 水位变化对牵拉式系泊系统的影响

将公式 3-50 求解的 ΔL_{M}，代入公式 3-49，即可求的水位变化 Δh_{m} 后钢缆的拉力。

当钢缆拉力确定后，为了保证建筑沿背风面端部不发生倾覆，则该系泊结构需满足：

$$T_{\mathrm{M}}\sin\beta = \frac{P_{\mathrm{w}}h^{2}}{2L_{\mathrm{c}} + L} \tag{3-51}$$

联立公式 3-47 和 3-51，则可得出系泊点在漂浮建筑的位置：

$$L_c = 0.5h^2 \cot\beta - 0.5L \qquad (3\text{-}52)$$

当系泊结构的空间位置参数 β、L_M、L_c 确定后，则钢缆所承受的拉力也相应确定。假设漂浮建筑在钢缆固定下，其钢缆的允许弹性变形为 $[s]$，钢缆的设计屈服强度为 f_{yM}，杨氏模量为 E_{sM}，则根据钢缆的强度条件，其横截面积 A_M 为：

$$A_M = \frac{T_M}{f_{yM}} \qquad (3\text{-}53)$$

根据钢缆的变形条件，其截面积必须满足：

$$A_M = \frac{T_M L_M}{E_{sM}[s]} \qquad (3\text{-}54)$$

结合公式 3-53 和 3-54，钢缆的截面积取两者中的较大值。

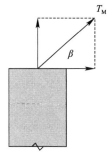

图 3-49　水底基础受力示意图

② 水底基础设计

当钢缆和空间位置确定后，则水底基础顶端的受力示意图如图 3-49 所示。水底基础优先选用桩基础形式，以满足水平位移限制的要求同时抵抗钢缆拉力。此种情况下，桩基础可按抗拔和抗水平荷载承载力计算进行设计。

根据《港口工程桩基规范》JTS 167-4-2012 中 3.2.3 和 4.1.3，桩基础仍选用灌注桩，根据表 3-6 的地层分布条件，选择黏土层作为桩端持力层，则桩身深入黏土层的厚度应不小于 $2d$。设漂浮建筑对桩基础顶端的水平位移限制值为 χ_{0a}，则根据顶端的变形条件，由公式 3-33 和 3-45，水底基础的桩基直径 d 应满足条件：

$$d > \left[\frac{234}{m^3 E_c^2} \cdot \left(\frac{4P_w v_x}{3\chi_{0a}\cos\beta} \right)^5 \right]^{\frac{1}{11}} \qquad (3\text{-}55)$$

根据《港口工程桩基规范》JTS 167-4-2012 中 4.5.4，单桩的抗拔极限承载力为：

$$T_d = \frac{1}{\gamma_R} \left(U \sum \xi_i q_{fi} l_i + G' \right) \qquad (3\text{-}56)$$

式中，γ_R 为安全系数，$\gamma_R = 1.65$；U 为灌注桩的周长；ξ_i 为第 i 层土抗拔系数，对砂土，取 0.5，而对黏性土取 0.7；q_{fi} 为桩侧第 i 层的极限侧阻力，按《港口工程桩基规范》JTS 167-4-2012 表 4.2.4-5 取值；l_i 为桩身穿过的第 i 层土的长度；G' 为桩的浮重。联立公式 3-41 和 3-51，则 d 应满足：

$$d > \frac{\gamma_R P_w - G'}{\pi \sum \xi_i q_{fi} l_i} \qquad (3\text{-}57)$$

因此，结合公式 3-55 和 3-57，可选出合理的灌注桩直径。

③ 算例分析

a. 3 层建筑

设 3 层建筑采用牵拉式系泊结构进行水平固定，水平限值位移为 2mm。根据 PKPM 软件进行结构计算得出，该建筑物的水平向风荷载为 133.0kN，纵向风荷载为 171.4kN。考虑到风向，在布置系泊系统时，在建筑每侧布置一个牵拉系泊系统，系泊点布置在对应风荷载的等效合力作用点附近，即靠近建筑物每侧中部布置，如图 3-50 所示，则单个系泊结构的最大水平荷载为 171.4kN。

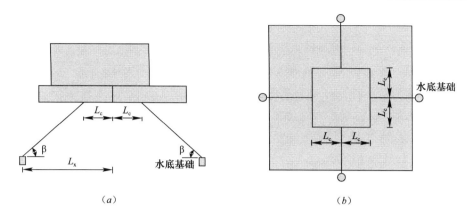

图 3-50　3 层建筑的牵拉式系泊结构布置

(a) 立面布置；(b) 平面布置

首先根据 3 层建筑的结构特点，系泊点 L_c 和桩基位置 L_x 距建筑物形心的距离分别为 3m 和 10.8m，则当水位 h_m 为 10m 时，基础吃水深度 h_f 为 2.2m，则钢缆的水平倾角 β 为：

$$\beta = \arctan\left(\frac{h_m - h_f}{L_x - L_c}\right) = 45° \tag{3-58}$$

则根据公式 3-48，钢缆长度 L_M 为：

$$L_M = \sqrt{(h_m - h_f)^2 + (L_x - L_c)^2} = 11.03\text{m} \tag{3-59}$$

代入公式 3-49 可得钢缆的拉力 T_M 为 242.4kN。

选择钢缆为 HRB400 级钢筋，其钢缆的强度设计值为 360MPa，弹性模量为 200GPa，则由公式 3-53 选择钢缆的截面积为 673.3mm²；当钢筋受拉伸长 s 取 2.84mm 时，由公式 3-54，钢缆的截面积为 4707.2mm²。因此，选择钢筋 3C45，其截面积为 4768.9mm²；所能承受的最大牵拉力为 1716.8kN。根据公式 3-47，则最大水平倾角 81.9°。

水底桩基础的材料选用 C40 混凝土和 HRB400 钢筋，作用荷载是钢缆传递的拉力，将其沿水平方向和竖向分解，每个方向的荷载分量为 171.4kN。当该桩定段的水平限值为 2mm 时，则根据公式 3-55，则桩基础的直径 d 值应不小于 215.7mm；再由抗拔桩的承载力公式 3-57，则桩基础的直径应不小于 594.2mm；当水位升高的最大值为 0.5m 时，钢缆的水平倾角为 46.8°，桩受的竖向拉力为 182.5kN，同理根据公式 3-57，桩基础的直径不应小于 632.8mm。因此，选择桩基础的直径为 650mm，此时所能承受的最大拉力为 186.1kN。

b. 6 层建筑

根据前述章节计算可知，6 层建筑的吃水深度 h_f 为 2.2m；当 6 层建筑水平向为迎风面时，该建筑的最大风荷载为 275.1kN。在正常使用中，该建筑要求系泊结构的最大弹性位移为 1mm，桩基础顶端的最大水平位移为 2mm。假设该建筑的固定方式选择四个沿建筑物形心对称布置的牵拉式系泊结构，如图 3-51 所示。则每个系泊结构承受的最大水平力为 275.1kN。

根据 6 层建筑物结构布置特点，仍选择系泊点 L_c 和桩基位置 L_x，它们距建筑物形心的距离分别为 3m 和 10.8m，则钢缆的水平倾角 β 为 45°。根据公式 3-48，钢缆长度 L_M 为 11.03m。将其代入公式 3-49 可得钢缆的拉力 T_M 为 389.0kN。

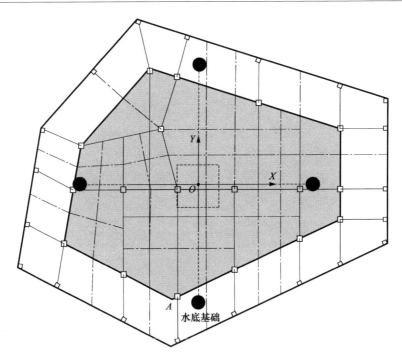

图 3-51 6 层建筑的牵拉式系泊结构布置

钢缆采用 HRB400 级钢筋，其强度设计值为 360MPa，弹性模量为 200GPa，则由公式 3-53 选择钢缆的截面积为 1080.6mm²；当钢缆水平位移为 1mm 时，钢缆受拉伸长 [s] 则为 2.84mm，由公式 3-54，钢缆的截面积为 7554.0mm²。因此，选择钢筋 4C50，其截面积为 7850.0mm²，所能承受的最大牵拉力为 2826.0kN。根据公式 3-47，则最大水平倾角 84.4°。

水底桩基础的材料选用 C40 混凝土和 HRB400 钢筋，作用荷载是钢缆传递的拉力，将其沿水平方向和竖向分解，每个方向的荷载分量为 275.1kN。当该桩定段的水平限值为 2mm 时，根据公式 3-55，则桩基础的直径 d 值应不小于 267.5mm；再由抗拔桩的承载力公式 3-57，则桩基础的直径应不小于 722.8mm；当水位升高最大值为 0.5m 时，桩的直径应不小于 769.7mm。因此，选择水底基础的直径为 800mm，此时所能承受的最大拉力为 310.6kN。

c. 漂浮小区

前述计算结果表明，漂浮小区的水平荷载主要来源于作用在建筑物的风荷载。假设漂浮小区均采用牵拉式系泊结构固定其水平位置，则小区的系泊结构布置方案可结合风荷载的分布位置和大小进行布置。以由 4 栋 3 层建筑和 5 栋 6 层建筑组成的漂浮小区为例，其长度为 295m，宽度为 173m，建筑在小区的分布位置如图 3-52 所示。当竖向为迎风面时，该小区的风荷载最大为 2088kN，假设小区中采用算例 b 中设计的系泊结构，根据公式 3-45 沿水平方向布置的牵拉系泊结构的数量为 14 个；同理，当水平向为迎风面时，其风荷载为 1694.7kN，需设置 12 个牵拉式系泊结构。在利用公式 3-46 布置牵拉结构时，首先计算出不同迎风面的最大风荷载合力作用点所在的直线 AX 和 AY，然后以这两条直线为中心，从外向内均匀布置在建筑物的周围，其布置方案如图 3-52 所示。

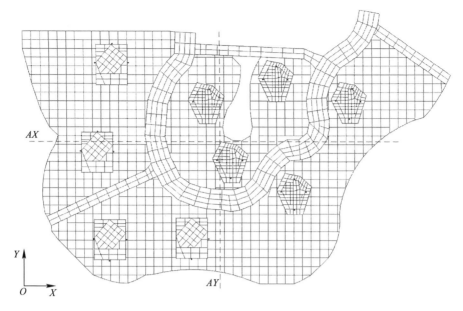

图 3-52 漂浮小区牵拉式系泊结构布置

3.4 有限元模拟分析及验证

为验证上述漂浮结构设计的合理性和可行性，分别对 3 层、6 层钢结构建筑和漂浮小区进行有限元模拟分析。

3.4.1 3 层建筑

对 3 层钢结构建筑进行有限元建模，建筑结构的材料参数如表 3-7 所示。梁和柱均采用 beam188 单元，单元长度为 0.5m，混凝土楼板、漂浮基座的侧板和底板采用四节点四边形 Shell181 单元，单元的边长尺寸为 0.5m。为模拟该建筑结构在漂浮状态下的变形特性，底部边界约束条件采用竖向位移约束，通过抵抗柱承受水平荷载，在抵抗柱与建筑结构相连位置采用水平位移约束。在结构自重荷载、风荷载和水压力作用下 3 层钢结构建筑的变形如图 3-53 所示，结构 Mises 应力分布云图如图 3-54 所示。其建筑结构的最大变形为 3.2mm，在结构允许变形范围内，再次证明该结构选型能够满足正常的使用功能要求。在图 3-54 中，钢结构框架柱上的等效应力最大值为 9.65MPa，在 Q345 的允许范围内，而混凝土板的最大应力为 3.87MPa，表明应力均在材料强度允许范围内。

建筑结构的材料参数   表 3-7

材料名称	弹性模量（GPa）	泊松比	密度（kg/m³）
Q345	206.0	0.28	7850
LC45	24.4	0.2	1800

图 3-53　3 层钢结构建筑的位移分布云图（m）

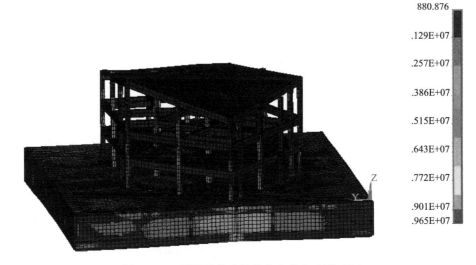

图 3-54　3 层钢结构建筑的应力分布云图（Pa）

为验证漂浮基座结构选型的合理性，对其进行单独有限元建模，设定其与上部结构相连部分采用竖向位移约束，与抵抗柱或钢缆连接处采用水平位移约束。混凝土板采用四边形 shell181 壳单元，单元边长为 0.5m，Q345 钢和混凝土材料参数如表 3-7 所示；Q345H 型钢梁和箱型钢柱采用 beam188 单元，单元长度为 0.5m。计算结果如图 3-55 和图 3-56 所示。

图 3-55 为漂浮基座的位移云图，从图中可以看出，基座的最大竖向位移为 1.84mm，且主要在基座的自由伸展部分，这主要是水压力对其剪切作用所造成的，其变形值符合相关建筑结构规范要求。图 3-56 为正常使用期间漂浮基座的 Mises 应力分布云图，从图中可以看出，漂浮基座的最大 Mises 应力为 5.1MPa，且主要在钢梁和钢柱上，混凝土板的最大应力为 0.64MPa，均在材料强度允许范围内，说明该结构选材和结构选型合理。

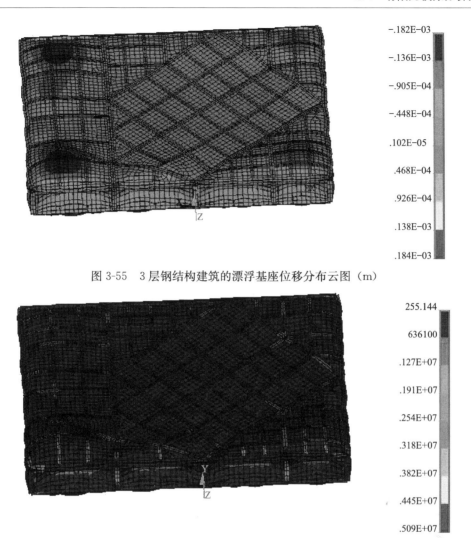

图 3-55　3 层钢结构建筑的漂浮基座位移分布云图（m）

图 3-56　3 层钢结构建筑的漂浮基座的应力分布云图（Pa）

3.4.2　6 层建筑

对 6 层钢结构建筑进行建模，材料参数选择如表 3-7 所示，计算结果如图 3-57 和 3-58 所示。图 3-57 为位移云图，从图中可以看出，其建筑结构最大位移量为 2.4mm，表明其整体结构能够满足正常使用要求；图 3-58 为在正常使用荷载作用下建筑结构的 Von Mises 应力云图，框架结构梁和柱的最大应力为 27.7MPa，而楼板、基座底板和侧板的应力均在 3.08MPa 以下，说明结构材料选用合理，能够满足正常使用要求。

图 3-59 和图 3-60 分别为漂浮基座在正常使用时的位移和 Mises 应力分布云图。从图 3-59 中可以看出，漂浮基座最大变形在左下边缘部位，满足设计要求，其次，可适当增大该部位的梁截面或增大抗水平装置，以防止基座偏斜。从图 3-60 可以看出，混凝土底板和侧板的 Mises 应力最大值为 7.9MPa，而最大值 71.4MPa 出现在中部梁柱节点处，均在 Q345 屈服强度范围内。

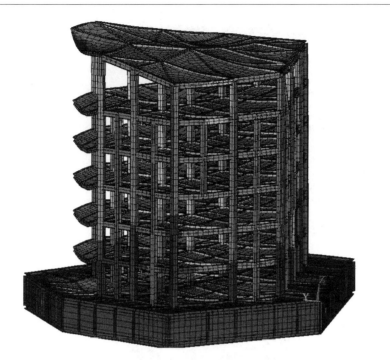

$$-.002439$$
$$-.002166$$
$$-.001892$$
$$-.001619$$
$$-.001345$$
$$-.001071$$
$$-.798E-03$$
$$-.524E-03$$
$$-.250E-03$$
$$.232E-04$$

图 3-57　6 层钢结构建筑的位移分布云图（m）

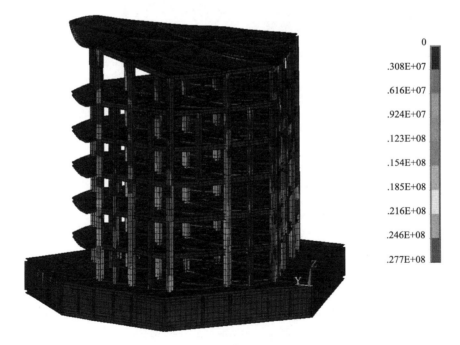

$$0$$
$$.308E+07$$
$$.616E+07$$
$$.924E+07$$
$$.123E+08$$
$$.154E+08$$
$$.185E+08$$
$$.216E+08$$
$$.246E+08$$
$$.277E+08$$

图 3-58　6 层钢结构建筑的应力云图（Pa）

　　为避免建筑物晃动，在其周围设置抵抗柱，并在其主梁端部与抵抗柱之间设置滚轴连接件，从而保证受力均匀。抵抗柱主要承受建筑物传来的水平荷载，每根柱上的水平荷载等于所属面积上的风荷载，即：

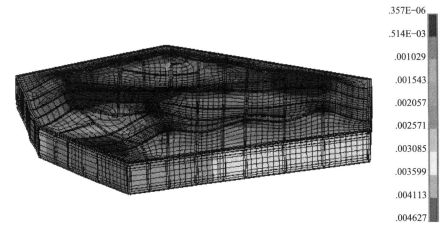

图 3-59   6 层钢结构建筑的漂浮基座的位移云图（m）

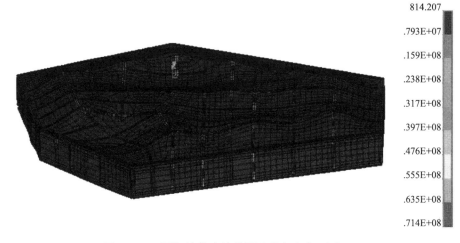

图 3-60   6 层钢结构建筑的漂浮基座应力云图（Pa）

$$p_{\rm w} = \frac{\mu_{\rm s}\mu_{\rm z}w_{\rm k}BH}{B_0 H_0} \qquad (3-60)$$

式中，B 为每根抵抗柱所属建筑物面积的宽度；H 为建筑物高度；$\mu_{\rm s}$ 为风荷载体型系数；$\mu_{\rm z}$ 为风荷载高度系数；H_0 为滚轴连接件与抵抗柱的接触高度，$H_0=2.5\rm m$；B_0 为滚轴连接件宽度，$B_0=0.4\rm m$。对于 6 层建筑，建筑物高度 $H=17.1$，查荷载规范可知，$\mu_{\rm z}=1.41$，$\mu_{\rm s}=0.8$，代入公式 3-46，则 $p_{\rm w}=3.95\rm kN/m^2$。

抵抗柱伸出水面部分长度为 1.5m，抵抗柱底部嵌固到水底基础上，在有限元建模中，抵抗柱底部为固定位移约束，在侧面 $-2.2\sim0.3\rm m$ 高度范围内施加 $0.4\rm m\times2.5\rm m$ 的面积荷载 $p_{\rm w}$，材料参数取表 3-7，单元采用 8 节点六面体 concrete65 单元，六面体单元边长为 0.05m，计算结果如图 3-61 和图 3-62 所示。图 3-61 为水平荷载作用下抵抗柱的位移云图，从图中可以看出，抵抗柱最大水平位移为 1.1mm，因此设置的抵抗柱能够抵抗建筑物给定的荷载，而且能够避免建筑物的水平移动，保证建筑能够正常使用。图 3-62 为抵抗柱的 Mises 应力云图，从该图中可以看出，应力最大值出现在抵抗柱底部外侧，最大值为 0.04MPa，在混凝土材料强度范围内，表明选择的建筑结构材料可以满足抗水平荷载的要求。

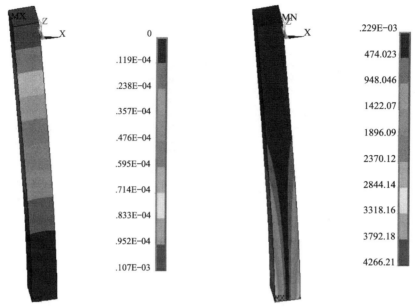

图 3-61　抵抗柱位移云图（m）　　　　图 3-62　抵抗柱 Mises 应力云图（Pa）

3.4.3　漂浮小区

以漂浮城镇的住宅小区为例，对漂浮结构方案进行整体设计并验证。该区由 3 层、6 层钢结构建筑及漂浮道路组成（图 3-63～图 3-65），各漂浮模块之间通过漂浮基座及抵抗柱侧面的滚轴连接件及锁紧装置相连接。

选取其内的部分区域通过 SATWE 有限元软件进行模拟验证，其中梁和柱采用空间杆单元，而墙和板采用薄壳单元，建立有限元模型如图 3-66 所示。材料参数选用表 3-7，由于水平荷载主要为风荷载，因此在选取约束时首先采用上述单体建筑约束进行固定，并沿区域外围每隔 20m 布置一个抵抗柱，其计算边界约束条件与上述单体建筑相同。在不同方向风荷载作用下，该区位移云图如图 3-67～图 3-69 所示。

从图 3-67～图 3-69 的不同荷载组合状态下的位移云图中可以看出，整体结构的最大位移为 3.091mm，而且最大位移均出现在 6 层顶层，而底部位移变形由于位移约束作用，变形均在 0.6mm 范围内，说明所选择的约束方案合理。

图 3-63　漂浮小区平面图

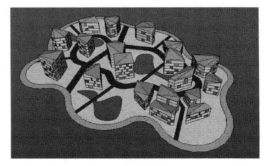

图 3-64　漂浮小区透视图

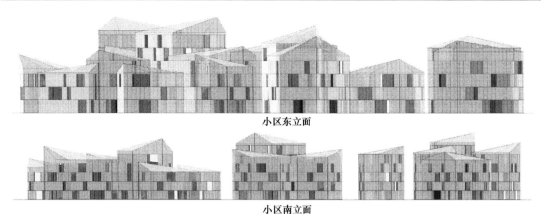

小区东立面

小区南立面

图 3-65　漂浮小区立面图

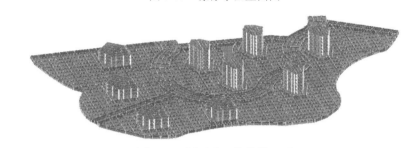

图 3-66　漂浮小区结构模型图

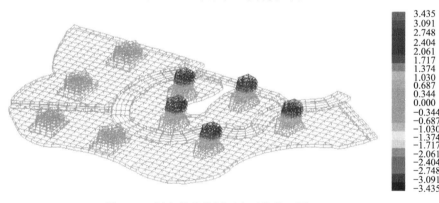

图 3-67　竖向荷载作用下小区位移云图（mm）

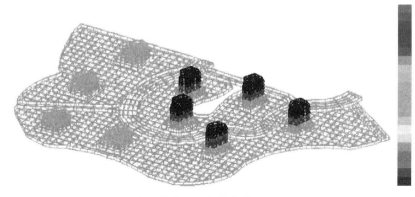

图 3-68　X向风荷载和竖向荷载作用下小区位移云图（mm）

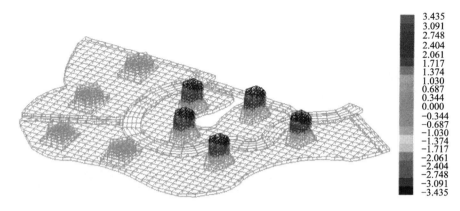

3.435
3.091
2.748
2.404
2.061
1.717
1.374
1.030
0.687
0.344
0.000
-0.344
-0.687
-1.030
-1.374
-1.717
-2.061
-2.404
-2.748
-3.091
-3.435

图 3-69　Y 向风荷载和竖向荷载作用下小区位移云图（mm）

3.5　本章小结

　　本章基于建造结构、力学分析和三维数字化模拟，提出了适用于该区的漂浮城镇建造模式：城镇由单元式模块组合形成，按需组合即可组织城镇的空间结构和区域布局，构成有机体系；漂浮模块单元由水面漂浮部分和水下系泊部分组成，水面漂浮部分的构筑物由漂浮基座承载，结合浸入式混凝土锚或者水下系泊结构限定位置。为实现上述建造模式，依据漂浮城镇的建造模式和漂浮构造的受力分析，确定漂浮城镇的结构形式、建造技术及最佳参数值。

　　（1）漂浮模块的上部构筑物采用轻质结构（钢结构或钢筋混凝土框架结构、轻质隔墙）；漂浮基座采用箱形空室结构；漂浮基座与上部建筑的底面积之比合理值为：3 层钢筋混凝土建筑为 3∶1，3 层钢结构建筑为 1.3∶1，6 层钢结构建筑为 1.95∶1。

　　（2）水深 10m 以内的基本稳沉区采用桩基式系泊；水深 10m 以上及未稳沉区采用牵拉式系泊。系泊结构布置与建筑的分布位置、风荷载大小以及风荷载合力位置有关，可根据力和力矩平衡以及沿建筑物形心对称布置于建筑周围的原则，选定和设置系泊点。

　　经过对上述 3 层、6 层及小区部分区域的漂浮结构进行有限元模拟分析和力学计算，结果表明，该结构能够在重力、浮力、风荷载和水压力同时作用下，达到荷载平衡，并处于稳定的漂浮状态，其强度和变形均符合相关规范及舒适度要求，验证了漂浮建造模式的合理性。

注释

[1]　高峰. 建在大海上的房屋 [J]. 中国住宅设施，2010 (1)：63-64.

[2]　王志军，舒志，李润培等. 超大型海洋浮式结构物概念设计的关键技术问题 [J]. 海洋工程，2001，19 (1)：73-74.

4 漂浮城镇的建设规划

基于漂浮建造模式和沉陷水域的基本特征，本章从城镇规划设计方面对漂浮城镇的构建进行详细研究，着眼于城镇建设的弹性、超前性和可操作性，确立城镇的功能定位、建设目标和规划战略，并通过三维数字化模拟技术建立漂浮城镇的基本形态和空间结构体系，搭建城镇建设的框架模型。

4.1 发展战略与建设原则

4.1.1 功能定位

研究以淮南西淝河沉陷水域为基地，遵循淮南市打造依山傍水、滨河滨湖、宜居宜游宜业的淮河经济带以及能源科技创新的文化旅游名市的整体定位，抓住矿区转型发展和修建沉陷区湖泊的机遇，满足沉陷区搬迁安置、修复生态环境的要求，将采煤沉陷区整治和新型城镇化建设相结合，化劣势为优势，以水环境为依托，建设集生态社区、文教科研、商务办公和休闲度假等诸多功能于一体的体验式旅游型水上浮城，辐射发展沿岸新农村形成"新型有机群落"，联系外围城市形成"特色发展圈"，共同构成区域发展体系（图4-1）。

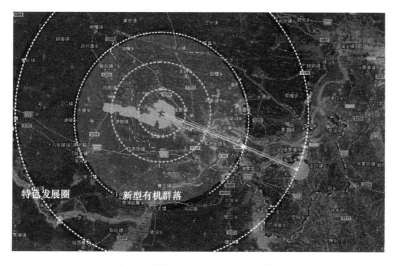

图 4-1 漂浮城镇的区域发展体系

按照建设资源节约型、环境友好型社会的要求，将漂浮城镇的建设与转型发展、绿色发展相结合，最大限度地发挥水土资源开发潜力和区位优势，协调水资源、生物资源、旅游资源之间的互动关系，重建新型生态循环系统。通过先进的绿色化道路交通体系、智能化公共服务系统、自动化基础设施和生态化创新产业集群，构建新型的现代化城镇。借此促进合淮工业走廊的建设，加快合淮同城化的步伐，推进采煤沉陷区综合治理和生态环境的修复，推动区域新型城镇化的建设。

4.1.2 建设目标

（1）总体目标

结合沉陷水域的问题和特点，探索漂浮城镇的建设方式，注重城镇规划的弹性、超前性和可操作性，塑造特色化的城镇空间。按照布局组团化、功能复合化、空间人性化、建设集约化、产业高端化、环境"田园"化的原则，建设超前、现代的"生态绿洲"。以此探索一种新型的城镇模式，助力于治理沉陷水域、挖掘资源潜在价值、坚守耕地红线、缓解人地矛盾、促进新型城镇化建设、建设生态宜居的"美丽中国"等一系列目标的共同实现。

凭借"三山三水"（"三山"指八公山、舜耕山和上窑山，"三水"指淮河、瓦埠湖和高塘湖）的良好环境和文化内涵[1]，以水为基，使漂浮城镇与水交相辉映，形成湖中有城、城中有湖的独特景观结构，建立一个综合考虑城镇形态、产业格局、生态系统的超前现代、绿色循环、惬意养生的特色宜居之所——"美丽水城"（图4-2）。同时，辐射沿岸及周边地区：一方面，在隔水岸边发展环湖农渔村落及产业园区，结合新型城镇化建设形成新农村发展模式，服务于漂浮城镇，协同共促、循环发展，构成系统的生产生活模式和城镇建设运营模式，形成"新型有机群落"，另一方面，与外围城镇构成"特色发展圈"，成为区域协调发展的核心推动力，使水、城、人融为互惠共生的有机整体，形成良性循环的网络体系。

图 4-2 漂浮城镇局部透视图

（2）建设原则及策略

以该区城市总体规划为依据和指导，在规划的总体思路上，注重与上下规划的衔接和协调以及与今后发展方向之间的有机联系。根据区域资源、生态和环境的特点，以生态优先、以人为本、可持续发展为基本出发点，使漂浮城镇各部分之间相互组合，形成相互依存、相互推动的互动关系，创建一个经济高效、生态良好的居住、工作和休憩的绿色家园，"采菊东篱下，悠然见南山"。同时，借助漂浮城镇的建设，在探索沉陷区治理方法和聚居形式的同时，争取国家资源型城市可持续发展试点，加强与"十二五"经济社会发展规划、城市总体规划、矿区发展规划等各类规划的协调、衔接和配合，推进"十二五"时期新型工业化、新型城镇化、城乡一体化、合淮同城化等战略的实施以及区域经济、社会、生态的可持续发展。

① 发展特色产业，提供经济基础

鉴于矿业城市整体产业结构偏重，轻工业发展不足，第三产业发展滞后，漂浮城镇以生态旅游为重点，加强生态经济与第二、三产业的融合，优化产业结构，加快产业转型。依托优势资源发展特色产业，如科技无尘、商贸文化、现代服务等新兴产业，重点发展与生态水域、相关的生态农业、煤电工业固体废物综合利用为核心的循环经济产业，建立科研中心，完善教育机构，提供人才支持，结合新兴产业，形成完整的科研、生产、销售产业链，带来丰富的旅游及居住开发价值。在其处于城市转型的紧迫时期，利用旅游产业所具有的关联辐射功能，调整经济产业结构，实现产业多元化，从而推动区域产业结构转型，创造大量的就业岗位，促进基础设施的建设与优化。

发展特色旅游业。依托沉陷湖泊的资源基础，发展为旅游产业优势，从而使资源、资金等得到优化配置。发挥依山傍水、漂浮景观、地方文化等旅游资源优势，建立漂浮景观、水上度假等休闲旅游项目，形成独具特色的水域风貌、集旅游观光和休闲度假于一体的"美丽水城"，开展生态旅游和多种经营，树立当地旅游品牌。依托于此，整合国家矿山公园、国家城市湿地公园、国家水利风景区等国家级品牌资源优势，深度开发休闲度假、生态旅游、文化旅游等产品，结合"八百里沿淮风光旅游带"，依靠漂浮城镇的现代性、科技性、体验性对原有线路中的历史、文化、自然要素进行业态补充，重点打造精品休闲度假旅游城镇和八公山旅游经济圈，提升品牌群的区域影响力和竞争力，丰富新的旅游链，促进旅游产业的发展。

发展文化创意及新兴产业。将生态、文化、旅游有机结合，以煤矿文化、淮河文化、生态文化、楚汉文化等为主线，建设主题创业园区，容纳科技型、创新型、智力型产业，对城镇的优质景观资源进行合理开发，进一步引入会展商务、休闲商务等高端服务业，发展文化创意产业。将漂浮建筑逐步产业化和商业化，将漂浮城镇打造成为靓丽的产业名片，将沉陷区经济文化发展与产业转型升级融合发展，加快淮河旅游、文化创意、商贸物流等产业发展。

发展现代农业。依托农业雄厚的基础条件，结合沉陷水域治理、土地复垦等工作，大力发展优质种养业，推进现代休闲农业，促进观光、采摘、度假等多种形态的全面发展，加强优质粮食、特色蔬菜、水产养殖、花卉苗木等农业示范园区建设，延长现代农业产业链条，发展生态农业，建立无害化农产品生产基地，将城镇发展与新农村建设、特色农业发展相结合。

发展轻工业、纺织服装及农副产品加工业等劳动密集型产业。轻工业重点发展高科技电子产品、医用产品、家电配套产品、玻璃制品、塑料制品、纸业产品等，如种植芦苇为造纸业提供优良的原材料，结合水体净化系统来处理废水，实现苇纸生态产业化和造纸废水的资源化利用。引导纺织业向特色化和高附加值产业链方向延伸，重点发展多功能篷盖材料、汽车用纺织品、宽幅高强工艺技术材料以及高性能纤维医用纺织品等。服装业构建从纺纱、面料到服装成品的产业链，带动相关企业的发展。利用城镇的漂浮农业等辐射带动岸域的农副产品加工业的发展。

② 加快综合整治，提供环境基础

根据《生态城市建设规划》，采煤沉陷地综合整治以大型生态化湖泊湿地为战略目标，建设淮阳湖泊蓄洪与水源工程。这为漂浮城镇的统筹建设提供了良好的建设契机。通过对区域内大的生态环境进行统筹，实现大区域、大空间环境的综合治理，根据各区域土地的不同沉陷情况，进行动态利用：将浅层沉陷积水区复垦为农业用地，增加农用地和耕地面积，稳定耕地保有资源；将深层沉陷水域建设为漂浮城镇。依靠物联网应用示范、云计算等新技术推动水域监测，设立并开展水域生态环境修复技术的创新与应用专项、建立水域立体综合开发技术等创新模式，提高工程科技含量，推进沉陷水域生态修复和漂浮城镇的建设。顺应"华东大型生态矿区"的发展方向，以漂浮城镇建设促进村庄搬迁、就业安置、生态修复的全面协调发展，实现矿区的综合整治，共同发展、多项收益，形成独具特色的沉陷区治理模式，加速"生活城市化，生产多元化，生态资源化"。

③ 促进城乡共进，提供发展基础

以全新的空间体系、独特的水上漂浮景观将城镇建设成为地标性现代小城镇，并发挥其集聚和辐射带动作用。以水城为中心，建设环湖新农村，以城带乡、以乡促城，城乡共融、繁荣共进，促进城乡协调发展，推进新农村建设。在漂浮城镇的沿岸陆域建立农民创业园或工业园，大力发展农渔及农副产品加工产业等，鼓励农民参与农渔种养、副产品加工及特色旅游休闲产品基地的建设，促进特色产业发展，推动劳动密集型产业，有效实现人流、物流、信息流的集聚，加快产品和原材料专业市场的形成，经贸工联动，促使乡镇企业发展与漂浮城镇建设无缝对接，促进城乡人口和生产要素的合理流动及优化配置，建立经济充满活力、生活品质优良、生态环境优美的"新型有机群落"。同时，与外围城市联系组成"特色发展圈"，构成"水上建城镇、城镇促乡村、循环促区域"的经济统筹互动格局，形成区域协调发展体系，创建经济、社会、生态和谐共赢的新局面。

针对西淝河沉陷区而言，依托漂浮城镇的集聚、竞争优势，建设淮南"副中心城区"，提升城区功能，成为连接南、北主城区的枢纽，推动"凤台-桂集协调发展区"和"毛集-新集协调发展区"的建设发展。通过308省道加强区域联系，完善配套服务功能和支农功能，引导西淝河两侧沉陷区居民融入"新型有机群落"。利用水上建设用地的开发，置换出更多的陆域用地，解决采空区移民安置问题，形成高效的发展式搬迁安置模式，并结合新型城镇化和新农村建设，借助"新型有机群落"推进安置集聚区建设，统筹建设区域性基础设施和社会服务设施，改善失地群众的就业和生活条件，形成区域生态、经济、社会以及城乡空间发展的整体性（图4-3）。

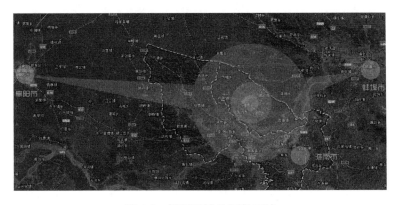

图4-3　漂浮城镇的辐射区域

④ 依靠绿色修复，提供生态基础

为贯彻节约资源和保护环境的基本国策，围绕资源型城市发展转型和资源节约型、环境友好型城市的建设原则，漂浮城镇以生态绿色、环保低碳为基础，在不影响自然系统循环的情况下，采取生态工程、社会工程等现代科技措施，以节约资源、优化结构、提高技术、改善环境等为主要手段，合理利用现有资源、有效治理及恢复自然环境、保证资源的可持续利用，构建人与自然的亲近平台，建立水、人、环境之间的密切互动关系，使城镇生态系统趋于平衡，获得持久的发展潜力和集聚效益。最终在人-自然系统整体协调的基础上，恢复良好的生态环境，创建适宜的人居场所，"黄发垂髫，并怡然自乐"，协调人类活动与自然环境的共存共生，构成自然-社会-经济复合的有机生态系统。

4.1.3 规划战略

（1）基本构建思路

漂浮城镇的建设是一项庞大而复杂的系统工程，涉及土地、水利、建设、地质、农业、环境等学科。结合矿区环境特点，基本确立以下构建思路：

① 统一规划、分区实施

结合矿产资源规划、土地利用总体规划、城市规划和村镇规划等，根据区域主要矿井区位、交通条件、水文地质和矿井开采后的沉陷区概况，按照统一规划、分区实施的原则，对漂浮城镇在沉陷水域进行整体计划、分别建设。发挥漂浮模块便于组合和扩展的优势，针对不同面积的水域"大有大建、小有小建"。既遵循采煤沉陷区综合治理的整体性，又能体现各个区域的特征。

② 以点带面、先易后难

漂浮城镇的建设注重将湖泊水体的自然特性与沿岸景观在时空上动态结合，以点带面地推动发展，由休闲观光、旅游度假的体验式组团不断向外扩散，向未来生活的整体城镇过渡。坚持先易后难的原则，率先建设一些具有示范作用的试点，一方面为人们带来视觉及精神上的享受与满足，丰富居民生活，提高生活舒适度；另一方面研发先进的技术方法，不断深化、完善和改进所获取的实践经验，融科学性和实用性于一体，探索适合的建设方式，逐步形成成熟模式，点面结合、示范推广。

③ 生态优先、综合整治

充分利用环境的自我恢复能力对水域环境进行生态修复、保护，建设适宜居住的生态场所。一是修复水系，恢复水脉，留住地表水，停采地下水，提高地下、地表水位，使水系连通，变死水为活水。二是带动水域沿岸建设成为绿带，修复植被，保护山景，对成片的果园、树木、山林等加以保护，因地制宜地补种多种乔木、阔叶树、小灌木、亲水植物等，使修复的水体、绿地与山林形成整体，为漂浮城镇的建设提供有利的环境条件，未来更加凸显绿色基地功能。三是以梯田形式的流线造型塑造漂浮城镇自然生态的立体空间结构，营造自然田园风光，将自然水系环境、人工水上空间共同构成城镇的特色漂浮景观。四是加强市政建设，修建先进、完善的绿色配套设施，保证城镇低碳环保地生态运行。

（2）分期发展规划

依据漂浮模块的独立性和灵活性，城镇采取分期规划的方法，进行循序渐进的系统建设，将治理与发展同步，既可以利用足够的时间缓冲降低一次性全资投入的费用和风险，也预留出公众对漂浮城镇的接受和认知过程。结合城市发展和矿区治理相关规划，按照分期规划的思路，制定近期和远期治理目标，借助漂浮城镇模块组合、灵活拓展的优势，统筹安排，分阶段、有步骤地推进。拟20年为整体规划期，其中前10年为规划近期阶段，后10年为规划远期阶段。注重城镇现实发展与长远发展的统一，统筹兼顾近期目标与长远目标、近期利益与长远利益，以资源集约型的利用方式，促进资源整合置换与区域经济的协调发展，实现水土资源优化利用及增值，为地区发展赢得资金，达到一项投入，综合收益，最终实现经济、社会、人口、资源和环境的全面协调发展。

① 近期规划

在前期阶段完成主体的建筑及景观规划，以建立休闲度假区和高档居住区（如会所、疗养院等）为主，发展休闲娱乐、旅游度假等高品质水上居住模式，打造旅游居住胜地。同时，辐射周边陆域，在隔水岸边环湖发展农渔村落及相关产业园区，形成"新型有机群落"，服务于城镇，水陆共促。通过漂浮城镇建设和资源置换，变废弃地为资源宝地，迅速提升地块价值，满足失地农民的基本生活需求，增强对资金、人才、技术等要素资源的凝聚力和吸引力，为开发启动赢得资金，为长期规划积累储备。

同时，通过通达的路网和基本配套设施，使该区域由边缘地带变为中心区域，成为连接南、北主城区的绿色纽带，使沉陷区生态得以恢复，有效提高区域生态功能和绿地面积，形成以山、水、林、居为特色的、人与自然和谐交融的高品质人居环境，构成健康、稳定、可持续发展的绿色空间生态格局，成为地区的"绿肺"和"绿肾"。为漂浮城镇建设进行前期探索性试点，为资源枯竭矿区的环境修复与开发、矿业城市宜居环境的示范工程提供参考。

② 远期规划

随着沉陷区综合治理及搬迁安置工作的推进，逐步规划漂浮城镇的生态住区、创业园区、文教科研区和行政中心，完善城镇空间结构，发展系统的生产生活和建设运营模式。与外围区域形成"特色发展圈"，协同共促，构成规划布局合理、等级规模有序、功能优化互补的现代化城镇网络体系。同时，通过全面发展水上居住，开发优势价值和资源，置换出更多的陆地空间，结合漂浮城镇以及沿岸的产业体系解决岸域的居住、就业等生活保障问题，彻底提升区域的人居及生态环境质量。

4.2　城镇基本形态

4.2.1　基本形态特征

（1）以水为基，生态自然

漂浮城镇因水而起、依水而建，水作为城镇的自然元素，是城镇系统的重要组成部分和城镇发展的基础性资源，是城镇建设所依托的生态基础，也是城镇产生生态功能、维持城内生态平衡的物质基础，不仅可以蓄水、航运、种植养殖，而且具有增加空气湿度、降低气温、改善大气质量、调节气候等作用。通过水体净化与城镇建设的同步进行，扭转不良的生态局面，形成以水为特色的生态链，营造良好的居住和游憩场所。

根据水域分布进行漂浮城镇的规划布局，建设城镇的空间结构系统、绿化景观系统、环境保护系统以及市政工程系统。充分协调城镇与水的关系，使中心水域既与周边水域隔开，又能通过分支水域相互联系，形成"一主多支、内宽外窄"的水系分布。兼顾水体、岸线的功能协调，使其功能配置相得益彰，建成完善合理的水系空间体系。在具体形态上，以流线型设计为主体形式，有效减小水、风等外界作用的阻力，曲线布局使各部分交接顺畅，整体规划与分区规划皆体现水上之城的轻盈独特和生态自然的空间特征（图4-4）。

图 4-4 漂浮城镇鸟瞰图

（2）随水而变，灵活发展

由于城镇是由漂浮的模块单元互相连接构成，每个独立的单元都可以自由漂浮，独特的布局方式有利于城镇整体与局部的结合，大到融合自然水域环境，小到具体的细节设计，不仅便于达到城镇形态的合理化，还能实现城镇功能的科学化。随着沉陷积水面积的不断扩大，水体互相连通，水域连接成片，城镇独特的空间移动性可以使其随水域灵活变化，通过拆分与组装自由调整城镇布局，不断发展新的城镇节点，以相互组合和节点发散的方式形成所需规模。同时，各个片区功能完善、互相联系又相对独立，可以通过体系的自我调节和自我更新，提高城镇的有机功能，实现城镇的持续发展。

4.2.2 空间建构原则

（1）分区组团式布局

遵循城镇整体建设目标和分期规划战略，考虑到城镇灵活拆分和组合发展的特点，漂浮城镇采取分区组团式规划布局，对基地进行系统规划和总体设计。依据城镇整体形态和肌理以及与相邻陆域的联系，对城镇格局和空间形态展开设计，确立各个组团的空间分布特征，进行相应的流线安排、空间组织、形体结构，把握好各区域内部及其之间的协调关系、建立功能紧凑型的空间结构，在一定范围内对公共空间、建筑组群、基础设施、绿化景观等多种要素进行组织，确定内部不同空间要素之间的结构关系。同时，注重把握整体与局部的关系，对城镇形式和空间环境作出系统构思，通过各种建筑空间的有机组合、过渡，处理好各建筑群落的关系，进行建筑与建筑群体之间、建筑与建筑外部环境之间的空间塑造，处理好城镇公共空间体系与周边自然环境之间的联系与整合。

（2）体验式开敞空间

在进行漂浮城镇设计时，尤其注重人性化即人的感受体验，通过尺度推敲和细节引导，使人达到舒适状态，协调好水上新式生活与固有生活习惯的关系。结合自然水环境和独特的漂浮景观，形成开敞空间的可视形态，提供安全宜人的开放空间与绿地系统，以系列体验和漫步景观搭建城镇空间结构框架，营造体验式绿廊贯穿城镇，让人身处其中、居在其中、漫步其中。一方面，在各片区边缘的沿水一侧设置阶梯式亲水平台，既保证城镇的水位安全，又达到视野的开敞和延伸。另一方面，建立水系景观网络，重点进行城内街道、广场等公共开敞空间的人性化设计，以多种层次、不同尺度和方向的开敞性空间互相指引和影响，营造错落有致的景观界面和丰富的观感层次，以良好的可达性引导人流自主游览，更大程度地为居民和游人提供接近自然、享受自然的生活环境。

（3）特色化空间形态

依据城镇规划的用地功能分区，建设强度分区和用地结构分区，集合城镇空间布局和竖向轮廓，确定城镇天际线的总体形象与特征，做好城镇立体形态设计和高度分区，引导建筑群体空间的设计。对区域内所需的不同房屋类型和建筑形式区分设计，包括建筑群体的组合形态、整体造型以及建筑的体量、高度等。对建筑、场地设计和外部环境进行综合分析，进行合理的功能分区以及流线组织；建筑形式上反映一定的区域文化特征，确定清晰合理的功能结构，塑造富有特色的建筑群整体空间形态。考虑到漂浮建造技术及成本，城镇的建筑高度控制在3~6层，部分景观构筑物可以适当拔高，但以不超过11层或不超过30m为宜。为保证重量的平衡分布，建筑布局需均衡，避免出现集中布置在区域某一侧的情况。

（4）多层次交通网络

按照城镇空间布局和交通体系要求，以轻型电动汽车、自行车等绿色交通构成轻交通，用于日常出行；以水上船只构成重交通，用于货运输送，有效连接陆路与水路。合理组织基地内外有效的交通系统，规划出合适的交通流线，确定区内的车行、人行交通组织及交通设施的布置，构建多层次道路交通网络，满足城镇生态环境和绿色公共交通体系建设的要求，尤其是步行体系与车行疏散问题的解决。以步行休闲道为主体骨架形成连续性的公共步行空间系统，利用休闲步行和骑行空间，将城内的公共活动区域整合成一体，让人们充分体验水上空间的趣味性和丰富性。

4.3 城镇空间结构

考虑到漂浮于水上的特色风貌及整体形象的塑造，漂浮城镇以水道为空间结构骨架，将功能性分区与综合性分区相组合，通过水系的贯穿连接和有机组织，构成与自然环境良性循环的城镇系统，达到城镇容量和生态环境的可持续协调发展。

4.3.1　功能布局

（1）整体划分

漂浮城镇以"一心四区一线"为基本规划格局。其中"一心四区"构成 A、B、C、D、E 五大组团，"一线"为联系各个组团的景观绿廊，形成从点到线、由线及面的规划布局，具有强烈的现代特色和高度的秩序性（图 4-5）。整体形态布局以流线型为主，最大限度地扩大与水的接触面积，形成城镇独特的水体景观和水上游览通道，充分体现人—建筑—水的互动关系，成为真正的水上体验式特色漂浮城镇（图 4-6）。

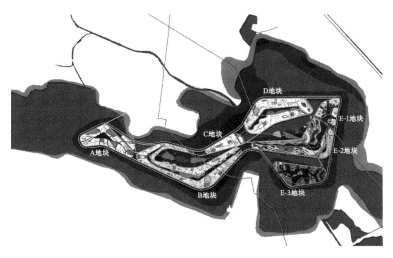

图 4-5　漂浮城镇总体规划平面图

图 4-6　漂浮城镇的功能分区图

A 为创业园区。重点打造商贸文化及创意、现代物流以及其他相关生产性服务业和生活性服务业示范区，培育发展新能源、节能环保、科技创新、产业循环经济示范园区、轻工及农产品加工业，构成接续替代产业组团，以生产性、生活性服务业双轮驱动，形成产、学、研一体化的产业基地。

B 为生态住区。打造全新的建筑功能形式，采用环网状放射性道路体系，形成道路—景观—居住体系。区分高、中档社区：高档社区为一类居住用地，建筑密度低，舒适度高；中档社区为二类居住用地，居住条件良好，建筑密度中等。住区内配套设施完善，交通便利，并设置漂浮景观公园，提高生活品质。

C 为行政中心。设置城镇的行政管理和办事机构，配备相关公共服务和功能设施。

D 为文教科研区。设置培训中心、技术研发与推广中心、信息服务中心、沉陷水域综合治理中心等，形成教育科研体系。

E 为商务休闲区。构建复合穿插功能的空间结构，提升城镇活力。以会展中心、漂浮酒店和漂浮乐园形成的主题商业为核心，带动旅游度假区和运动养生区发展。包括三大功能片区：E-1 为体验式休闲园区，设有观光园（包括蔬菜区、水果区、花卉区、养殖区）、游乐园（包括水上摩托艇、水上自行车、水上碰碰船等水上游乐项目和设施）、养生康体（包括游泳、水疗 SPA 等）、垂钓园、渔家乐等水上休闲，突出漂浮特色、绿色环保和生态气息，人们可以乘汽艇或木船穿行于纵横交错的水上景观，通过观、嗅、听全方位体验水乡风情，感受宁静悠闲。E-2 为商贸会展区（包括商业购物、会议展览、酒店宾馆、写字楼等），以建筑与水面的相互融合与延续，强调商业人流的导向性与回游性，形成引导与聚散，水空间穿梭于商业体之间，形成各种活动行径空间，结合广场、休息区、餐饮区打造丰富别样的漂浮空间。E-3 为高端别墅度假区，建筑密度低，提供安静宜人的高档度假和高端居住环境。

（2）特色园区

在 E-2、E-3 重点建立城镇的特色园区，将休闲、观光、旅游、产业发展相结合。

① 复合立体园区

根据城镇布局，在不影响生态承载能力的情况下，借助水面优势发展种植和养殖业。建立鱼虾、鳖蚌、莲藕等水产品集约化养殖种植基地，鱼草互养，将水深 1.5m 以内的围网养殖和水深 3～5m 的网箱养殖相结合。沿岸通过挖深垫浅、矸石充填复垦等综合处理，建成陆地、浅滩、水体相连的复合立体生态区域，种植食用型和工业原料用途的水生植物，配套发展禽畜饲养、果树林业种植及农副产品加工，构成农、林、牧、渔综合发展的生态农业区。以食物链为纽带，秸秆牧草作为畜牧饲料，畜牧粪便、城镇垃圾中的有机物作为水产饵料或农肥，塘泥肥田，形成多级物质循环利用系统，推进农业产业结构调整（图 4-7）。

图 4-7　复合立体生态系统模式

② 漂浮种植园区

建立漂浮种植园区，既满足城内产业发展需求，又构成特色绿化景观（图 4-8）。利用漂浮种植形成适合城镇特征的全新农业形式，不占用耕地，只需将装有轻质育苗基质的竹制或泡沫塑料板浮床漂于水面上，种子播于基质并扎根水中，根系充分吸收水中的氮、磷、钾等营养物质而生长。周期短、效率高，产量可达温室的 5 倍、大田的 20 倍。可以常年反复种植，且不受气候影响、不施化肥、不喷农药、无公害、无污染，富含维生素、氨基酸及多种人体必需的微量元素。蔬菜区种植薄荷、白菜、生菜、水芹菜、空心菜等绿色有机品种。粮食区种植水稻、豆类等。综合发展水上花卉、烟草等种植区，产量可比普通种植高 10% 左右，经济价值显著。

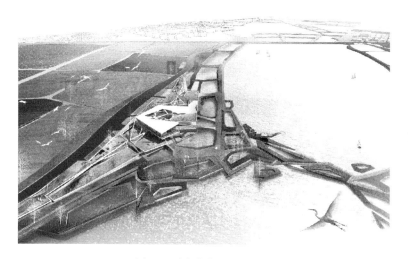

图 4-8　漂浮种植园区规划

③ 湿地景观园区

采用沉陷区矿渣废物作为基质构造人工湿地景观，将废弃物的综合利用与废水的净化处理有机结合起来，以资源化、再循环保持与周边环境、水域环境和陆域环境的连续性、完整性，建立生态的循环体系和缓冲保护地带，保证生态廊道的畅通，营造适宜生物多样性发展的环境生息空间（图 4-9）。主要分为湿地保护区和湿地展示区。

图 4-9　湿地景观园区规划

在湿地保护区，针对珍稀物种的繁殖地及原产地设置禁人区，只允许开展各项湿地科学研究、保护与观察工作。考虑生物的活动范围及空间，在重点湿地外围划定适当的非人工干涉圈，充分保障生物的生息场所。根据需要设置一些小型设施，为各种生物提供栖息场所和迁徙通道。区内所有人工设施以确保原有生态系统的完整性和最小干扰为前提。

在湿地展示区，重点展示湿地生态系统、生物多样性和湿地自然景观，开展湿地科普宣传和教育活动。考虑到周边矿区矸石堆和矿井水的排放，将人工湿地系统处理设施与景观艺术相结合，将城镇及附近的污水尾水集中处理，建立既可展示清污原理及过程，又兼具休闲观赏功能的净水技术展示区。根据水体深度、水系特点等，开发成不同功能的水体：对于岸边水深在 0.5m 以下区域，引种兼具净化功能和观赏价值的挺水植物，如菖蒲、香蒲等，对地表径流过滤净化，增加湿地植物多样性；在水深超过 1.0m 的区域，根据本地水生高等植物区系特点，栽培菹草、苦草、狐尾藻等多种沉水植物，构建健康稳定的水生态系统。

4.3.2 用地规划

（1）总体规划

漂浮城镇的规划总面积为 10.14km²，建设用地面积为 7.91km²，水域面积为 2.23km²，依据地块的工矿城镇性质以及旅游城镇的定位，人均建筑用地面积选定为 150m²，可容纳城镇人口约 52700 人。城镇整体开发强度以中低密度为主，容积率控制在 0.1～1 之间，以便提高居住舒适度及后续开发建设。生态住区及商业中心的容积率略大，超过 0.8，是城镇密度较高的区域；而休闲度假中心及生态旅游体验园则容积率较低，控制在 0.2 以内。城镇总体用地规划如图 4-10 所示。城镇总体规划经济技术指标见表 4-1。城镇规划建设用地平衡情况见表 4-2。

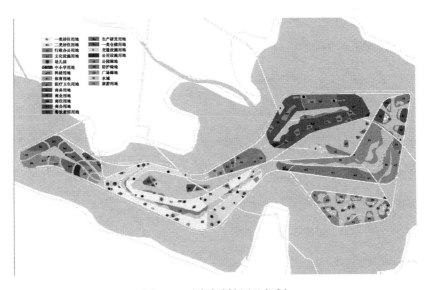

图 4-10 漂浮城镇用地规划

漂浮城镇的总体规划经济技术指标　　　　表 4-1

用地面积（m²）	10140796
总建筑面积（m²）	6172639
容积率	0.87
建筑基底面积（m²）	2284289
建筑密度（%）	22
总绿地面积（m²）	4642067
绿化率（%）	45

漂浮城镇的建设用地平衡表　　　　表 4-2

序号	用地代号		用地名称	面积（hm²）	占城镇建设用地（%）	人均用地面积（m²/人）
1	R		居住用地	264.61	33.44	48.11
		R1	一类居住用地	176.38		
		R2	二类居住用地	88.23		
2	C		公共设施用地	142.26	17.98	25.86
		C1	行政办公用地	14.06		
		C2	商业金融用地	34.31		
		C3	文化娱乐用地	46.37		
		C4	体育用地	8.83		
		C5	医疗卫生用地	9.12		
		C6	教育科研用地	25.34		
		C9	其他公共设施用地	4.23		
3	M		产业用地	47.63	6.02	8.66
4	W		仓储用地	67.17	8.49	12.21
5	T		对外交通用地	5.39	0.68	0.98
6	S		道路广场用地	10.34	1.31	1.88
		S1	道路用地	3.21		
		S2	广场用地	7.13		
7	U		市政设施用地	12.83	1.62	8.73
8	G		绿地	240.07	30.34	43.65
		G1	公共绿地	139.05		
		G2	防护绿地	101.02		
9	D		其他用地	0.96	0.12	0.17
合计			城镇建设用地	791.26		150.25

城镇各项公共服务设施如表 4-3。

城内公共服务设施设置一览表 表 4-3

类别	名称	A	B	C
教育设施	幼儿园	5	4	2
	小学	1	1	1
	初中	1	1	0
	高中	1	0	0
医疗设施	卫生院	0	0	1
	社区卫生服务中心	4	4	2
	综合医院	0	1	0
文化娱乐设施	图书馆/文化中心	0	0	1
	展览馆/影剧院	0	0	1
	活动中心	1	1	1
体育设施	体育中心	0	0	0
	体育场馆	1	1	1
	居民健身设施	4	4	4
商业设施	商业中心	1	1	1
	综合市场	1	1	1
	农贸市场	2	2	1
	小型超市	6	6	4
市政交通设施	长途汽车站	0	1	0
	公交站	4	4	4
	消防站	1	1	1
	垃圾收集点	8	8	4

（2）组团规划

A 创业园区规划（图 4-11、图 4-12）建筑面积为 1279287m²，经济技术指标如表 4-4 所示。

图 4-11 A 创业园区平面图

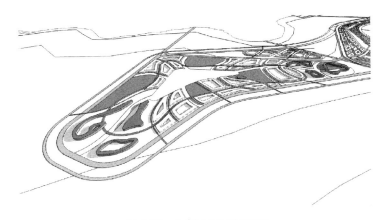

图 4-12　A 创业园区轴测图

A 创业园区经济技术指标	表 4-4
用地面积（m²）	1279287
总建筑面积（m²）	933879
容积率	0.73
建筑基底面积（m²）	409371
建筑密度（％）	32
总绿地面积（m²）	434957
绿化率（％）	45

B 生态住区规划面积为 2612342m²，总建筑面积为 2246614m²，经济技术指标如表 4-5 所示。生态住区由一条景观滨水休闲区贯穿，中心有绿岛和公建（图 4-13、图 4-14）。

B 生态住区经济技术指标	表 4-5
用地面积（m²）	2612342
总建筑面积（m²）	2246614
容积率	0.86
建筑基底面积（m²）	78370
建筑密度（％）	30
总绿地面积（m²）	992689
绿化率（％）	38

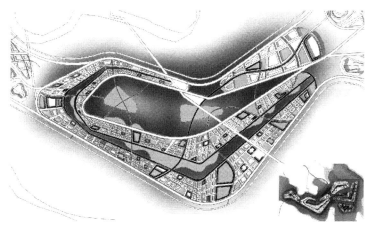

图 4-13　B 生态住区、C 行政中心平面图

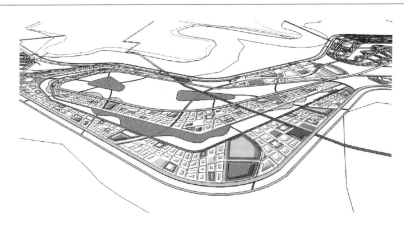

图 4-14　B 生态住区、C 行政中心轴测图

C 行政中心规划面积为 655636m²，总建筑面积为 406494m²，经济技术指标如表 4-6 所示。

C 行政中心经济技术指标　　　　　　　　　　　　　　表 4-6

用地面积（m²）	655636
总建筑面积（m²）	406494
容积率	0.62
建筑基底面积（m²）	170465
建筑密度（%）	52
总绿地面积（m²）	275367
绿化率（%）	42

D 文教科研区（图 4-15、图 4-16）规划面积为 1932618m²，总建筑面积为 1893965m²，经济技术指标如表 4-7 所示。

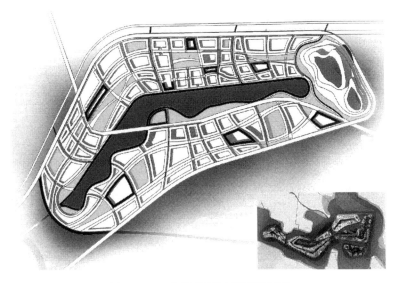

图 4-15　D 文教科研区规划平面图

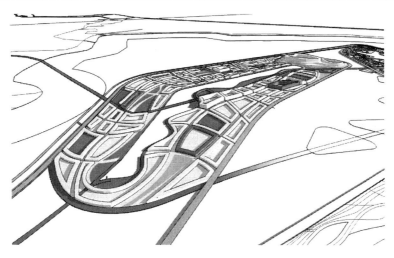

图 4-16　D 文教科研区轴测图

D 文教科研区经济技术指标　　　　　　　　　　　　　　表 4-7

用地面积（m²）	1932618
总建筑面积（m²）	1893965
容积率	0.98
建筑基底面积（m²）	657090
建筑密度（%）	34
总绿地面积（m²）	618437
绿化率（%）	32

E-1 体验式休闲园区面积为 900832m²，总建筑面积为 222761m²，经济技术指标如表 4-8 所示。主要面对大众旅游人群，其中还分为体验性漂浮农业区，主题乐园区，文化旅游区，湿地公园，由环形滨水景观带贯穿。

E-1 体验式休闲园区经济技术指标　　　　　　　　　　表 4-8

用地面积（m²）	900832
总建筑面积（m²）	315291
容积率	0.35
建筑基底面积（m²）	117108
建筑密度（%）	13
总绿地面积（m²）	468432
绿化率（%）	67

E-2 商贸会展区面积为 1856342m²，总建筑面积为 222761m²，经济技术指标如表 4-9 所示。主要面对商务活动和会议等（图 4-17、图 4-18）。

E-2 商贸会展区经济技术指标　　　　　　　　　　　　表 4-9

用地面积（m²）	1856342
总建筑面积（m²）	222761
容积率	0.12
建筑基底面积（m²）	74253

用地面积（m²）	1856342
建筑密度（%）	14
总绿地面积（m²）	1355129
绿化率（%）	51

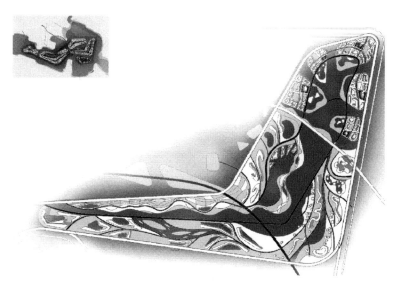

图 4-17　E-1、E-2 体验式休闲园区、商贸会展区规划平面

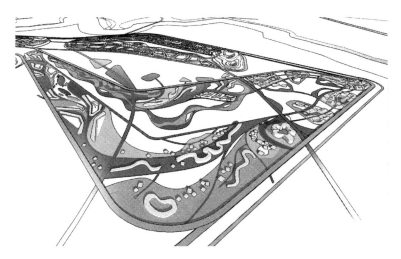

图 4-18　E-1、E-2 体验式休闲园区、商贸会展区轴测图

　　E-3 高端别墅度假区面积为 903739m²，总建筑面积为 153635m²，经济技术指标如表 4-10 所示。主要面对高端休闲度假人群，区域内密度小、舒适度高。中部水域为休闲垂钓区，兼作水生态修复中心。内部片区由贯穿其中的景观路划分为两部分，一部分为高端别墅，另一部分为公共设施及湿地景观（图 4-19～图 4-21）。

E-3 高端别墅度假区经济技术指标	表 4-10
用地面积（m²）	903739
总建筑面积（m²）	153635
容积率	0.17
建筑基底面积（m²）	72299
建筑密度（%）	9
总绿地面积（m²）	497056
绿化率（%）	55

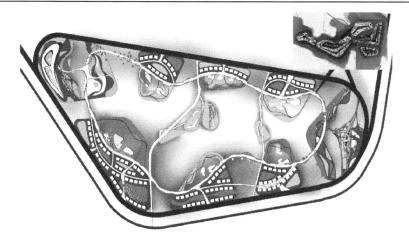

图 4-19　E-3 高端别墅度假区规划平面图

图 4-20　E-3 高端别墅度假区鸟瞰图

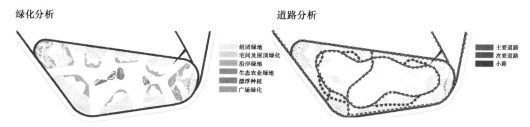

图 4-21　E-3 高端别墅度假区内部功能分析（一）

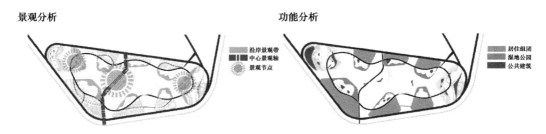

图 4-21　E-3 高端别墅度假区内部功能分析（二）

4.3.3　空间要素

（1）建筑形态

① 布局控制

城镇建筑布局采取低密度，安排大量漂浮绿地，让人融入水景之中。总体设计简洁，以流线梯田造型表现流动感和韵律感，与水环境相融合，树立区域标志性的独特风格。而且，曲面的自然形体比传统的矩形更加节省材料，有利于分散压力和荷载，使漂浮建筑更加坚固和稳定。建筑高度以低层为主，部分景观性构筑物可以适当拔高，整体划分为小于9m、9～18m、18～30m 三个等级（图 4-22）。在空间高度分配上，体量稍大的建筑布置在中心区域，低矮建筑布置在临水区域，构成中间高两边低、中间主两边次的天际线形态，组成富于变化的空间序列，起伏变化、疏密有致、均衡错落，且有助于保证重量平衡，增强漂浮的稳定性（图 4-23）。建筑与街道交接处设置灰空间，组成完整有序的步行体系，建立丰富的驻足停留场所和宜人的空间环境。相邻建筑的形式相互协调呼应，形成高低错落的室外开敞空间，兼具屋顶绿化和休闲娱乐等多种服务功能，使人们可以在日常生活之余小憩和欣赏景色（图 4-24）。

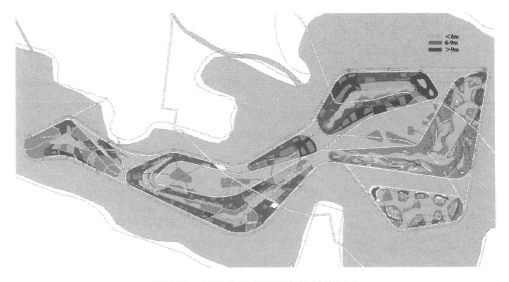

图 4-22　城内建筑高度形态控制分析图

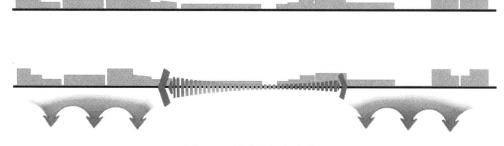

图 4-23　城内空间高度分配

图 4-24　城内高低空间穿插意向图

商务区的相邻商业和办公建筑之间由狭窄空间隔开，形成的灰空间作为基础设施和绿化空间。商业区重在体验和趣味。在核心商业区营造亲切尺度的街道供人们休闲购物，建筑最多不超过 6 层，最高不超过 20m。从商业区的主体建筑向外延伸，沿主要街道两侧布置特色商铺，形成商业步行街。沿街商铺主要以大面积的门窗和廊架来提供透明宽敞的开放购物空间。除部分大型商业建筑以外，均设计为具有地方特色的小型店面，包括工艺品、美食、服装等类型的体验式购物休闲商店。

② 单体设计

建筑分为水上层和水下层。水上首层大都设计成架空层，便于空气流通和消减荷载。利用水下漂浮基座形成的水下层可以作为特色水下观景房或者辅助用房等。设计上减少内部空间的复杂性，以降低建材用量。部分建筑采用开放性框架形式等。中心商业区的商业建筑内部采用大面积无分割商业空间，分割采用轻质隔板。建筑立面简洁，构件采用轻质材料，有选择性地适当采用大面积开门开洞及落地开窗方式，使花园天井和水景庭院获得充足的太阳光线，营造通透的视野和外部活动空间。

以绿色建筑标准作为漂浮建筑设计的衡量体系，通过使用可再生能源、绿色建材等方法实现节能减排，达到建筑的绿色、环保和生态。利用梯田形坡道，将多数 6 层以下建筑的入口安排在高处，使用者直接进入建筑的中间层，只需要上下两层楼梯就能方便到达，减少电梯使用，大大节省能耗。

　　建筑形式以轻盈通透为主，在表现特色个性化的同时，强调建筑之间的协调统一与有机对话。形态不一的波浪形螺旋盘绕于城镇之中，弧形曲面的预制面板层层叠叠地缠绕包裹着建筑，优雅流动的线条交织成网状结构，犹如潺潺流水，看似粼粼波光，塑造了自由荡漾的独特外观，充分体现了城镇浮于水上的特点，同时拥有自然气息，富有生命力和表现力（图4-25）。社区活动中心为E-3高端别墅度假区的标志性建筑，位于地块的边缘地带，也是其主要出入口处，采用地景式设计，室内外空间环境相透相融，与整体环境协调、和谐（图4-26～图4-30）。

图 4-25　城内建筑形式

1 共享大厅
2 接待室
3 会议室
4 办公室
5 办公室
6 办公室
7 咖啡厅
8 多功能厅
9 更衣室
10 健身房
11 球类运动
12 球类运动
13 球类运动
14 管理室

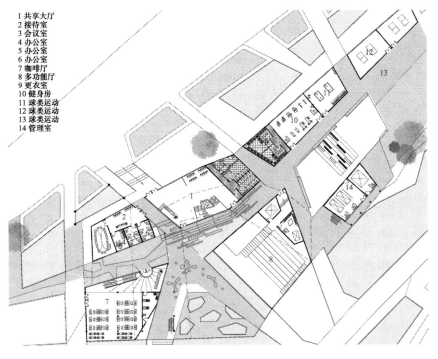

图 4-26　社区活动中心首层平面图

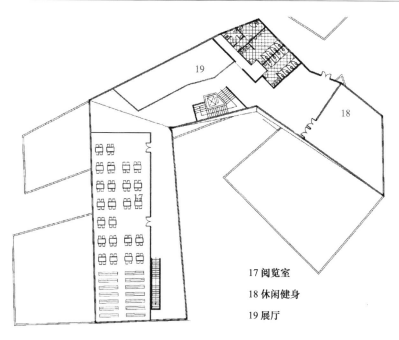

17 阅览室

18 休闲健身

19 展厅

图 4-27 社区活动中心二层平面图

8 多功能厅

15 休闲餐厅

16 贵宾休息室

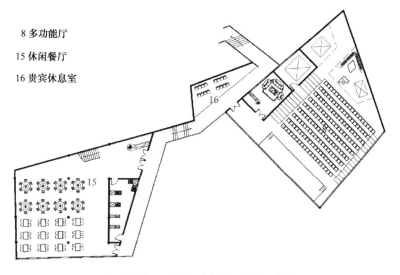

图 4-28 社区活动中心三层平面图

图 4-29 社区活动中心透视图

图 4-30 社区活动中心立面图

③ 组群形式

各组团四面环水，以开阔的水面为背景，注重组团片区、建筑与周边景观，尤其是水景的融合共生（图 4-31）。组群以自然的韵律消解建筑的体量感，整体建筑群延绵起伏，作为水环境的延续，在凝聚与流动之间彼此相连，成为大地景观的一部分（图 4-32）。

图 4-31 城内组团片区与水的融合

图 4-32 城内组群的流动连接

各组群具有统领地位的标志性建筑着重强化个性特色，周边的一般性建筑抽取相似性，统一整体。采用建筑曲线形式的划分产生若水涟漪的效果，解构为立体的多维度空间，形成"居住-商务-绿道-度假"的多重体系，将城镇休闲功能融入，一边是天然水域的美景，一边是专属私密的水庭院（图 4-33），可极大地丰富市民体验度。而且，以流态形式向周围延伸，利用地形起伏将人流从不同方向引入相应片区；连续坡道引导人们从室内到室外、从地面到空中的漫步，顺着景观环廊攀缘而上，在不同的高度观赏周围的自然水景，在建筑群的最高点将整个漂浮风光尽收眼底。同时，采用景观连廊形成建筑之间或建筑本身各部分之间的连接，形式采取与周边建筑近似却不雷同的统一处理手法，并注意处理建筑与道路之间的衔接，协调建筑与道路、水系的关系，保持街道空间界面的完整与连续（图 4-34）。

图 4-33　室内外水系连通意向图

图 4-34　城内建筑与道路、水系的关系

④ 物理分析

漂浮城镇中的建筑均为较低单元的多层建筑，以 3 层为主，尺度亲切，有助于与水上景观的融合，保证空间视野的开阔，有利于房屋的采光通风，节能环保。城内建筑大多以侧窗采光为主，通过天窗来均匀照明，最大限度地利用自然采光达到优质的照明效果。以创业园区的 3 层单体建筑为例，通过计算机模拟软件 Ecotect 对建筑内部的自然采光进行检测分析，数据表明：室内平均日光照度值为 1248.09lx，采光系数为 22.48%；中庭处

照度最高，达到 4653.12lx；窗口处照度沿进深方向下降，最深处仍能达到 253.47lx（图 4-35）。自然照明达到国家标准，且分布均衡，不仅节约了人工照明，还能够消除因其散热而增加的空调负荷。从图中建筑物理分析可以看出，低矮且参差错落的建筑布局有利于建筑的采光（图 4-36）。

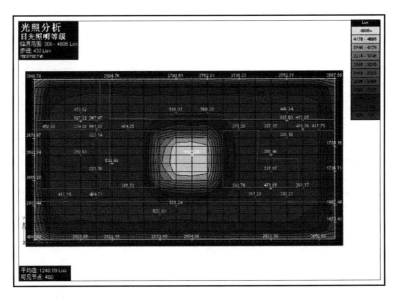

图 4-35　创业园区建筑室内日光照明分析

图 4-36　创业园区建筑组群物理采光分析

⑤ 居住类别

高档度假屋。现代化的高端漂浮别墅，借此发展相应的高端商业服务类型，如会所、高尔夫球场等，提高城镇魅力，大大推动经济发展（图 4-37）。

体验式旅游度假屋。针对大众旅游的互动型度假房屋。由漂浮种植和养殖形成特色景观要素和体验式旅游项目，让游客主动参与其中，形成对环境影响小、附加值高的旅游场所（图 4-38）。

生态复合住宅。采用复合节能技术，结合漂浮特色，组织建筑室内外空间中的各种物质因素达到循环生态，以设计通风好、采光优、密度低、绿化好的联排别墅和 3 层、6 层建筑为主。

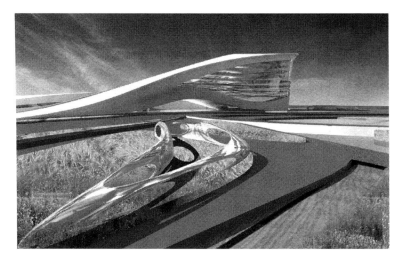

图 4-37 城内高档度假屋

图 4-38 城内体验式旅游度假屋

商住混合公寓。公寓一层为商业用途，为楼上住户提供第三产业的工作机会（图 4-39～图 4-42）。

员工宿舍。结合地块环境，设置美观、适用的经济住宅，用于解决创业园区从业人员的住宿问题。

（2）开放空间

漂浮城镇将开放空间系统作为绿色网络进行综合规划，组织向水路径和观水最大化，利用景观、绿道等保持水体功能和生态系统的连通性，连接开放空间，保持自然资源贯穿整个城镇，提供连续而开阔的公共活动场所，塑造高品质的生活环境（图 4-43）。主要分为三个层级：一是主干道与水或绿地连接所形成的区域；二是重点公共开放空间，包括生态公园和市民广场；三是邻里开放空间，由带状的连接各社区的邻里绿色走廊和社区公园组成。

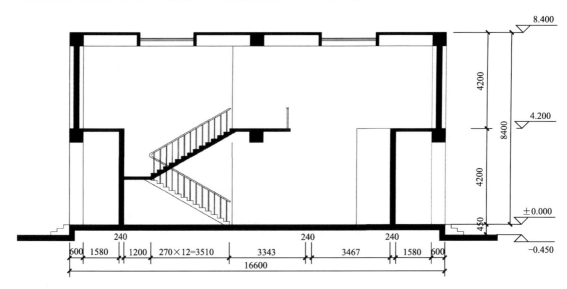

图 4-39 创业园建筑剖面图

图 4-40 创业园建筑 a 立面图

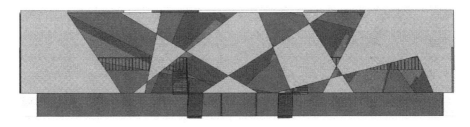

图 4-41 创业园建筑 b 立面图

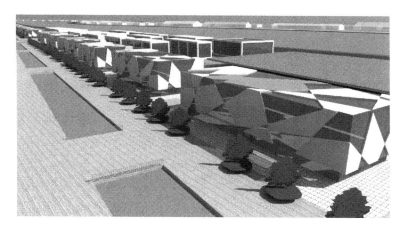

图 4-42 创业园区轴测图

图 4-43 城内的绿色开放空间

　　城内各部分通过开放空间而联系，交接自然，蜿蜒多变的流线型设计有利于减缓水速、调节水位、削减洪水、减小风阻。平面布局上尽可能多地制造优良景观朝向，主要景观面为周边水环境，将酒店客房、公寓及别墅布置为水景房，景观呈梯度布置，形成不同梯次的景观院落，使每栋建筑都有最佳的观景视线。空间力求室内与室外交渗、开阔与封闭交混，促使不同功能的立体空间复合和交叉渗透，激发人们的兴趣，吸引更多人在城内体验、交流、游玩（图 4-44）。

　　在广场等公共开敞空间的设计上遵循多样性、整体性、宜人性和生态性的原则，以渗透方式将水体景观优势扩大化，利用城内通廊延伸视线，使尽可能远的陆域也能享受到滨水景观，空间层次丰富，具有较强的参与性与互动性。引导和鼓励各种亲水性活动，保证人与水的充分接触，同时控制人工环境的规模，考虑尺度围合的环境设计，营造富有硬质和软质变化的边界曲线。在水边，利用层级坡道、大踏步台阶、

图 4-44 城内建筑及水景
空间的交叉渗透

137

架空亲水步行带、亲水挑台等与水面适当衔接，形成丰富的开放景观与空间感受；尽量多地设置柱廊以增加遮阳避雨的灰空间和方便水上交通工具的停靠；安排餐饮、销售等，让人更为方便地停留、休闲、观景。

（3）景观绿化

① 景观布局

漂浮城镇的总体绿地面积为 $4.64km^2$，绿化率约为 45%。城内绿地空间与水体充分结合，通过水面绿化，组建结构合理、布置均衡、水陆贯通的景观系统。由公园绿地、绿化景观、高尔夫绿地、生态湿地四部分组成的绿色保护屏障，成为基础设施建设的一部分，既能提高城镇生态系统的运行质量和更新能力，又可以作为生态景观吸引休闲度假，推动城镇特色旅游业的发展。此外，由于漂浮模块可以自由组合，独立灵活，城镇的景观建设也呈动态发展，各景观类型可随建设时序的推进逐步开展，景观规划也可根据不同的建设时段作出实时调整。

城镇总体景观规划方面，首先在城镇出入口设置漂浮绿带作为步行景观通道，栽种漂浮植物和农作物，装有可开启的天窗，供植物进行光合作用，联系外界的同时，充分利用空间，既可使城内自给自足，又可输送至城外销售；其次，在主要车行道、人行步道两侧，通过绿化达到美化效果，构筑绿化遮荫道路，打造宜人的景观系统。

各组团景观规划方面，组团之间依靠绿化浮桥相连，组团内部被分支道路、水体、绿化划分为若干部分，共同组合形成漂浮城镇内最主要也是最大的景观空间。根据各组团片区功能将水体和漂浮景观作为独特的构成要素，构成公共活动广场和休闲娱乐场所。首先，根据各片区之间的空间关系和功能景观特色，对区内特色区域、主要轴线、节点等空间景观要素，分析景观结构和视线景观，确定片区视廊，并与区块结构相吻合，设置中心景观轴，创造特色化的组团景观空间。

其次，在各个组团及片区中心区域形成多个景观集中的节点，串联形成景观轴，通过有序组织和梳理，联系其他水上景观，穿插、交融，结合场地规划，构成景观结构体系，与规划布局形态相辅相成，丰富空间形式，满足不同区域、不同层次的景观需求（图 4-45）。同时，在各个景观节点布置"漂浮雕塑"，使用轻质钢架、木架等撑起雕塑及内部的能量转换组件，既可以作为太阳能集热器又能够将浮力所产生的能量储存起来，产生一定的电量，还能测量出城镇能源消耗指标，当外界需要能量时，就通过电网发送出去，白天充分

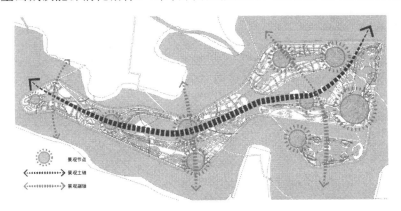

图 4-45 城内景观轴线及节点分析

吸收光能，夜晚点亮不同颜色的 LED 灯，并由内部的水轮机带动随音乐韵律而起伏变化的图案（图 4-46）。

图 4-46 城内能量收集景观雕塑

　　城镇绿化景观方面，由水平面上的漂浮植物和垂直面上的景观绿树组成。在城镇平面上，充分利用本地植物资源，广泛种植水生植物，增加区内绿量，营造有利于植物群体完整和谐的绿化环境。在城镇立面上，利用建筑立面的攀爬绿化和景观树塑造竖向景观空间的层次感与造型性，形成多层次立体景观效果（图 4-47）。景观树由轻质材料搭建骨架，再由攀缘植物、附生植物和藤蔓植物覆盖形成，白天收集太阳能量和雨水，成为遮阳避雨的景观连廊，夜晚用作照明和投射媒体（图 4-48）。

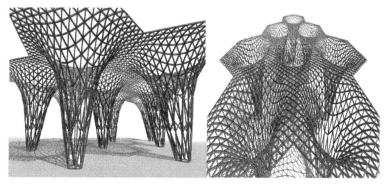 

图 4-47 城内特色景观树　　　　　　　　　图 4-48 城内的遮蔽
景观意向图

② 植物配置

　　在漂浮城镇的陆域沿岸规划绿化隔离带，可有效加固护坡、降低风速、减少风沙、降低噪声、吸附粉尘等，为城镇营造良好的外部环境。城内布置水生植物，融合景观性和生态性（图 4-49），降解和净化水体，抑制浮游藻类生长，保持营养平衡和生态平衡，使不同动植物同时繁衍生息，创造良好的生态环境，利于区域生态系统持续发展。

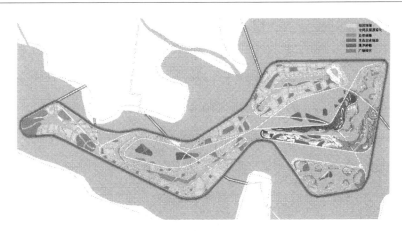

图 4-49 漂浮城镇的绿化系统分析

　　水生植物群落以本土植物为主，选择净化能力好、吸污能力强、抗病虫害能力和抗寒能力强的植物以及菱角、荸荠、莲藕等可食用植物，兼顾美观和经济。根据水深、水系的特点差异和植物群落的适应性，营造不同的植物景观，呈空间梯度分布，从深到浅，按照生物浮岛、飘浮植物、沉水植物、浮叶植物、挺水植物、湿生植物的不同特点进行科学的景观植物配置和布局（表 4-11）。

漂浮城镇的景观植物配置 表 4-11

配置类别	生态浮岛	飘浮植物	沉水植物	浮叶植物	挺水植物	湿生植物
植物名称	美人蕉、旱伞草、香根草、鸢尾、香蒲、黑麦草等	凤眼莲、水浮莲、槐叶萍、满江红等	金鱼藻、茨藻、眼子菜、狐尾藻等	菱角、凤眼莲、睡莲、图芡、浮萍等	水芹、水葱、荷花、芦苇、香蒲等	垂柳、圆柏、水莎草、灯芯草、白茅以及灌木、乔木等
作用及特点	吸收水体中的氮、磷等物质，净化水质，便于移动	吸附水体中的氮、磷、重金属和过剩营养	吸附水体中过剩营养物质及重金属	吸附水体中的过剩营养物质和氮、磷	吸附水体中的氮、磷、重金属和过剩营养	加固护坡、降风速、减风沙、降噪声、除废气

　　生物浮岛。利用生态浮岛技术把人工培育的陆生植物移栽到水面浮岛上，以竹子或泡沫塑料板为床体，选用美人蕉、旱伞草、香根草、鸢尾、香蒲、黑麦草等植物，根系吸收水体中的氮、磷等物质，利于生长且净化水质，可移动运行，经济效益良好。

　　飘浮植物。栽种凤眼莲、水浮莲、槐叶萍、满江红等。

　　沉水植物。栽种金鱼藻、茨藻、眼子菜等。

　　浮叶植物。栽种睡莲、图芡、浮萍等。

　　挺水植物。栽种单子叶植物，禾本科和莎草科及宿根性多年生草本植物，如莎草科的水葱、睡莲科的荷花、禾本科的芦苇等。

　　湿生植物。栽种垂柳、圆柏等木本植物，草本科的水莎草、竹节灯芯草，禾本科的白茅以及灌木、乔木等。

（4）城镇色彩

漂浮城镇总体基调以淡雅色调为主，与城镇生态风格相协调。主要建筑色彩为黄色、绿色、蓝色和灰色，不同组团片区在此基础上进行不同配比，体现相应特色（图 4-50）。文化展览建筑不控制具体颜色，但以复合灰为主。外饰面以自然色彩为主体，不宜大面积使用明亮耀眼或沉闷的颜色。玻璃和金属的颜色，总体上宜选用柔和中性的色调。如需将建筑的门窗、入口、重要节点等突出表现，可以在一定程度上适当调整明度和纯度，运用补色对比（图 4-51）。

图 4-50 漂浮城镇色彩的基本配色

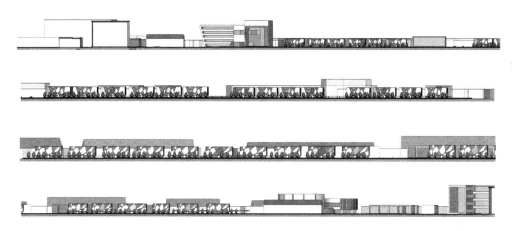

图 4-51 城内创业园区沿街立面

（5）公共配套设施

在漂浮城镇配备先进、智能的公共设施，为城镇提供行政办公、康体娱乐、医疗卫生、文化展览、教育科研等诸多功能。主要布置于人员交通枢纽以及漂浮城镇的各组团核心结构之中，在相对较近的位置安排活动中心及运动场所，满足市民休闲娱乐的要求，并建立新型社区服务体系。

城内规划完善的交通、通信、管线等基础设施，在各个组团功能区及片区建设配套设施，生活服务设施如水、电、暖、通信、商业服务等，满足居住人群及周边旅游人群的各种使用需求。创业园区设置相关公共配套设施，满足园区产业基地的正常运行。生态住区内设置全面的生活公共设施，为新型漂浮社区提供日常服务。行政中心则设置集中配套设施，保障城镇行政办公和公共活动的开展。文教科研区设置部分公共配套设施，满足文化、教育和科研工作的需要。体验式休闲区配备基本公共配置资源，设置水上特色农家乐等提供餐饮、接待等功能。商贸会展区在水下层及景观水域配置公共服务设施，满足商务人员的基本需求。高端别墅度假区配置相对完善的公共配套设施，包括会所、商务会议、商店、餐饮、娱乐健身、休闲 SPA 以及游泳池、网球场、高尔夫球场等室外活动设施。

4.4 本章小结

本章对漂浮城镇进行了整体规划和设计，并通过三维数字化模拟技术建立了城镇的基本形态和空间结构体系。

（1）通过对城镇发展战略和建设原则的研究，确立"分期规划、先易后难"的建设思路。按照布局组团化、功能复合化、建设集约化、产业高端化、环境"田园"化的原则，确立超前、现代的水上生态城镇建设模式。同时，辐射沿岸及周边地区：在隔水岸边发展环湖农渔村落及相关产业园区，形成"新型有机群落"，服务于城镇，协同共促，构成系统的生产生活模式和建设运营模式；与外围城市形成"特色发展圈"，以集旅游度假、商贸物流、交通枢纽等功能于一体的生态漂浮城镇为中心，综合带动区域的可持续协调发展。

（2）城镇规划布局方面，建立漂浮城镇的规划布局和形态模型，确立城镇规划模式：城镇开发强度以中低密度为主，容积率控制在 0.1～1 之间；城镇形态和空间结构以水道为结构骨架；建筑高度以低层为主，部分景观性构筑物可适当拔高，分为小于 9m、9～18m、18～30m 三个等级。

同时，在各个组团功能片区配备先进、智能的公共设施，规划完善的交通、通信、管线等基础设施，建立新型社区服务体系，共同为城镇提供行政办公、康体娱乐、医疗卫生、文化展览、教育科研等诸多功能。

注释

[1] 许雅捷，吴小根. 资源型城市旅游形象提升策略研究 [J]. 江西农业学报，2011，23（9）：179-182.

5 漂浮城镇的市政工程规划

基于前面章节所确立的城镇建造方式及空间布局特征，本章从道路系统、水系统、能源动力系统、工程管线系统、环境卫生系统、电力系统、供热系统、通信系统和安全与防灾系统等方面，对漂浮城镇的市政工程进行系统规划，辅助贯通水系、引淮入湖、驳岸护坡等工程打造良好的城镇环境，合理配置相关运营及管理体系，建设功能齐全、科学高效的绿色智能化基础设施，保障城镇的高效运行，达到城镇建设与自然环境的有机结合。

5.1 道路系统

依托漂浮城镇的水域环境，根据城镇用地布局和发展形态，以快捷通达、绿色环保为原则，科学规划城镇的水系道路，发展智能交通，建设低碳街道，提高城镇交通运输的综合承载能力。以轻型电动汽车、自行车等绿色交通构成"轻交通"，用于日常出行；以水上船只构成"重交通"，用于货运输送。通过交通形式的流畅切换，协调和整合各种交通资源，发展综合交通模式，形成完整有序的水上交通系统。

5.1.1 道路网络划分

（1）道路铺设

道路铺设方面，由漂浮基座的拼接平面形成城镇路面，在必要的主干道增加外包钢板，提高承载力。同时，设置路面内部排水系统，将水分迅速排除到路面和路基结构外，引入道路两侧的排水设施，并与城内的排水和中水管网相连接，使道路具备良好的排水性，保证在水面环境下的正常使用。

（2）对外交通

漂浮城镇通过水面浮桥与两侧陆域的 224、308 省道及 023、024 县道连接贯通，并设置靠泊接驳点，加强与周围村落及地区的紧密联系，确保城镇对外交通的顺畅接续和四通八达。对外交通主要由穿越城内的县道、贯穿组团的城镇环路以及联系城镇中心的水上航线组成，以串连形式与城内的主要干道相连，保障每个功能组团都有直接对外的出入口，方便快捷（图 5-1）。

（3）对内交通

水是漂浮城镇空间结构联系的纽带。城内的交通系统即由线性的道路网络和节点的水体空间两大体系组成，纵横交错的多模式叠加形成城镇交通连接的有机系统。道路网络包括组团之间及其与陆域联系的跨接道路、组团内部的片区道路和邻里之间的地块道路。路网衔接考虑车行、人行、管线辐射及绿化效果的不同需求，与场地有机契合。不同尺度、

图 5-1　漂浮城镇的外部道路系统分析

不同形态的道路网络与水体空间构成丰富多样、特色鲜明的城镇活动空间和景观环境。通过多种交通方式的协同合作，合理组织和分配城内的道路、用地、水系和空间资源，完善道路系统级配（表 5-1）。

城内道路功能特征和技术标准　　　　　　　　　　　　　　　　　　表 5-1

道路等级	基本功能		地位和作用			主要特征	
	服务对象	功能性质	路网地位	布线位置	对城镇结构的作用	交通流特征	规划设计标准
一级环城主路	各组团（或主要对外出入口）之间的快速客、货运交通，长距离出行为主，电动汽车、船舶为主	以交通功能为主、服务为辅	构成路网主干，承担对外交通联系以及组团间的交通联系	覆盖全城，但尽量避免进入中心区	连接各组团和重点发展片区，对两侧用地有较强的分隔作用	大流量、连续、快速，混合交通	路网密度为0.8～1.2km/km²，速度为60km/h，机动车道6条，红线宽度为30m
二级组团道路	组团内中长距离出行，不限车种	以交通功能为主、服务为辅	构成组团内路网的基本形态，为组团内出行提供交通服务	覆盖组团，连接中心片区和周围片区	连接各组团中心，对两侧用地有一定的分隔作用	中流量、连续、中速，混合交通	路网密度为1.2～1.4km/km²，速度为40km/h，机动车道4～6条，红线宽度为20m
三级片区干道	片区之间的中短距离出行，住区、商业区等的出入通道，汇集和疏散各类交通，不限车种	交通、服务并重	组团路网的补充部分	覆盖片区，连接中心区域和主要生活及公共区域，连接干道与支路	连接各片区中心，与两侧用地有较密切的联系	中流量、连续、中速，混合交通	路网密度为3～4km/km²，速度为30km/h，机动车道2～4条，红线宽度为10m
四级街区支路	街区内短距离出行，慢行交通网络，自行车流和人流	以服务及休闲功能为主	片区道路的辅助填充部分	覆盖街区地块	连接各住区、街道，与两侧用地密不可分	小流量、连续、低速	宽度为2～7m

考虑到各组团功能、自然地形、安全便利等因素，城内道路系统划分为一级环城主路、二级组团道路、三级片区道路和四级街区支路（图 5-2）。一级环城主路是围绕在各大组团外围的城镇主干道，用于城镇的对外及环岛交通，可以快速通达各个组团，由车行道路、自行车道和人行道路组成，红线宽度为30m，主要交通流为车流（图 5-3）。二级组团道路是将各组团划分为若干片区的组团内部道路，多呈环状，便于各个功能组团相互联系

和确保组团内部通达，由车行道路、自行车道和人行道路组成，红线宽度为 20m，其中车行道 8m，两侧人行道结合景观带各 6m，主要交通流为部分车流和部分人流（图 5-4）。三级片区干道为片区内的主要通道，由车行道路、自行车道和人行道组成，红线宽度为 10m，其中车行道 4m，两侧人行道及景观带各 3m，主要交通流为部分车流和部分人流（图 5-5）。四级街区支路为街区短距通达支路，由慢行交通体系组成，宅前路及景观散步道 2～7m，主要交通流为自行车流和人流。整体道路功能分工明确，道路等级层次清晰，以保障城镇交通系统高效率、高质量的良性运转（图 5-6）。

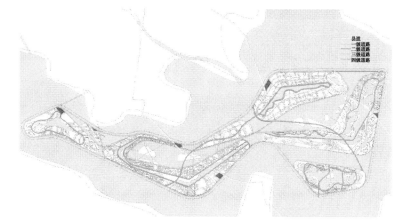

图 5-2　漂浮城镇的内部道路系统分析图

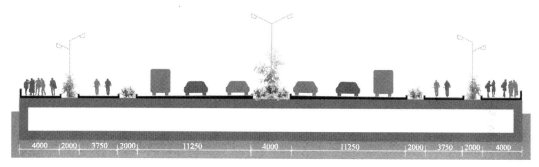

图 5-3　一级主干道剖面示意图

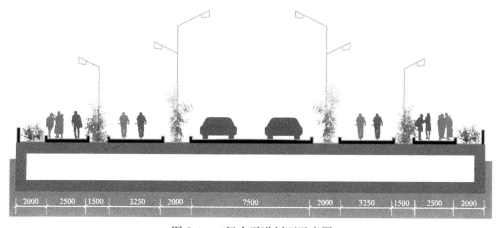

图 5-4　二级次干道剖面示意图

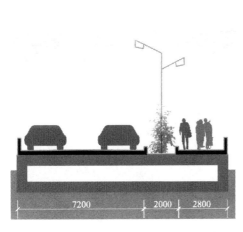

图 5-5　三级主干道剖面示意图

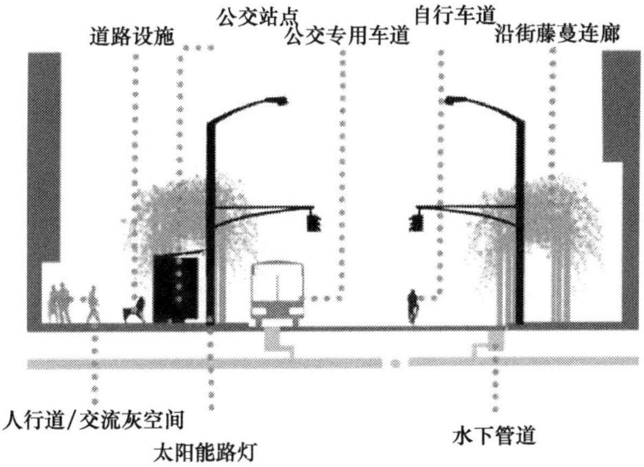

图 5-6　城内街道剖面图

另外，考虑到视觉角度问题，部分衔接道路的设计采用高低起伏的流线形式，由起点延伸至最高点的高度约为 1~3m，产生层次高差，在整体空间视觉上形成小角度的仰视与俯视效果，给人以视觉缓冲，丰富城镇的空间层次，营造一步一景、步移景异的景观特效（图 5-7）。

图 5-7　城内的主体空间层次

5.1.2　综合交通规划

（1）梳理道路层次

漂浮城镇的道路交通主要由清洁能源车辆、慢行非机动车和步行三种交通体系构成。以交通功能为主导，明确各级道路所承担的交通功能，不同等级的路网采用不同的规划模式，形成层次分明、功能清晰、交通分流的路网结构，实现通畅性和可达性的统一，引导城内交通的有序进行及可持续发展。对于城镇总体交通，由原有县道作为主要出入口路径，外来车辆在进入城镇前需换乘清洁能源车辆，以保证城内的优质环境。对于组团交通，各组团之间通过水上航行和环岛干道组织交通，方便居民出行和游客观光；组团内部利用道路的交互联系与主要道路相连接，快捷到达各个片区；片区内部将特色水上步道打造成休闲景观廊道（图5-8），两旁绿带放宽形成林荫绿道，保证自行车和步行交通的畅通。

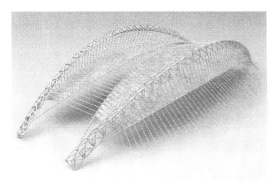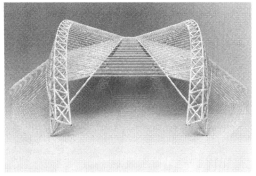

图5-8 城内的休闲景观廊道

（2）分流快慢体系

路网规划采取"快慢分流"：对外交通及组团之间的较长距离交通体现"快"，便于与陆域及组团之间的快速联系；组团内部交通体现"慢"，控制组团内部的机动化成长。交通规划设计采用人车分流、环状交叉模式，除环行道路外，局部功能地块内安排人车混行道路和步行道路；各建筑及片区主要出入口均与地块外部道路相连；各机动车出入口的设置既保证通行顺畅，又满足退让红线、疏散、消防等技术性要求。在方便日常使用的同时，确保整体环境的安静和谐，达到"机非分离、人车分离、动静分离"，借助高效灵活的交通组织方式，平衡协调各种交通方式，最大限度地保障城镇交通的高效率运转。

（3）整合智能交通

采用先进的智能控制技术对城内交通运输系统进行有效整合，依靠交通需求管理（TMD）和交通系统管理（TSM）进行城镇交通管理规划，解决交通组织、车辆管理、空间分配、管理设施、管理科技化水平等一系列问题。通过交通需求管理，引导城镇交通结构，削减不必要和效率低的交通需求，从而减少道路交通流量，提高整体出行效率。通过交通系统管理，对交通流进行管制及合理分配，均衡道路网络的交通流分布，创造安全和谐的交通环境，促进和提高交通系统的效率和容量[1]。以科学的交通组织和需求管理技术为手段，完善交通管理设施，协调人、车、路的关系，确保交通系统的安全、有效和便捷，实现面向公众、快速广泛的道路功能。

5.1.3 绿色交通体系

遵循生态化、人性化策略，在漂浮城镇内建立"慢行交通-公共交通"一体化的绿色交通体系，同步进行、互相优化，形成高效、节能、环保的绿色交通路网系统（表5-2）：根据不同区域（如商业区、住宅区及各区联系道路）对步行、自行车、停留空间及停车等功能需求的不同，进行交通多元化设计，建立短距离出行首选步行和自行车、中长距离出行首选自行车接驳公交的交通出行模式，达到出行舒适、方便快捷；通过各种交通方式的"零换乘"，形成功能吻合的道路网络，鼓励骑车或步行出行，降低能耗，节省资源，净化城镇空气；推行电动、混合动力的新能源环保型车辆，动力能源采用清洁能源如太阳能、生物能、电能等，形成绿色交通的良性运行，提高出行效率，保护交通环境；结合水景公共空间，构成独特的绿道网络，提高城镇生活品质，增强居民和旅游者休闲出行的意愿，促进人与人以及人与水体、自然之间的和谐交流，保障绿色交通体系的实施。

城内绿色交通体系的构成及特点 表 5-2

慢行交通系统		公共交通系统	
步行	自行车	常规公交	快速公交
短距离出行，公共空间的完整人性化步行联系网络	中短距离出行，公共交通接驳的辅助性工具，便捷的自行车道路网络	定线运营的公共汽车、渡船等，线路灵活，密度高，运量大	BRT 公共交通车辆，ITS 智能交通系统设施，快捷、准时、舒适

（1）慢行交通规划

城内建立以步行和自行车交通方式为导向的慢行交通系统，结合不同等级的道路设计不同级别的慢行交通，在道路红线范围内提高慢行交通所占的比例，设置慢行交通过街设施节点，连接城镇道路慢行系统、街区慢行系统和休闲慢行绿道，实现慢行系统的连续出行。交通设施规划以平面慢行过街形式为主，对于功能等级不同的道路，采用不同的设施及布局间距来解决步行和自行车过街问题。另外，将社区、公交站点等出行量大的区域与便捷的慢行系统连通，形成中、长距离出行与公共交通接驳的交通纽带，以便人们优先选用步行和自行车进行中短距离出行，并提供良好的配套设施，活化邻近商业活动。

① 规划完整的步行交通

由城镇道路的人行道、小区步行专用道、水上步道等步行子系统构成步行交通网络。在各居住区等人流聚集区域结合整体设计灵活布置步行道路网，通达各组团片区的放射道路，使组团内部的步行道路网相互连接，并结合绿化带、分支路径，形成与自行车、公共交通系统紧密结合的步行交通系统。

在城镇的主干道、次干道、支路中，使用路缘石或绿化带分隔专供行人通行部分，宽度大于 2.0m；在各组团内，把中心步行区作为步行系统的核心与起点，对邻近步行区的道路推行 30km 限速的交通安宁区，作为向纯步行区的过渡，形成人性化、生态化的区域步行网络系统；在各片区内，设置宽 4.0m 的步行专用道和水上步道，建立安全的步行社区及住区道路交通网络，实现居民出行的通达性和便捷性，构建以步行交通为主的邻里交通环境。

② 设立便捷的骑行交通

结合重要的放射性道路、绿地系统，设置自行车道线路，完善自行车专用网络，构建体系完整的自行车交通系统，由街区自行车专用道、自行车休闲道等子系统组成。将自行车作为绿色交通体系的中间力量，建立自行车交通网络，确保自行车道路网的可达性，实施与步行者和汽车分离的独立自行车道路规划。作为公共交通接驳的辅助性工具，最大限度地促进各种交通资源的合理利用，满足居民及旅游者多层次的中短距离出行及不同出行目的的交通需求，提供便捷的绿色出行方式，提高城镇交通系统的高效运行。

设置机非分离，使用不同颜色的铺装材料区分自行车专用道，将重要的慢行节点串联起来，网格间距为2～4km，在道路横断面中予以足够的空间。设立街区自行车专用道，与步行道共板或同板，服务于短途骑行，又可向城镇道路输送中长途自行车客流。设立自行车休闲道，在车流量较低、风景优美的支路，沿水系或绿道布局，连通公共区域和社区，便于休闲和游览，并依据人流集散情况，在各组团出入口、公交枢纽站设置自行车水下停车舱，方便自行车的统一管理和便利使用。

此外，在城镇居住区、商业中心、交通枢纽、旅游景点、绿道服务驿站、公共活动场地、流动服务站等客流集聚地建立城镇公共自行车系统，进行公共自行车租赁网点布局和公共自行车运营规划，随时为不同人群提供公共自行车，方便出行。

③ 整合步行与骑行交通

借助水系进行绿道系统的建设，形成贯穿慢行交通体系的空间纽带，通过城镇绿道和社区绿道整合步行与骑行交通，将步行和自行车道路网络协同发展，创建适合步行与骑行的环境，提升城镇的生态性与吸引力。一方面，建立适宜慢行的交通连廊系统，通向各个建筑单体、公交站点以及其他公共设施，建立步行与骑行区域，提供完整的交通系统，即使在雨天，仍然可以在连廊内通行。由轻质构架和玻璃构成的太阳能连廊，在晴天成为遮阳通道和能源收集设施，也方便人们驻留赏景（图5-9）。另一方面，通过人车分流使骑行、人行互不干扰，保证交通顺畅：步行系统集中于街区内部，居民可从社区步行至站点，结合交通连廊通往各个出入口，避免与骑行系统交叉，形成安静的社区环境；骑行系统主要由围绕街区外部的环路、水下停车舱和公交站点组成，将环路自行车道与社区主入口相连接，同时在环路上设有公交站点，方便换乘。

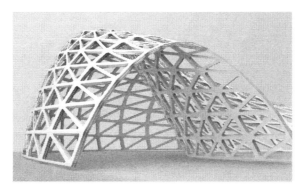

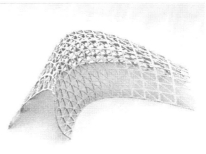

图 5-9　城内交通连廊

（2）公共交通规划

以公共交通提高城镇交通资源利用效率，遵循布局一体化、换乘高效化、用地协调化、功能多元化的原则，发挥公共交通运量大、价格低廉的优势，建设以太阳能等清洁能源为驱动运行的公共交通体系，形成高效率、低能耗、低成本的公共交通网络。结合城镇空间布局，区分骨架线网、干线网络、支线网络，进行人性化公交线路规划：组团内部线路以环形结构为主，结合内部和外部交通流向，实现与对外公共交通网络的接驳以及与自行车和步行体系的衔接，并将公共交通站点向居住区、商业区等集聚功能区延伸，安排公交换乘枢纽和公交接驳站，打造便捷换乘枢纽，保证城镇交通的安全顺畅、高效便利，吸引人们选择公共交通方式出行。

① 大众公交系统

采取定线运营的公共汽车、渡船等交通方式，优先完善公交设施，发挥公交线路运量大、占道少、密度高的优势，提高线网密度和站点覆盖率。在道路通行权方面，设置公交专用道，保障公交车的优先行驶权。在公交服务方面，提高运营质量和效率，为人们提供安全可靠、方便周到、经济舒适的公共交通服务。

② 微型客运系统

利用现代化公交技术配合智能交通的运营和管理，开设快速公交专用道路和建造新式公交车站，设置畅通的微型客运系统。依靠 BRT 公共交通车辆和高品质的服务设施，通过专用道路空间实现快捷、准时、舒适和安全的服务[2]。以 ITS 智能交通系统设施支持微型客运系统，包括交通信号、乘客信息、收费一体、运营通信和系统控制中心等，让居民及游客舒适方便地往来于城镇的各个场所。

5.1.4 主要交通设施

除水上交通外，城镇各个组团可以通过漂浮道路直接相连，也可以选择轻质折叠吊桥连接，需要时通过吊桥连接形成通行道路，收起吊桥则可以保持组团各自的独立性。遵循人性化设计，布置贯穿城内道路的自行车、电动车、磁悬浮车及随处可见的换乘站，提供多时间、多地点的自由行；设置渡船、快艇、气垫船等水上交通及泊位点，让人们可以随处享受水上通行的便利和别样的游湖趣味。在城镇多处乘车点和停泊点设置蓄电站，便于电动车、渡船等交通工具充电。同时，安排多种交通设施为居民及游客出行服务，提供丰富的体验选择：

人行漂浮平台。设置人行漫步漂浮平台与城镇的景观系统、功能分区相结合，将各个功能区域与景观节点联系起来，贯穿各个片区，构成有机整体，使人行范围扩展到有需要的地块，让人们能够在不同的位置感受不同的景观，置身水上、徘徊其中。

道路路面设施。设置太阳能路面：在道路上铺设太阳能面板的钢化玻璃，太阳辐射能源透过钢化玻璃被置于内部的太阳能面板所吸收，并转换为城镇生活所需能源，而且透明玻璃还能增强置身水上的感觉，形成独特的"水上漂"景观。设置渗透路面：通过多孔隙的街道路面及时将雨水、污水等排入相应的处理管道及沉陷湖中。

机动车道。设置机动车行驶专用道，满足城内清洁能源车的安全通行，包括出租车、私家车、救护车及消防车等电动车以及利用矿物磁力漂浮前进的磁悬浮自动驾驶车辆。

自行车专用通道。在有条件的路段，规划自行车专用通道，特别是在居民区等人群集聚区域。在绿道周围也开辟自行车道，增添休闲和游玩乐趣。

水下智能停车舱。利用水下空间，设置水下停车舱集中存放车辆。分设公共停车场和配建停车场。布置在城镇出入口换乘枢纽附近，方便更换城内交通；城内停车场则安排在公建及居住区附近。通过智能系统控制，刷卡感应便可快速停取车辆，形成智能先进的停车系统，保证城镇静态交通的健康有序（图5-10）。

图 5-10 水下智能停车舱意向图

5.2 水系统

5.2.1 建设原则

漂浮城镇的水系统与城内特有的水系结构布局和水域环境相结合，因地制宜，发挥水资源优势，以自生、再生、循环为原则，按组团片区将集中式与分散式、小循环与大循环相结合，整合给水排水、中水、雨水等环节，从人工处理到自然净化，分质分类、多层分级，最大程度地优化、利用水资源。采用生态工程高新技术，在源头控制、工程措施和生态修复的协调作用下，建立现代化智能给水排水和污水处理体系，达到水资源供给量与需求量平衡以及利用量与补充量平衡，实现在人工环境与自然条件下水的良性循环和可持续利用，增强城内水文调节能力，预防洪涝等灾害，发挥水体自净、吸尘、降噪、调节小气候的功能，建设集生活生产、休闲景观、水体净化于一体的水生态循环系统。

此外，由于漂浮城镇的组合扩建具备高度的灵活性，其水系统规划也顺应阶段性发展特征，在资源利用与环境承载能力的基础上适度超前，按照各单元模块以及阶段任务的需要，合理安排、循序渐进地分期规划，具有弹性和适应性，满足城镇未来发展要求。

5.2.2 水系统组成

漂浮城镇的水系统由与水相关的各部分构成的水物质流、水设施和水活动共同组成，包括给水系统、排水系统、中水系统、雨水系统和生态净化系统，综合利用各种水资源，完成城内的水源供给和用水排水（图5-11）。实行分质供水，饮用水源来自雨水，处理后可以直接生饮；非饮用水源来自系统内废水循环，处理后满足日常使用要求。整个系统为物质流循环，产生物在系统内循环重复利用，不污染沉陷湖体（图5-12）。

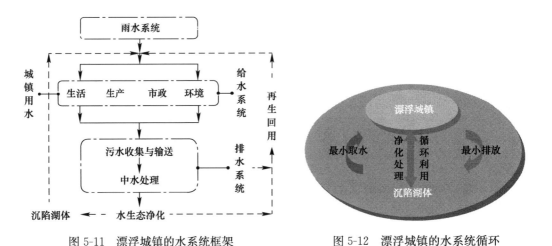

图 5-11　漂浮城镇的水系统框架　　　　图 5-12　漂浮城镇的水系统循环

（1）给水系统

① 系统组成

给水系统主要由给水泵站及管网组成，各组团分区设有清水舱和清水输送泵，经管系供应清水。按用水需要量，确定近期、远期的所需水量及可供水量以及用水总需要量与总供水量，达到城镇需水量与供水量平衡。根据城镇各组团空间分布特点和用水需求，选用经济、合理的给水形式。为满足居民生活、生产用水，保障城镇所需的水量、水压、水质，城内供水网络由取水工程、净水工程、输水工程和配水工程组成联系城镇的公共水网。

取水工程。城镇水源主要包括三部分：陆域、雨水和沉陷湖水。一方面，通过管网运输与陆域联系获取供水；另一方面，就地收集雨水和选用湖水，通过泵站和取水管道输送至各组团水厂，包括取水点、一级泵站等。

净水工程。包括各种水处理构筑物及设备，将处理后的水输送至二级泵站等。充分利用沉陷湖水，按照不同水深布置好氧塘或厌氧塘，串联与并联相结合，并种植水生植物形成湿地生物塘，通过植物根系对氧的传递释放，使周围环境依次出现好氧、缺氧、厌氧状态，经过滤、吸附、沉淀、离子交换、植物吸收和微生物分解完成水的生态净化。

输水工程。依靠输水工程从水源泵站把一定水量的原水输送到净水厂或配水厂，从水厂到城镇管网或直接送水至用户管道，包括各种管、渠，各项附属构筑物以及中途加压泵站等。

配水工程。设置两套配水系统，一套输送饮用水和家庭用水，另一套输送中水回用水，用于环卫清洗、景观绿化等用水标准较低的地方。城内污水经过污水处理厂再生处理，达到回用水水质标准后，经回用水配水管道系统送至用水点。

② 供水方式

城内供水采取分质供水方式。与人体直接接触的用水，如饮用、沐浴、洗涤等生活用水，采用高质水系统，主要由雨水及水泵抽取沉陷湖水为水源，采用单管，主干管沿组团分区环形布置。不与人体直接接触的用水，如生产、消防、环卫等市政用水，采用杂用水系统，以城镇中水、雨水、湖水为水源，布置杂用水管网实施分压供水，主干管呈支状，相对独立呈环形布置。生活饮用水的水质达到现行《生活饮用水卫生标准》，杂用水的水质按现行《城市污水再生利用城市杂用水水质》中对水质要求最严格的车辆冲洗水质标准执行。

根据组团分布情况分区分压供水，划分成串联和并联分区，充分利用市政给水管网的水压，加压后向用户供水，主要采取无负压供水措施即水源-水泵-用户的管网叠压方式，既满足总区和分区的用水，又最大程度地节约输配水能量损失，节约供水能量，促进节能降耗，降低供水成本，无一次污染，保证供水的水质和安全性[200]。

小区供水系统引入供水管，使用增压泵站加压供水，加压后的供水扬程保证分区用水。单体建筑则根据其分布区域采用分区供水系统，在片区建有给水加压泵站，以水泵-水箱联合供水和变频调速供水为主，结合建筑竖向标高、建筑功能、用水量大小等综合考虑，采取分散设计。6层及以下楼层采用市政管网直接供水，6层以上采用无负压变频供水设备供水，环保性更好、能源消耗更少。

（2）排水系统

根据城镇水上布局的特点、排水系统的使用要求及经济技术等因素，漂浮城镇的排水系统按照不同组团分区布置，进行分期建设，提高可操作性。近期由生活污水处理站就近处理，远期纳入市政污水管网，由污水处理厂处理，并考虑远期发展扩建的可能，更好地节省初期投资，更快地发挥建设作用，建设经济、生态的排水系统。

① 系统组成

城内排水系统由排水管网系统和污水处理系统两个子系统组成，包含收集、输送、处理和排放污水的一系列基础设施。

排水管网系统。根据各片区布局和排水特征，贯穿布网，系统地收集和输送城内生活生产的污水，从产生处输送至污水厂或出水口，建立排水管道、户内下水管道、排水泵站和污水处理厂等一整套工程设施，组成相应的排泄和净化系统。

污水处理系统。采取分流制将污水按照不同来源分别收集和处置，建立独立的生活污水系统、生产废水系统，包括处理和利用污水系列工程以及污水处理构筑物等。

② 基本措施

采取分区排水系统，将污水处理设施集中设在各片区中心绿地下面的漂浮基座内，利用绿色植物的天然除臭功能降低臭气浓度，避免传统处理系统的环境问题，曝气设备采用潜水提升泵和潜水曝气机，避免噪声及污染。同时，采取雨污分流排水体制，在漂浮路面下设置U形槽钢板排水沟，将雨水、污水收集至水下漂浮基座内的集水池、沉淀池等污水处理装置，经处理后加以回用或排放至沉陷湖（图5-13），节省水资源的同时避免对湖体造成污染，满足环境保护和生态的要求。把雨水资源的蓄积利用、生活污水的循环使用、污水的自然处理作为可持续排水系统规划的主要措施，实现雨水、污水的资源化利用，使水资源和营养物质形成循环。

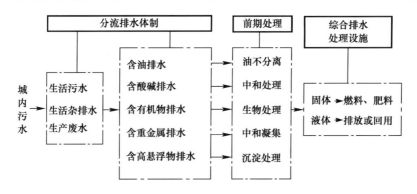

图 5-13　城内排水系统流程图

对于生活污水，从厨房和厕所排出的污水同有机物质进入有机垃圾中转站，通过干燥或脱水等方式使其固液分离，设置污水分离装置，将液体排入市政污水处理管网进行污水处理，并配备报警器和界面控测仪，对污水进行监测、分离和处理。以沼气池代替传统的化粪池，将粪便转化为沼气供居民作为厨房燃料，残渣用于农业肥料。沼气池溢出的水再和生活杂排水管的污水一起排入人工湿地系统进行深度净化，净化后循环利用，形成经济运行的生态排水系统。

对于生活杂排水，则进入中水处理系统，处理达标后供绿化景观、冲洗洁净等用水，并将溢流量用于沉陷湖水补给。

对于生产废水，根据废水中所含污染物性质不同，采用物理、化学或生物等处理方法，将污水中的污染物进行不同层次的去除，满足不同需求的用水要求。

③ 设施设备

针对水上漂浮的特点，漂浮城镇的水处理采取适合环境的设施设备：

水陆联输设备。一方面，就近向岸边架设相应距离的浮桥，内设输水管道。另一方面，定制安装输水排水设备的浮动泵船作为与陆地水厂的中转站，采用旋臂装置调节升降和移位的控制枢纽，设置离心水泵和变频调速取水泵，满足日常流量需求，使用数控装置对输水排水系统进行远距离自动调节、自动设防、自动控制。

水下处理设施。将水下处理系列设施设置于水下漂浮基座，采用水下封闭式处理，不影响周围环境。沉陷湖被作为水系统再生水补水和贮水的水体，通过移动式水泵从中取水，用于周边的绿化和道路浇洒，加快水循环，保证湖内水质。

浮动式污水处理设备。将污水处理设备与城镇的漂浮景观相结合，如在城镇水面雕塑下方布置浮式预沉淀池，其进水口设有平板闸，调节进水量。在沉淀池底部设置斜管区，原水进入斜管区预沉淀后，经原水泵送入净化站。原水中较大、较重的物质沉至斜板上，在自重作用下逐渐下滑落入水底，沉淀效率高、经济环保。各组团设置若干浮动式设备，初步处理后污水汇入水处理系统稀释以及进一步回用。

移动泵站。利用组合式钢制浮船构成移动泵站，里外和水泵底座涂刷玻璃纤维，进行防腐处理，可以分体工作，检修方便、机动灵活。

微污染水处理机。该设施的尾水处理系统采用自动反冲洗技术，使生物碳填料及过滤填料再生、循环利用，其清洁功能把循环中的杂质吸入后打碎排污，污废水被收集，经氧化、过滤、消毒处理后用于绿化景观和市政环卫。24 小时将水循环回流，处理力度大，降低操作难度，减少处理成本。

除渣消毒装置。为防止城镇生活污水中含有的毛发、纸片、碎布和食物残渣等固体物质堵塞管道、损坏泵机，影响后续处理单元的正常运行及出水水质，在污水进入调节池前的排水干管上设置小型除渣装置，便于清渣和检修，并将紫外线消毒器串联在排水泵的出水管上，出水经消毒后排出。

漂移式太阳能水处理设备。结合水上漂浮雕塑将太阳能电池板设置在表面，利用太阳能发电机驱动，根据流水不腐原理，让静止的水流产生环流，促进氧的溶入，提高沉陷湖水的自净能力，改善水质。

（3）中水回用系统

① 系统组成

漂浮城镇的中水回用系统包括污水收集、污水处理再生、回用水配水、在线监测和运行管理系统等。中水回用范围涉及市政和生活杂用、工农业和生态环境用水等方面，如消防用水、景观环境用水、空调系统补水等。

② 运行模式

通过加大循环、再生利用、最小排放实现城内有限水资源的最大化利用和水环境的健康循环，建立完善的中水回用系统。从大循环到小循环，从大集中到小分散，从城镇内部的不同空间需求出发进行分别规划和建设，以集中式系统敷设管线输送至污水处理厂处理并输送回用，供应城镇的不同用水需求，提高城内污水的再生处理率和利用量；以分散式系统在处理站就地处理和回用，减少城内排水设施的建设投入，余水就近与周边水体相结合，在沉陷湖中进一步生态净化并存储，利用天然水体容纳调蓄，扩大污水再生利用的覆盖面，调节城镇用水，做到无废无污染，使水资源循环可持续利用。根据城镇的区域划分特点、中水再生利用的不同情况和不同需求，将集中式、分散式有机结合，进行不同尺度和不同模式的中水回用，即大尺度城镇总体的集中式、中尺度组团的分散式、小尺度片区及建筑的就地处理和回用，通过组合优化，实现水资源在城镇不同尺度范围内的循环和回流，构成城内中水回用的多元化体系。

③ 基本措施

根据城镇区域布局，实行片区式污水回用。以片区为单位进行污水的收集和集中处理回用，根据各片区情况全面系统地考虑水的回用分配。分片区在小区、大型公建和企业等规划建设小型中水处理站，将生活污水进行集中处理后送到各处的用水点，就近处理、就近循环，供给区内消防、环境用水等，形成小型化、集成化、装置化、自动化的片区循环系统。在小区中采用小区循环方式，按照"优质优用、低质低用"的原则，扩大可利用的水资源范围和水的有效利用程度，提高水的循环利用率和用水效率，形成循环水处理系统。在建筑物中采用单独循环方式，通过太阳能和水生植物系统从建筑内收集废水，以闭回路式的水源循环模式，仿效自然过程消耗生物垃圾，产出洁净用水。

中水系统设计在下风向，主体结构位于绿化带附近。系统形式选择原水、污水分流，中水专供，分质集流、部分同用的方式，设置中水系统和再生水道，与上下水管同时敷设，施工方便，并和城镇污水处理厂的再生水回用管网连成一体。一方面收集优质杂排水，作为中水系统水源就近处理及回用，另一方面将中水收集系统与排水系统合并，水质较差的多余排水汇入排水管网进入城镇污水处理厂集中处理回用，或处理后在深水域扩散排放，与湖水稀释混合，减少对水环境的影响（图5-14）。

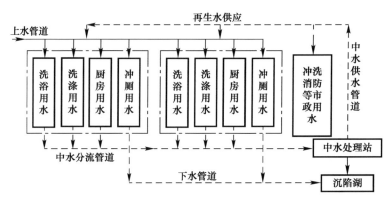

图5-14 城内中水循环系统

④ 处理工艺

由于城镇呈组团式规划，各片区范围较小，污水排放量不大，且紧邻自然水环境，城内的污水处理一方面采用人工处理技术，一方面结合生态湿地，通过种养水生动植物，利用微生物代谢增强水体的有机自净和稀释能力，达到自然净化，节省运行能耗，减少处理费用和运行成本（图5-15）。

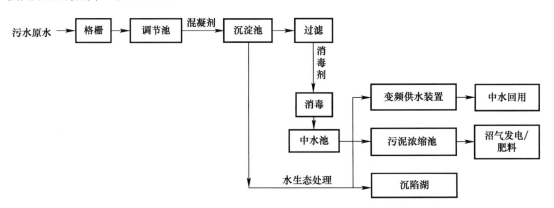

图5-15 城内中水处理工艺流程

集中处理的污水被污水收集系统收集并经泵站加压送至污水处理厂，进行分阶段处理。在预处理阶段，采用物理方法，通过格栅、调节池、沉淀池等设施，经过筛滤、沉淀或上浮，去除污水中呈悬浮状态的固体污染物质。在二级处理阶段，采用复合生物处理法、高效移动床和流化床，去除呈胶体和溶解状态的有机和无机污染物，使出水达到基本排放标准。在深度处理阶段，采用化学法（化学氧化、化学沉淀等）、物理化学法（吸附、离子交换、膜分离技术等）进一步处理难降解的有机物、磷和氮等能够导致水体富营养化的无机物等，去除残存的有机物、无机物及细菌、病毒等[3]，满足回用要求，或排放至湖中，自然净化后循环使用。

就地处理的污水，在各片区中水处理站，根据区域规模、来水水源的水质水量和用水要求等，采取不同的水质标准和再生处理技术。对于轻度污染原水（如生活杂排水、工业冷却水、锅炉补水等），采用物理-化学组合处理技术；对于来水水量相对稳定的生活污水和生产废水，采用生物处理技术；对于景观公共区污水，采用生态处理技术；对于再生水水质要求较高的区域，采用膜处理技术，由膜生物反应器将生物降解、沉淀、过滤。

此外，考虑到研究区属常年气候温和地区，适于结合有机垃圾建立污泥处理系统，以提供营养物等资源。漂浮城镇的污水资源化不局限于水资源的重复利用，在污水处理过程中产生的污泥，经过全自动压滤脱水处理和浓缩提升环节，最终以干化污泥的形式排出处理系统，从而转化为沼气发电或者运送至陆域再利用为肥料施于农田或改造为土壤。

（4）雨水利用系统

雨水利用方面，漂浮城镇把雨水的集蓄利用纳入生态城镇、智能小区的建设，采取雨污分流制，结合城镇中水系统建立完备的雨水综合利用系统（包括收集、处理和储存），并采用雨水资源化系统工程，将雨水收集利用系统与城内水生态处理系统有机整合，生态循环。

① 运行模式

考虑到雨水水质较好，除含有一些悬浮颗粒、杂质、微量重金属外，细菌、病毒等有机杂物含量少，因此主要选用物化法来净化雨水，通过人工净化和自然净化，将雨水利用与水生态环境相结合。由雨水收集系统、过滤净化系统、存储系统和回用系统共同组成漂浮城镇的雨水利用系统。采取直接利用和综合利用两种方式，前者通过独立的雨水收集和处理系统，将雨水吸纳、收集、净化后直接利用，或者引至中水系统回用于环卫清洗、消防等，就近循环利用，局部排放；后者与中水收集系统相结合，作为中水回用水的部分水源，或者引入沉陷湖中，利用湖体收集贮存、建设蓄水设施，对雨水径流调蓄、净化，并利用湿地建立相应的湖水净化系统，在收集利用雨水的同时使湖水水质也得以净化（图5-16）。

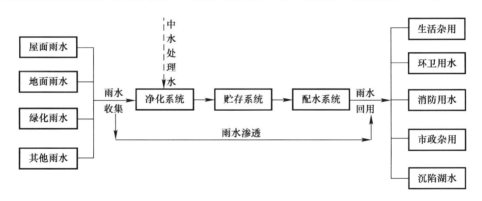

图 5-16　城内的雨水利用系统流程

② 雨水收集方案

根据雨水来源的不同，设定不同的收集途径，建立屋面雨水收集系统和地面雨水收集系统。

屋面雨水收集系统主要以屋顶作集流面，雨水通过雨落管经过初期弃流装置（绿化屋面通过植被集纳），由雨水立管收集进入雨水管道系统，引入水下的雨水沉淀池，滤除径流中的颗粒物质，经沉积的雨水流入贮水池，经过消毒处理后，由水泵输送至用水单元加以回用或排入沉陷湖以积蓄水源。建筑内的饮用水可以直接由屋顶雨水收集系统供给。通过集雨及净化利用装置和雨水冷却循环系统，把收集到的雨水净化处理后最大化地在建筑内循环使用，其中初期弃流的雨水排入污水管道一同处理。同时，由于漂浮城镇的建筑屋顶大多是坡度不等的坡屋顶，利用不同高度的势能差，采用虹吸式雨水系统就可以使管道系统内部产生真空，从而快速收集雨水（图5-17）。另外，为提高雨水收集效果，通过覆绿、陶瓦或纤维材料等进行屋面处理，由100％回收的轻型聚乙烯板构成排水渠和蓄水杯的形状，利用内部的毛细管循环为屋顶植被层供水。植被以耐干旱的装饰草类为主，使用生物炭等作为屋顶植被的培养基，避免营养物质的流失和阻止重金属的渗入。

图 5-17　城内的坡屋面建筑模型

城内的雨水过滤收集设施　　　　　　　　　　　　　　　　　　表 5-3

类别	主要功能	系统中位置	管理措施
雨水收集器	保存	位于起始处，直接与径流源相接	季节性清除残渣，检查贮水罐
路面下方过滤床	滞留/过滤	位于引导径流初期冲刷到过滤设施的水流控制装置的下游	经常性去除垃圾、污染物和沉淀物
表面过滤床	滞留/过滤	位于引导径流初期冲刷到过滤设施的水流控制装置的下游	经常性去除垃圾、污染物和沉淀物
渗透暗沟	渗透/处理	位于过滤设施下游，介于主要处理设施上游	每年去除垃圾和进行筛选，保持渗透性
树池过滤	过滤/渗透	主要处理系统的上游，代替行道树	不定期移除废物，表面粗滤保持可渗透性

　　地面雨水收集系统主要是利用天然或人工的渗透、集水设施，采取绿地内暗管排水和地面自流相结合的排水方式，将雨水收集过滤、净化处理和循环利用。首先，结合小区的给水排水系统进行规划建设，既满足雨水排放的需要，又达到雨水收集的目的。其次，在雨水管道系统设计、用地规划和地面覆盖上考虑雨水渗透，采用人工透水措施：将城镇主干道、广场、停车场等基础设施与沿线绿化结合，设置雨水利用设施，在绿化带边缘、人行道两侧铺设生态透水砖、碎石、孔型混凝土砖等，通过汇流设施将雨水引入透水区域或储水设施中，减少地面径流和市政管线压力，未能及时回渗的雨水通过地面雨水口收集，经管道进入雨水系统处理；设置道路高度高于绿地，或沿路面中轴线向两侧绿地倾斜，方便路面径流经过绿地初步净化后渗透处理；道路两侧排水道设置渗透浅沟植草，便于水分蒸发增加空气湿度和舒适度，调节温度且减少扬尘，部分边沟选择植被取代管道进行雨洪的分流排泄。同时，根据区域布局修建雨水入渗设施，包括渗井、渗沟、渗池等，汇集的降水通过渗透管（穿孔PVC管等透水材料）进入周边的碎石层渗透、收集和排放。采用过滤收集设施，在最终处理前分流雨水、处理污染，保障设施的安全运转（表5-3）。采用

渗透处理设施，通过渗透方式，将雨水径流导入水下，并通过生物方式处理雨水中的污染物（表5-4）。

城内的雨水渗透处理设施　　　　　　　　　　　　　表 5-4

类别	主要功能	系统中位置	管理措施
邻水缓冲带	过滤/渗透/处理	水流上游，所有设施下游	根据需要移除垃圾和沉淀物，不定时割除植物
渗透基层	过滤/渗透/处理	终端设施，位于流出层	每半年进行一次垃圾和沉淀物的移除以及植物刈割
生态湿地	过滤/渗透/处理	终端设施，位于溢流层或接收水体的上游	每年移除废弃物和沉淀物

（5）水生态净化系统

　　根据沉陷湖水较深、面积较大的特点，对沉陷湖及岸坡的形态结构进行生态工程改造，结合地形特点和沉陷差异，针对深浅不一的水域，建立坡地、浅水湿地和深水湿地，改善水体生态系统的结构和功能。将水体修复处理与漂浮植被及水域景观相结合，采取生物方法，种养抗污染和强净化功能的水生动植物（表5-5），形成多样性的生物环境，通过水生植物、水生动物及其营养关系和食物链，利用生物间的相互作用净化处理城内污水，恢复沉陷水域的自然功能，增强水体的自我调节和自净能力，建立集观赏、娱乐和水处理于一体的水生态净化系统，达到水体的生态平衡（图5-18）。

水生态净化系统对污染物的去除　　　　　　　　　　表 5-5

污染物	去除方式
悬浮物	阻挡截流，沉淀，过滤
磷	植物吸附，微生物去除
氮	硝化/反硝化，吸附，挥发，微生物、植物吸收
病原体	沉积，过滤，捕食，吸附，紫外降解
有机污染物	吸附，挥发，生物吸收、同化及异化

图 5-18　水生物净化水质原理示意图

① 水生植物净化

净化原理：利用植物根系吸收水分和养分的过程来吸收、转化水和底泥中的污染物、营养物，以清除污染、修复水体。对于无机污染物，通过植物生长对水体中的重金属和氮、磷、钾营养盐的吸收、转化和积累，减少水体中氮、磷及微量元素的含量与周转速率，抑制浮游植物生长，对富营养化水体进行良好修复。对于有机污染物，通过植物直接吸收有机污染物、释放分泌物和酶，刺激根区微生物的活性和生物转化，降解有机物[4]。

基本流程：大量微生物的生长在植物根系和填料表面形成生物膜，当污水流经时，固体悬浮物被根系和填料阻挡截留，有机污染物则通过生物膜的吸收、同化及异化作用被去除。系统中因植物根系对氧的传递释放，依次出现好氧、缺氧、厌氧状态，保证污水中的氮、磷不仅能被植物和微生物作为营养吸收，而且其化合物还可通过硝化、反硝化作用被去除，最后通过收割植物或更换填料将污染物去除，实现水体的高效净化。

技术特点：水生植物对水体的净化综合了吸附、沉淀、吸收、代谢、富集、浓缩等各种作用。水生植物发达的根系与水体接触面积大，形成密集的过滤层，能大量吸收水体中营养物质以满足植物本身生长发育的需要。当水体流经植物根部，可以过滤掉水中的污染物质，经过自然吸附和沉淀作用，在其表面进行离子交换、整合等，不溶性胶体被根系粘附和吸附，凝集的菌胶团把悬浮性的有机物和新陈代谢的产物沉降下来，澄清水体，达到污水净化的目的[5]。此外，植物光合作用产生的氧气和大气中的氧气一并输送到植株各处，并向水中扩散，一方面根系通过释放氧气，氧化分解周围的沉降物，另一方面使水体的底部和基质土壤形成厌氧区和好氧区，为微生物活动创造条件，进而形成根际区，对营养物质的降解提供必要的场所。

水生植物的栽种：资源化利用矿产废渣作为填料基质，栽种挺水植物、浮水植物、沉水植物和水生花卉等处理性能好、成活率高的水生植物，在有效吸收底泥和水中营养盐的同时，防止底泥悬浮。在城内深水区域设置生态浮岛和栽种漂浮植物，在岸坡浅水区栽种成活率高的本土挺水植物等，由深到浅形成独特的生态环境：沉水植物类，引种菹草、金鱼藻等修复水体，长期稳定地保持水质；浮水植物类，引种睡莲、水葫芦等，其根部在水中吸收营养物，吸附苯等物质，降解根际微生物，去除水体中的氮、磷；挺水植物类，引种芦苇、美人蕉、石菖蒲等，使悬移物质沉降，并与共生的生物群落共同吸收、降解污染物和重金属。同时，采取生态管理措施，适当修剪收割部分植物，直接去除水中的营养盐等污染物以及捕捞鱼、螺、蚌等，维持种群的适度繁殖。

② 水生动物净化

净化原理：通过生物操纵，利用生态系统食物链摄取原理和生物间相生相克的关系，通过改变水体的生物群落结构来达到改善水质、恢复生态平衡的目的。

技术特点：依据草-鱼、藻-鱼、草藻-碎屑-螺、碎屑-微生物等生态关系，引种各种食性鱼类（草食性鱼、肉食性鱼、滤食性鱼等）、底栖生物（螺、蚌及水生昆虫等）、功能菌群（分解动植物排泄物及残体、碎屑等），通过食物链调控构成可持续发展的水体生态平衡系统。如：通过人工饲养或直接添加草食性浮游动物如水蚤、轮虫等，建立浮游动物种群，克服时滞现象，达到足够的密度来遏制藻类水华，避免水体富营养化；通过鲢鱼、鳙鱼等植食性鱼类影响浮游植物，控制藻类过度生长；通过鲫鱼等滤食性鱼类消除水中绿藻类物质，并摄食摇蚊、水蚯蚓及其他昆虫的幼虫等底栖动物，避免影响水域环境；通过放养食鱼性鱼类控制食浮游生物的鱼类；通过蚌类吃掉水中悬浮的藻类及有机碎屑；通过螺蛳等摄食固着藻类，同时分泌促絮凝，使水变清。

③ 生态景观浮床

净化原理：采用浮床载体、基质和植物组成生态浮床，模拟水生植物和微生物的生长环境，构建适合微生物生长的栖息地，利用植物吸收、微生物分解等多重作用净化水质，形成城镇的特色漂浮绿化。

技术特点：利用漂浮栽培技术种植挺水植物和陆生植物，让植物直接吸收水体中的氮、磷等营养元素，同时在植物根系形成生物膜，利用微生物的分解和合成代谢，有效去除水中的有机污染物和其他营养元素，对沉陷湖中氮、磷的去除率能达到70%以上[6]。

水生植物的选择：以耐污抗污且具有较强治污净化性能的植物为主，选择根系发达、根茎分蘖繁殖能力强，即个体分株快、植物生长快、生物量大的冬季常绿的植物种类。

5.2.3　水系统管理与控制

（1）水域防污染措施

① 外源污染控制

加强岸边生态系统的建设，在沉陷湖沿岸两侧各50m左右的范围设置绿化保护带，避免附近农田有机污染物及附近垃圾在雨时进入湖内，污染水质。同时，在湖体周围设置雨水管网使雨水径流直接进入处理池，净化后排入湖内。

② 湖域内部控制

人工措施：湖周布置生物孔隙切块，增加水生物的栖息空间，净化水体；湖岸布置卵石底面，吸附水体污染物质；设置动力暗管，建立环流，通过人工方式实现水体的有效循环流动，净化水质，避免水体富营养化；采取水体复氧措施，配备若干充氧船，根据不同区域水质及水体有机物的监测情况，对溶解氧含量低的区域随时充氧，解决局部溶解氧含量过低而导致厌氧生物大量繁殖的问题。另外，在岸边和水中设置实时监控设备，一旦发现藻类数量超过警戒线，便及时向水体中投放硫酸铜和柠檬酸等化学药剂，抑制藻类的繁殖生长。

生物措施：依据水生态系统的平衡原理，结合水域特性，构建沉陷湖生态系统，强化水体的恢复能力与自净能力，维护和修复水域环境。通过水生动物与水生植物形成生物链循环，利用植物、动物和微生物的生命活动，对水中污染物进行转移、转化及降解，从而使水体得到净化，保持良性的水生态机理。种植适合的水生植物，增加水体的溶解氧含量，降低水体污染率；放养适量的水生动物，抑制水草和藻类的过度繁殖生长，提高水体的透明度，避免水体富营养化。

（2）水系统监控措施

建立智能化水环境管控系统，通过统一的操作平台使各系统之间进行相互通信与信息资源共享，实现对水环境系统的统一管理和控制，并根据实际需要进行系统间的联动，保证水系统合理有序和高效安全地运行。通过全面监控城镇的各类生产用水、生活用水等各行各业的用水情况，综合考察水域维持自身生态环境的流量需求等，完善微观控制，调节水资源区域供给及使用平衡，通过深化资源配置、促进水资源高效利用，合理进行给水排水规划。加强水系统的横向联系，如供水规划、中水回用规划、雨水收集规划等，做到用水点相对集中，使专项规划兼顾水资源再利用的需要。由供水厂到用水点实施全自动网络化管理，运用现代新型监测监控技术对管网进行监控，建立和发展在线连续自动监测和控制系统，由分布在各网络端的测量元件将数据远程传至供水厂监控中心，根据用户用水变化情况及时调配供应。

5.3 能源动力系统

依据所处自然环境，漂浮城镇将水能、风能、太阳能、生物质能等可再生资源作为绿色支撑能源为城内所需提供动力。通过可再生能源的循环利用，提高能源转化效率，取之不尽、用之不竭，建设高科技的生态能源动力系统与高效率的可持续能源体系，构建绿色的环保之城，充分体现低碳环保：就地利用水环境获取能量，如水层储能、水层温差发电、水位浮动取能等；利用水体对光的反射、折射和对热的吸收、聚散等，实现耗能最低和产能最大化；利用雨水收集、废水净化、中水回用解决用水供给和污水处理问题，实现水资源的清洁使用。城镇特有的生活方式可以大大减少二氧化碳的排放，且所有的二氧化碳和产出垃圾都会被回收利用，并通过绿色技术转化为可用能源，其创造出的能源将比本身消耗的要多得多[7]，从而达到零排放、无污染，实现能源的自给自足，形成循环再生系统（图5-19），促进生态恢复与循环，变"生态破坏"为"生态复兴"，将人类生活和自然环境有机结合，和谐共生。

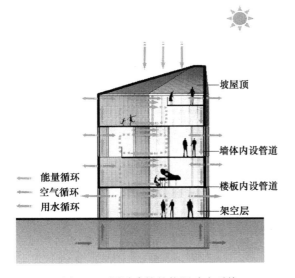

图 5-19 漂浮建筑的能源动力系统

同时，将可再生能源技术产品和装置与城镇立体设计结合起来，使其成为建筑物的有机组成部分：安装大量的太阳能板、风力涡轮机，配备制热制冷系统和水过滤系统等，兼具发电和储能双重功效；安排若干可漂移的景观装置，用于收集能源，包括太阳能、风能和水流能量，并以此驱动行进（图5-20）。

图 5-20 可漂移景观装置模型

此外，建立能源互联网，基于大数据服务平台提升漂浮城镇的综合能源利用效率，利用分布式电源即插即用、分布式储能优化配置、智能用电互动、配用电公共服务等一系列创新技术和模式，在漂浮城镇内构建能源流、信息流、业务流广泛互联的能源优化配置和智慧公共服务两大网络，创新城镇能源运营服务模式，支撑智慧城镇建设，形成智能创新工程的示范基地和体验基地。

5.3.1　水能

水是漂浮城镇最为直接且便于利用的天然能源。为此，城内采取多项集能和利用措施从水中获取能量，如通过架设管道，利用虹吸原理，使水上涌产生动能提供能量，并将水存储、净化为生活用水；利用大面积水域进行雨季储水、中水循环，取代空调的冷却塔；把水面当作太阳板，借助水体吸收太阳能，自供能源取暖或降温，并利用水的温度调节功能，进行空气循环调节，形成以下水能系统：

（1）水源热泵系统

以水为载体设置水源热泵机组，冬季采集来自水体的热能，借助热泵系统，将所获取的能量供给室内取暖；夏季将室内排除的热负荷通过敷设在水中的盘管换热，把室内热量释放到水中，以达到调温的目的[8]。对于水上漂浮城镇而言，其特点和优势明显：

① 环保无污染

利用水作为冷热源，形成能量转换的空调系统。供热时省去了燃煤、燃气等锅炉房系统，没有燃烧过程，避免排烟污染；供冷时省去了冷却水塔，避免冷却塔噪声及霉菌污染。全程不产生任何废渣、废水、废气和烟尘。

② 节能效果好

冬季，水体温度比环境空气温度高，热泵循环的蒸发温度提高，能效比也提高。夏季，水体温度比环境空气温度低，制冷的冷凝温度降低，冷却效果和节能效果好。

③ 高效且经济

沉陷水体一年四季的温度相对较为恒定，波动范围小，是很好的热泵热源和空调冷源，其热泵机组运行可靠、稳定，自动控制程度高，机组效率高且维护费用低，可以节约30%～40%的供热制冷空调的运行费用，高效经济。

（2）水蓄冷系统

水蓄冷系统由水源热泵机组、消防水池及供冷、供热水泵等组成。利用水的显热来储存冷量，水经过冷水机组冷却后储存于蓄冷槽中用于次日的冷负荷供应，夜间制出4℃左右的低温水，适合于常规冷水机组直接制取冷水。在白天空调负荷较高时，自动控制系统决定制冷主机和蓄冷槽的供冷组合方式，尽量在白天峰电时段内由蓄冷槽供冷，不开或者少开制冷主机，降低空调运行费用。

冰蓄冷系统在用电低谷时（夜间）由双工况冷水机组制冰蓄冷，以冰或冷水的形式把冷量储存在蓄冷装置内，在用电高峰时（白天）再把冷量释放出来，通过板式换热器向空调系统提供6℃的空调冷水，满足空调供冷需要。采用分量蓄冰方式，主机与蓄冰装置串联，设计工况为主机优先的供冷运行策略，部分负荷时可按融冰优先甚至全量蓄冰模式运行。其融冰放冷的供冷方式，可以使制冷机组提高一倍的供冷能力，将能耗移峰填谷达到最佳节能效果。

（3）独立空调系统

采用温度和湿度独立控制的空调方式。将室外新风除湿后送入室内，用于消除水上房屋的室内产湿，并满足新鲜空气要求；通过独立的水系统使 18～20℃ 的温水循环，利用辐射或对流型末端消除室内湿热，高温冷源吸收湿热，大幅提高冷源效率，同时采用透风设备保证新鲜空气的充足供应，有效改善室内空气质量。

（4）水储能热交换系统

采用水层储能方式：冬季，水温高于室外温度，只需要通过若干加热设备，使用微小电力对水进行加热便可获得 30～35℃ 的水，通过管道循环给建筑物供暖。夏季，系统则反向操作，将热量储存在不断循环的水中，水温约在 8～18℃，房屋的余热被温度低的水层吸走，达到降温的目的，并将多余的热量（包括电器、电脑服务器甚至人体散发出的热量等）收集并储存起来。

5.3.2　太阳能

在漂浮城镇，利用太阳能，通过光热转换、光电转换和光化学转换，经阳光聚合能量产生热水、蒸汽和电力等（表 5-6），使用能够吸收和释放太阳热力的建筑材料和相应设备，如多晶硅太阳能电池、非晶硅太阳能电池以及非晶硅光电薄膜等，环保无污染。

城内太阳能应用分析　　　　　　　　　　　　　　　　　　表 5-6

应用类型	主要功能	节能效益	应用场所
太阳能光伏系统	发电	发电效率约 10%～18%	小区、公建、路灯等市政设施
太阳能采暖系统	提供采暖、热水	替代常规采暖能耗的 20%～30%，热水用能的 60%	居住小区、公共建筑、酒店宾馆
太阳能热水系统	提供热水	替代常规能耗的 40%～50%	居住小区、酒店宾馆、医院
太阳能空调系统	提供供热制冷，热水功能	替代常规空调用能的 30%，采暖用能的 50%，热水用能的 80%	居住小区、公共建筑
被动式太阳房	冬季采暖、夏季降温	替代常规采暖、空调用能的 50%	居住小区、公共建筑

（1）光伏发电技术

在需要的界面上如建筑立面、屋顶、路面、水面等铺设光伏组件，根据光生伏特效应原理，进行光电转换，利用太阳能电池将太阳辐射能直接转化为电能，满足生产生活所需，并给建筑物和交通工具等提供能源，用于水泵等市政设施设备的运行及城镇用电，多余电力输入电网。利用光伏发电技术，在漂浮城镇多处设置发电设施：

太阳能光电屋顶。将太阳能光电池与屋顶瓦板组成一体，由太阳能瓦板、空气间隔层、屋顶保温层、结构层构成复合式屋顶。以安全玻璃或不锈钢薄板作基层，使用有机聚合物将太阳能电池包起来，既能防水又能抵御撞击，同时为防止屋顶过热，在光电板下留有空气间隔层，并设热回收装置，采集电能和热能。

太阳能电力墙。将太阳能光电池与建筑材料相结合，构成用来发电的外墙装置，既具有装饰作用，又可以为建筑物提供电力能源，成本与花岗石类的饰面材料相当。

太阳能光电玻璃。将透明的太阳能光电池用于漂浮建筑的窗户和天窗玻璃，通过光伏遮阳组件，减弱通过房屋窗口等透光处直接进入室内的太阳辐射热，并将此部分能量转化为可利用的电能，多余的电量存储在蓄电池中，并将窗户做成微型发电设备，融入保温、隔热技术，达到多功能统一和节能环保。

新型太阳热光伏发电装置。在太阳能电池外面安装由碳纳米管和光子晶体组成的双层吸收—释放装置。外层的受光面为多壁碳纳米管，有效吸收太阳光并转化为热，加热依附在其上的光子晶体，使光子晶体发出最高密度几乎与太阳电池带隙相吻合的光，确保被吸收器收集的大部分能量转化为电。该发电装置充分利用光伏系统和光热系统的优点，转化效率远高于传统的热光伏发电系统。

（2）光导管技术

使用光导管绿色照明技术，达到光能的高效传输，解决光线昏暗的卫生间、储物间等小房间的照明问题，节省电能，并与自然通风相结合，完善光导管的功能，在采光的同时使室内保持良好的自然通风，有助于建筑节能和改善室内空气品质。光导管系统主要由三部分组成：一是采光部分，即聚光罩，由 PC 或有机玻璃注塑而成，表面有三角形全反射聚光棱；二是导光部分，由三段导光管组合而成，内壁为高反射材料，反射率在 95% 以上，可以通过旋转、弯曲、重叠来改变导光角度和长度；三是散光部分，为了使室内光线分布均匀，系统底部装有散光部件，避免眩光。

（3）高新太阳能设施

染料式塑料薄膜。在纤薄轻质的塑料涂层上排布多个微小的太阳能电池阵列，当太阳光照射时，不同角度的太阳光被薄片上专门捕获太阳光的染料吸收，让太阳能更多地传递并聚集在太阳能电池内，使能效加倍。

新型玻璃瓦。由高透明度的玻璃和低级的氧化铁组成，在瓦的外表面上覆盖聚碳酸酯材料，并在其绝缘层上放置吸收器。将玻璃瓦安装在太阳能电池板上进行发电，捕捉太阳能之后与建筑内已有的供热系统相结合，利用储存罐储存能源，为使用者提供全年的热水和供暖。

太阳能漂浮雕塑。直接漂浮在水中，装配传感器和混合电动机，最大限度地收集和利用太阳能，同时也成为城镇的特色漂浮景观。

太阳能涡轮发电机。在各组团片区安装小型太阳能涡轮机，带动发电机发电，为城镇的市政设施设备提供动力。

5.3.3 生物质能

由于漂浮城镇所在水域面积大、范围广，水生生物繁多，水中蕴含可观的生物能源。作为唯一的可再生碳源，生物质能是绿色植物通过叶绿素将太阳能转化为化学能，储存在生物质内部，也是太阳能以化学形式储存在生物质中的能量。依靠城内大量的漂浮植物和景观绿化，可以充分发挥生物质能的作用，包括所有的植物、微生物以及以植物、微生物为食物的动物所代谢产生的废弃物。城内的生物质能直接或间接地来源于绿色植物的光合作用，由生物将吸收来的太阳能以热能或动能等形式采集，转换为城镇的可用能源以及固态、液态和气态燃料等。水下大量生物和植物则可以吸收、分解居民生活产生的二氧化碳和废弃的垃圾，转换成有用的氧气和电力。

（1）利用技术

① 直接燃烧

将城内的生物质原料如木屑、农作物秸秆等废弃物，在专用的生物质蒸汽锅炉中燃烧，产生蒸汽驱动蒸汽涡轮机，带动发电机发电；使用后的原料经过粉碎、烘干、混合、挤压等工艺，制成颗粒状的可直接燃烧的清洁燃料。

② 热化学转换

在一定的温度和条件下，将城内的生物质汽化、炭化、热解和催化液化，产生气态燃料、液态燃料和化学物质，以供能源利用。漂浮城镇的生物质热化学转换主要为生活垃圾焚烧发电，即将垃圾作为固体燃料送入锅炉燃烧，在约 $800\sim1000℃$ 的高温条件下，燃烧产生的高温气体通过锅炉内设置的热交换产生高温高压蒸汽，推动汽轮机，从而带动发电机发电；产生的残渣体积减小 90%、质量减少 80%，集中输送至岸上填埋；垃圾中的有害气体在高温下被彻底消灭，燃烧产生的有害气体处理达标后排放。

③ 生物化学转换

包括"生物质—沼气"转换和"生物质—乙醇"转换等。

"生物质—沼气"转换：用于城内粪便和有机废水、废渣的处理，主要流程为：畜禽粪便、尿液、冲洗污水等废弃物同时进入厌氧消化池，在厌氧菌的作用下，废弃物的碳、氢元素转化为沼气，作为动力机的燃料，带动发电机旋转发电；沼气净化处理后进入储气罐，为热电联产机组发电和供气；经厌氧处理后剩余的残渣进行固液分离，分离后的固体制成有机肥料，分离后的液体作为水生种养的肥料（图 5-21）。

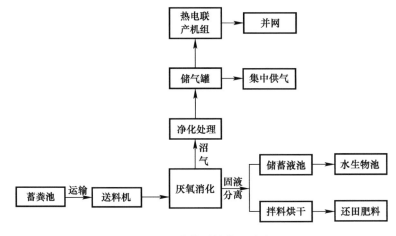

图 5-21　生物化学转换工艺流程

"生物质—乙醇"转换：采用水解/发酵法，将城内的生物质在催化剂的作用下发生水解反应，转化为无碳糖或六碳糖，然后发酵转化为乙醇，提炼为乙醇燃料。

（2）优势特点

低污染。生物质能是通过光合作用合成的，硫、氮含量低，燃烧过程中生成的氧化硫、氧化氮等较少；生物质作为燃料时需要的 CO_2 与燃烧排放的 CO_2 量相等，因而对大气的 CO_2 净排放量基本为零。

可再生。生物质能的载体是有机物，是可以通过地球自然循环不断补充的可再生能源，方便存储和运输，相对于太阳能、风能等，不受天气和自然条件的限制。

直接利用。生物质是由碳氢化合物组成的，与常规的化石能源在特性和使用方法上有很多相同之处，生成的电、油、气等二次能源可以直接应用于汽车和工业所需的热力设备。

变废为宝。将城内生活、生产中的有害废弃物转化为生物质能，加以利用，以免对自然环境造成危害。

5.3.4　绿色智能漂浮建筑

漂浮城镇的建筑设计综合运用建筑技术科学、人工环境学、生态学、智能控制技术等，通过绿色能源配置、自然采光通风、低能耗围护结构、数字控制等建造水上绿色智能房屋。采用环保材料、本地速生材料和可循环利用材料，通过资源高效利用和节能环保措施，摆脱对传统能源的依赖，利用可再生能源实现能量的获取和自给自足，形成良性循环的生态发展模式，构成灵活化和智能化的全功能微型生态系统（图 5-22）。在满足人员使用的前提下，最大程度地减少能源消耗，类比普通房屋可以节省能耗 80% 以上，营造健康舒适、环保高效的水上建筑环境。

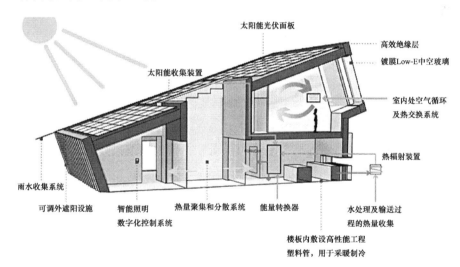

图 5-22　漂浮建筑环境性能分析

（1）被动式设计

采用被动式设计理念，充分利用自然采光，自然通风，优化完善房屋外围护结构体系和遮阳系统，通过建筑自身的空间形式、围护结构、建筑材料与构造的设计达到节能效果。其一，利用自然采光满足自然照明要求，外窗的可开启面积不小于总面积的四分之一，水下负一层则利用太阳光导系统满足日间照明要求，将用电照明降到最低；其二，通过房屋平面布局满足自然通风要求，以有利于形成穿堂风为原则，通过自动通风系统，从废气中抽取热量，再使用此热量为吸入的新鲜空气加热；其三，采取气密性外围护结构保证房屋气密层的完整性，以 PE 薄膜等致密性好的材料作为连续完整的气密层，并强化处理不同材料构成的气密层连接处，将外围护结构的能量损失降到最低，并依靠高标准的隔热装置储存各种热量。夏季有效阻止太阳辐射传到室内，冬季凭借房屋自然得热保持室内温度达到 20℃ 以上。

（2）照明系统

建筑照明系统以发展高效光源、采用智能照明、采取数字化控制为原则，根据所处朝向设计不同的遮阳体系，最大限度地将光线和热量分开。冬天，北半球的太阳照射角小，将屋檐与水平线设计形成 30° 角，阳光可以直接照入屋内；夏天，北半球的太阳照射角大，阳光被房檐遮住，避免照射室内。通过遮阳和天花反射完成室内的自然采光，配合可调节的百叶窗，伴随太阳活动的轨迹高效吸收太阳光能，每年至少能节省 70% 的消耗。所有人工照明全部选用 LED 节能灯管，采用智能照明技术，红外超声波探测器、光线感应器及智能控制器等装置，对灯具进行时间、照度、场景等不同情况下的照明控制和调节，有效节约能源，延长灯具使用寿命。另外，通过数字化照明控制系统，实现管理自动化。

（3）保温隔热

在城内利用有利的水体环境，将水抽取到墙内循环，使建筑内部大幅降温，节省大量能源。建筑顶部由绿色植被、太阳能采集薄膜和光伏板组成，收集和转化能量且有效调节房屋温度，保证室内外能量交换的智能性。屋顶和外墙均设置植被覆盖层，就地取材，采用粉煤灰、谷壳等作为栽培基质，选择根系较浅且水平根发达、生长缓慢的植物，如花灌木、小乔木、球根花卉和草坪等，以减轻自重、防水渗漏、降低传热系数（图 5-23）。结合雨水收集，形成多功能的高效绿化生态系统，对漂浮建筑起到良好的保温、隔热、隔声的作用。同时，综合外墙和门窗的保温隔热和遮阳体系（图 5-24），达到建筑节能、美化环境的目的，提高水上居住的舒适度。

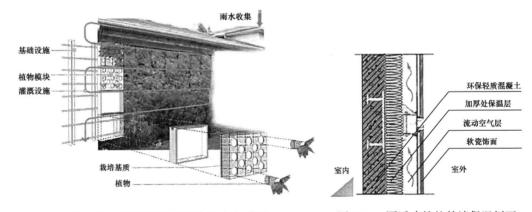

图 5-23 漂浮建筑的界面保温与绿化层　　　图 5-24 漂浮建筑的外墙保温剖面

① 高性能门窗

采用门窗保温系统，包括断桥窗框、中空玻璃、窗框与窗洞口连接断桥节点处理技术。安装塑料或铝合金中空玻璃窗户，选用高性能中空玻璃，例如镀膜 Low-E 中空玻璃，其导热系数约为 1.7w/m²k，保温隔热性能较普通中空玻璃成倍提高（表 5-7）。同时，通过改善窗户的制作安装精度、加安密封条等办法，减少空气渗漏和冷风渗透耗热，并对窗洞、阳台板、凸出圈梁及构造柱等位置采用一定的保温方式将其热桥阻断，达到较好的保温节能效果并增加舒适度。

② 遮阳结构

结合漂浮建筑形式，在南向和西向安装可调外遮阳装置或者结合蓄水屋面形成景观水帘，将80％的太阳辐射热量遮挡于室外，并根据使用情况进行调节，既满足夏季遮阳要求，又不影响采光及冬季日照要求。将钢化玻璃与中空玻璃搭配使用，当阳光照射到钢化玻璃表面的磨砂纹路上时形成漫反射，热量随之被阻挡在室外，不仅起到很好的遮阳保温作用，还可以最大程度地减弱室外噪声的影响。同时，安装光感和温感元件及电动执行结构，实现智能化的全自动控制，在室内无人的情况下，也可根据室内外温度及日照强度自动调节遮阳设施，以降低太阳辐射的影响，降低空调负荷，节约能量。

（4）通风防潮

为达到良好的空气循环，充分利用漂浮建筑的构造及室内外环境来组织和引导自然通风；利用南向大斜面屋顶、太阳能板和绿植覆盖层形成良好的挡风面；底层架空和中庭风塔结合，带走热空气，加快空气流动，达到良好的通风、防潮效果。

中空玻璃隔热性能分析 表 5-7

类型	空气层宽度（mm）	传热系数（W/m² · h）	传热阻 R（m² · h/W）
普通双层中空玻璃	9	3.1	0.300
	12	3.0	0.333
热反射中空玻璃	6	2.5	0.400
	12	1.8	0.555
三层玻璃中空玻璃	2×9	2.2	0.454
	2×12	1.1	0.467
Low-E 中空玻璃	12	1.6	0.623

建筑通风系统由自然通风和机械通风相结合，根据室内外温湿度差异采取相应的通风方式：当室外温度和湿度都低于室内时，建筑的排热除湿便可直接以自然通风解决；当室外温度高于室内，但湿度又低于室内时，则采用自然通风来满足建筑的排湿要求，利用干式辐射等末端装置来解决室内温度问题；当室外的湿度高于室内时，就关闭自然通风，采用机械通风方式解决室内的温湿需求。

室内通风系统由外墙进风设备、卫生间出风口、屋顶排风扇组成：取自高空的新鲜空气，经过滤、除尘、灭菌、加热/降温，加湿/除湿等处理过程，以每秒 0.3m 的低速，从房间底部送风口不间断送出；低于室温 2℃ 的新风，在地面形成新风潮，上升带走室内污浊气体，最后经由排气孔排出。在过滤空气、降低噪声的同时，排出卫生间潮湿、污浊的空气，不用开窗即可获得新鲜空气，减少室内热损失，节省能源，有效调节室内空气湿度，保证室内通风量，使水上居室时刻保持干爽、舒适的状态。

同时，还可以利用水源、风压、热压以及机械辅助等几种形式将室外新鲜空气引入室内，与室内空气混合调节，在整个建筑内流通后，部分空气排放出室外，将粉尘、气味及有害气体污染物稀释及排除。当屋内空气不平衡时（包括温度、二氧化碳含量等），排气管将室内的空气排到室外去，带有过滤网的进气口把室外的气体吸进来，一出一进带动室内洁净空气的流动，达到平衡后，排气管自动关闭。在不消耗能源的情况下降低室内温度，改善室内环境，实现被动式供热制冷，提供新鲜、清洁的自然空气带走潮湿污浊的空气（图5-25），达到理想的自然通风效果和健康居住的温湿度。

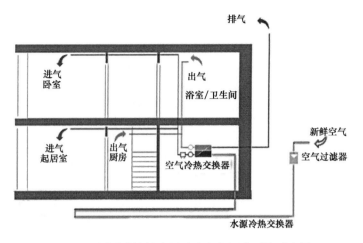

图 5-25　漂浮建筑的水源动力空气调节系统示意图

（5）噪声处理

采取有效措施分别处理噪声：对于室外噪声，利用房屋的外遮阳系统和外窗系统进行阻隔。对于楼板噪声，通过在楼板垫层下加隔声垫，或者在楼板构造内铺设绝缘隔声材料，与楼板及四周墙体分离，从而达到隔声效果。对于管道噪声，采取排水噪声处理系统，隔层排水时，排水支管穿过楼板，在下层住户的顶棚上与立管相连；同层排水时，排水支管与主排水支管均不穿越楼板，在同楼层内连接到主排水立管上；采用内表面光滑的HDPE 管道、相应水箱设计和隐蔽式安装组件，实现防噪处理，而且管道独立，不穿越楼板，无需跨层修理，减少系统的立管、支管及配件数量，既能节省材料与施工，还能提高系统的排水效果，经济节水。

（6）清洁系统

在建筑外部，利用表层涂料中的二氧化钛微粒与紫外线的化学反应净化水质，并通过建筑水下层的垃圾处理系统收集和处理废弃物，处理过的污水被抽至绿地的内部循环体系，通过植物吸收等生物过滤技术来清理剩余的杂质及污染物。

在建筑内部，采用中央除尘系统，将主机和吸尘区分离，选配任意软管长度，方便地进行全部或局部清洁，把过滤后的空气排到室外，不仅解决室内清洁问题，还能杜绝除尘后的二次污染，清洁处理能力为一般吸尘器的 5 倍。将吸尘主机放置在卫生要求较低的场所，如水下的设备层、车库、清理间等，将吸尘管道嵌至墙内，在墙外只留如普通电源插座大小的吸尘插口，当需要清理时只需将软管插入吸尘口，系统便自动启动主机开关，灰尘、纸屑、烟头、有害微生物，甚至室内烟味等不良气味，都可以经过严格密封的管道传送到中央收集站，确保最清洁的室内环境。

（7）智能设备

结合漂浮城镇各片区的具体情况，合理选择建筑的能源供应方案，优化各设备系统的设计和运行，加强能源的梯级利用，实现智能建筑的环保和可持续发展。采用智能化门窗提高建筑的气密性和隔声效果，安装微波传感器、防风雨传感器以及可以检测光线强度、二氧化碳浓度、室内外温度和天气状况的传感器；设置臭氧发生器，根据室内空气质量，释放氧气，保持空气清新，同时起到杀菌、消毒作用；使用先进的数字供暖制冷设备，不断调节系统的环流温度，将能耗降至最低；采用多块主控制板的方式，通过单开、双开和群控等功能控制门、窗、帘的开关和开启度；通过计算机控制管理系统装置，自动收集储存大量数据，采用无线远程监测技术对城镇构筑物进行实时健康环境监测。

5.4　工程管线系统

考虑到漂浮城镇的分期规划和运行，城内的市政管网建设将近期规划与远期规划相协调统一，根据城镇的经济能力和发展阶段，确定不同时期的建设规模，使工程管线规划具有良好的扩展性。以城镇总体规划和管线综合规划为依据，结合城镇用地功能布局及发展时序，与道路交通及各类市政管线的专业规划相衔接，结合城镇交通主干线、市政管线主干线，确定管线规划的系统布局和总体框架。

5.4.1　系统特点

（1）利用基座空间，便于扩容管理

结合城镇独特的建造方式，利用漂浮基座建造水下市政的公用空间，相关设施布置在基座内室（图 5-26），将电力、通信、供水、排水、燃气、垃圾真空管道、供冷、供热等市政公用管线按照规划的要求集中敷设在内，并设有专门的检修口和监测系统，不仅可以充分利用水下空间，节约出大量宝贵的水上路面空间，还可以确保管沟内部管线的有序排列，便于各种管线的维护扩容和集中管理，保证管网运行的安全性、经济性（图 5-27）。管线敷设时，将最大用户置于管网的始端，尽量缩短线路长度，以经济流速辅助确定管道管径，减少水头损失，降低管网造价和减少输送产生的能源消耗。另外，为满足市政管线容量需求和技术要求，灵活伸缩的 PVC 管，电缆线、市政管道等都可以随水位变化而移动，并将污水和废弃物及时排出。同时，设置与陆地相连的管道系统，将多余的电力、排出物等输送至陆地。

图 5-26　漂浮建筑的管线布置方式

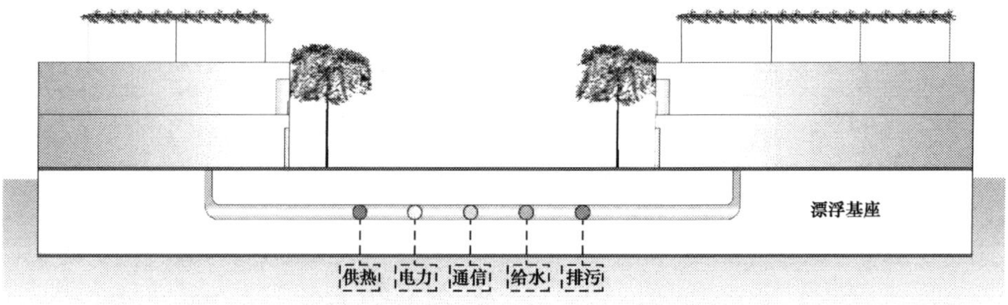

图 5-27　城内管线排布示意图

（2）高科技智能化，运行可靠高效

管沟内外设置现代化智能监控管理系统，采用固定监测和移动监测的智能设备，通过对管网内流速、流量和水位分层监测，确保管沟内全方位监测、运行信息不间断反馈，使管理人员随时掌握管道的淤积情况，在第一时间发现隐患并及时疏通，将危险控制在最小范围，为管沟的安全使用提供技术保障，达到低成本、高效率的管理维护。

（3）节约投资成本，增强防灾能力

水下管沟为相对独立的结构体，沟内的管线不直接与水体、道路结构层的酸碱物质接触，降低管网故障率，可以有效延长管线的使用寿命，节约全周期内的投资成本，还能够全面回收旧管材，实现低碳环保。而且，在发生冰冻、侵蚀等自然灾害及次生灾害的情况下，其自身结构具有的坚固性能够抵御一定的冲击载荷，较好地保护各种管线，有效增强防灾抗灾能力。

5.4.2　基本组成

城内的工程管线由干线、支线、缆线、干支混合构成不同层次的主体，形成点、线、面相结合的管廊综合体系。将城镇的水、暖、电、通信及垃圾输送等管线统一纳入综合管沟，其中燃气管和真空垃圾管位于上部单独成仓，并配备完善的消防、排水、通风、供配电、控制中心及监控系统等设施[9]，由主控室控制，既满足近期需求，又留有发展余地。在管沟内设置一定的纵向坡度，最小纵坡不小于 0.2%，最大纵坡符合各类管线敷设，既满足排水需要，又保证管沟坡度与道路及周边地势坡向一致。

干线综合管沟。设置在机动车道或道路中央下方，主要输送原站到支线综合管沟，内部结构紧凑，使用专用设备稳定、大流量地供给大型用户。设置工作通道、通风等设备。

支线综合管沟。设置在道路两旁，收容直接服务的各种管线，结构简单、施工方便，使用常用定型设备将各种供给从干线综合管沟分配、输送至各直接用户。设置工作通道、通风等设备。

缆线综合管沟。设置在人行道下面，设置供维修时用的工作手孔。

干支线混合综合管沟。综合干线和支线综合管沟，用于较宽的城内道路。

5.4.3　管网区分

（1）给水管网

城内给水管网按照高质高用、低质低用的分质用水原则，安排三套供水管线：饮用水管线、非饮用水管线、回用水管线。按照漂浮城镇的规划布局布置管网，以环状与树状敷设相结合，主干管采取环状，城镇中心区和居民密集区等主要区域布置成环状网，次要地区为树状网。位置靠近用户，保证最不利时水压达到28m，主要方向按供水主要流向延伸，当输水管和管网延伸较长时，增设加压泵站中途加压，使二级泵站的扬程满足加压泵站附近管网的服务水压。管道系统划分上，采用混合式的大循环方式，各分区内部采用串联式，分区之间根据各自用水量、水质来布置，与循环水泵房建立循环并联式的小循环，各自独立运行。

（2）排水管网

城内排水管网安排两套管线：杂排水管线，收集优质杂排水、洗浴排水等至中水处理系统；污水排放管线，收集厨房污水、冲厕污水等至市政污水管道。根据漂浮城镇的规划布局特点，结合污水处理厂、出水口的位置，布置主干管和干管：主干管布置在排水区域内地势较低的地带，便于支管和干管的污水自行流入；干管沿主道路布置，设置在污水量较大或地下管线较少一侧的人行道、绿化带下，参考二级泵站的供水方向，将干管平行布置在用水量较大的区域。同时，污水管道设置一定的坡度，采用重力流形式，当道路宽度大于40m时，在道路两侧各设一条污水管，以减少连接支管的数目以及与其他管道的交叉，方便施工、检修和维护管理。

（3）中水管网

中水管网设置依据城内道路、水系等自然条件的位置进行布线优化设计，满足水量、水压、水质的要求。管道布置沿城内规划道路和水系布置，输送方式以重力和压力管道输送相结合，收集中水至中水系统处理后，输送至用户点回用。综合室外、室内优化布置管网：

布置室外中水管时，按照小区干管、小区支管、小区接户管的顺序进行。小区干管靠近用水量较大的地段布置，在小区内部成环或与市政中水管网连接成环。管道与道路中心线或主要建筑物平行布置，减少与其他管道的交叉。

布置室内中水管时，中水入户管的位置根据室外中水干管位置和建筑物的布局等因素综合决定，从建筑物用水量最大的用水点接入。管线布置与墙、梁、柱平行，呈直线走向，力求距离最短。当与其他管道交叉时，置于生活饮用水管之下、排水管之上。

5.4.4　管线布置

管线综合布置与各片区总平面布置、竖向设计和绿化布置统一进行，管线之间、管线与建筑物之间在平面上及竖向上相互协调、紧凑布局。各工程管线在平面走向、垂直标高、相互交叉等方面，在合理可行的基础上相互避让、各行其道，互不冲突、互不干扰。

平面布置上，结合各地块规划重点的要求，将干管布置在用户较多的一侧或将管线分类布置在道路两侧，减少管线在道路口的交叉，管线带的位置与道路或建筑红线相平行。从道路两侧红线向道路中心线方向平行布置，根据工程管线的性质、敷设深度等确定：分支线少、敷设深、可燃、易燃以及损坏时对建筑物安全有影响的工程管线远离建筑物。先布置重力管线，后非重力管线，根据各建筑物的排水点，布置区域污水管网和雨水管网，再逐一布置热力管线及各种工艺管线，最后布置给水消防管线。在道路横断面上安排管位时，首先考虑布置在人行道下，所有管道及行道树、路灯杆均平行道路中心线布置。热力管线、燃气管线及通信线缆放在道路的一侧，将给水管线、污水管线及电力电缆放置在道路的另一侧，将雨水排水管线置于道路中间，沿人行道及绿化带下方平行铺设。各工程管线施工过程中在各地块相应位置预留过路支管，以便各工程管线的支管线接入。

竖向布置上，主要考虑污水管和重力流管道在主要交叉口相互穿越的竖向情况，通过调整污水管和雨水管的竖向布置，使其顺利穿越。给水管位于污水管和雨水管之上，通信、电力、燃气管之下，按规范要求管线交叉均保证 10cm 以上的竖向净距。

当综合管沟与其他地下管线及构筑物交叉或者在高程上遇到其他工程管线时，遵循下列原则：可弯曲管线让不易弯曲管线；小管径管线让大管径管线；压力管线让重力自流管线；分支管线让主干管线，避免管沟内过多调整主干线的弯曲度而增加运行费用；污水管线在与雨水管道、给水管线交叉时，位于最下方；当综合管沟与构筑物相交时，遇高程相碰问题，作抬高或者降低处理，其坡度根据管线工艺要求确定，与构筑物之间保持一定的安全距离。

5.4.5 管材选择

针对漂浮城镇的水环境，城内市政管道采用耐腐蚀、耐酸碱、抗冻且柔韧性能好、抗冲击力强的合成管材，如新型复合管、异形截面塑料管等，适应水体运动带来的形变。同时，涂刷防污漆、加强防滑度，减少水域生物对管道的附着，避免管道堵塞。

给排水管材方面，优先选用橡胶工程材料、承压塑料材料、碳钢衬聚乙烯复合材料和玻璃钢材料等高性能管材，如 PP-R 管（三型聚丙烯管）、PE 管（聚乙烯管）、PVC-U 管（聚氯乙烯树脂管）、玻璃钢夹砂管（RPMP）、硬聚氯乙烯（UPVC）管、高密度聚乙烯管（HDPE）、增强聚丙烯管（FRPP）以及钢塑复合管、铝塑复合管等，既具有钢管的高机械强度和高抗冲击性能，又有塑料材料耐腐蚀、低阻力和不易结垢的优点。结合使用加入特殊吸声材料的静音管材以及具有降噪效果的芯层发泡 UPVC 管和 UPVC 螺旋管等。

中水管材方面，由于中水含有余氯和多种盐类，容易产生生物和电化学腐蚀，再加上处理过程中一系列的物化反应，要求中水管道材质具有较强的抗腐蚀性，故采用塑料管、衬塑复合管、塑料与金属复合管或玻璃钢管等耐腐承压的管材。

另外，考虑到长距离管线的伸缩问题，采用补偿器等方法减小管壁的应力和作用在阀件或支架结构上的作用力，使用低阻力阀门和倒流防止器等减少管道局部水头损失、阻力损耗及热损失，达到节水节能的目的。

5.5 环境卫生系统

依据漂浮城镇的总体规划和发展目标，保持与水系统、能源系统、环境保护相协调，合理规划城内环卫建设项目，按照垃圾收集、运输、处置系统的实际需要，合理布局和配备各类环卫设施。采用新技术、新工艺，推进城内现代化环卫系统的建立，从源头分类收集并封闭运输，通过物理、化学、生物、热解、固化等不同分级处理方法，分解有机物、减少体积和重量，将病原体杀灭到达标程度，就地处理并回收有用物质后，输送至陆地进一步处置和利用（图5-28）。全程经由安全可靠的废弃物处理系统，达到垃圾处理的减量化、资源化、无害化，利用绿色新技术转化再生为能量供给，使城内产出得以回收，形成整体城镇物质的生态循环与平衡。

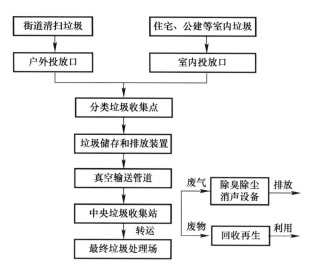

图 5-28　城内环卫垃圾处理系统流程

5.5.1　科学收集系统

（1）分类收集

设置分类垃圾收集系统，按处理利用方式和不同产生源对垃圾进行分类收集，设置不同的投入口或按不同日期分类投放传送，如有机垃圾和无机垃圾、可燃垃圾和不可燃垃圾等，简化垃圾处理工艺，降低垃圾处理成本，与整个运输、处理处置和回收利用系统相统一，实现垃圾的分类收集与循环利用。

生活垃圾收集点的规划以方便居民生活、便于收集运输作业、具有可操作性和可实施性为基本原则，设置在居住区内或其他用地内，服务半径不超过70m，住宅区每4幢设置一处，市场、交通枢纽及其他产生生活垃圾量较大的区域单独设置收集点，方便生活并满足必要的运输条件；垃圾产量大和交通拥挤地区的收集点在开始工作前清运，而离处置场或中转站近的收集点最后收集。城镇建设前期，率先在生态住区和水上度假区采用垃圾气动收集系统，利用压缩空气或真空动力，通过敷设在住宅区及道路下基座内的输送管道[10]，把垃圾传送至集中点。其他的地区垃圾由密闭清洁站收集，就近处理后，集装箱压缩送至垃圾中转站或者直接运至陆地垃圾处理厂，以常规方式处理。

在垃圾清运过程中设置转运站，用于城内有机废物的二次处理及循环再利用，包括为建筑群服务的小型中转站和为组团及城镇服务的大型中转站，并设置若干个垃圾收集站和相应的生物能源厂作为配套设施。转运站位置的选定根据城镇的规划布局形态、交通流线及转运站服务半径，结合道路交通情况、垃圾产量、停车场位置等，将路线的开始与结束邻近主要道路，出发点接近停车场，保证在收集区域内行程最小，城内转运站位置安排如

图 5-29 所示。

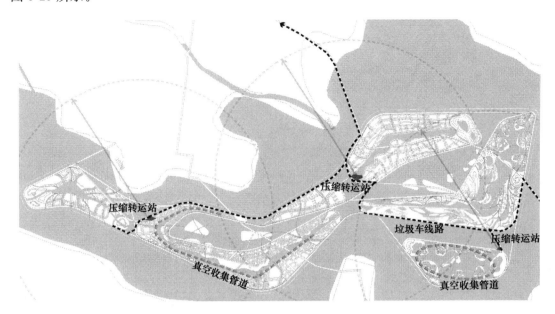

图 5-29 城内垃圾处理系统分析

（2）封闭收集

采用封闭式垃圾自动收集系统，将垃圾收集过程由地面转至水下，由暴露改为封闭，由人工转为自动，通过收集、清运的容器化、密闭化、机械化，减少暴露垃圾，提高环境卫生质量。首先使用收集站的抽风机进行抽吸，使垃圾袋利用空气负压技术，通过水下基座内的真空输送管道，以 50~70km/h 的速度抽送到中央垃圾收集站，再通过垃圾分离器将垃圾和废气分开，废气通过抽风机进入收集站的空气净化系统，而垃圾经过压缩打包、分选分类、破碎等，体积减小 60%~70%，随后推进密封的垃圾收集罐中完成收集，最后由环卫专用车运往陆域垃圾处理厂进行最终处置。整个收集系统由垃圾投放系统、管道输送系统和中央收集站组成。

垃圾投放系统。包括室内外投放口、竖向垃圾管道、垃圾储存和排放装置、进气口、排放阀及其控制线路。室内垃圾投放口安装在住户的厨房内、公共走廊和楼梯间，采用人体感应式开关和闭合。室外垃圾投放口设在小区内，收集室外垃圾。竖向垃圾管道安装于建筑中，由高质量的纤维加固水泥管或钢管做成，内壁光滑，每层楼的垃圾口与竖向管道相连。通过垃圾储存和排放装置连接至水平输送管道，安装于建筑物的负一层的漂浮基座上。在竖向垃圾管道的下端，底部的垃圾排放阀是竖向垃圾管道和水平垃圾输送管道的分隔板，中央控制系统统一控制，当垃圾排放阀打开时，垃圾会因重力下落并被气流吸入水平输送管道内。

管道输送系统。包括水下垃圾收集管网、水下控制线网、水下压缩空气管网、分段阀门井、检修口室、进气阀室、接驳分叉口等。把每个住宅、小区和中央垃圾收集站连接在一起，服务半径一般不超过 1.5km。由低碳钢制成，在输送管道末端设有吸气阀以控制空气的吸入，由中央控制系统控制。在正常情况下，同一时间只开启一个吸气阀；当系统不输送垃圾时，关闭所有吸气阀。

中央收集站。包括切替装置、垃圾分离器、通风机、冷却器、脱臭装置、计量装置、排出装置、垃圾压实机、集装箱移动系统和中央控制系统。配套若干个垃圾集装箱、垃圾分离器、压缩机和抽风机，设有除臭器、除尘器及消声器，减少可能产生的滋扰。中央控制系统主要由计算机、操作台、动力控制屏、垃圾压缩机和集装箱移动装置控制屏组成，负责控制整个垃圾输送、装箱过程。通过电脑控制系统，将各种已分类的垃圾通过管道传送到相对应的集装箱，将可回收垃圾运至就近的回收资源处理厂，其他垃圾运往陆域垃圾处理厂进行最终处置。

（3）特点及优势

① 保护城镇环境

该科学收集系统从源头将可回收和不可回收垃圾进行分类收集，整个收集和运输过程皆处于密封状态，避免异味，降低交叉传染或身体损伤的危险，杜绝人与垃圾的二次接触，有效杜绝交叉污染和二次污染。车辆运输的减少，可以降低交通压力，减少噪声和废气排放，从而保护城镇环境、提高生活质量，促进城镇的生态环境建设和可持续发展。

② 提高工作效率

该科学收集系统能够有效降低垃圾收集与运输的劳动强度，减少人力劳动成本，提高工作效率。通过系统内用户识别卡技术对使用次数进行记录，实现分单计费，方便用户使用并自觉减量。

③ 释放社区空间

该科学收集系统以投放口取代传统的垃圾收集方式，在公共市政道路两侧的人行道安装智能化垃圾投放口，减少环卫用地、释放社区空间、提升物业价值。

5.5.2 高效处理系统

城内垃圾除部分直接回收使用外，其他则通过技术转化设施进行高效处理，尽可能就近循环利用，避免储存和运输所造成的污染、浪费和能源消耗。

（1）用户垃圾处理

在小区及建筑内设置用户垃圾系统，将生活污水和有机垃圾进行综合处理。安设在厨房或卫生间的下方，在有机垃圾产生的源头如厨房洗菜池的水槽下安装垃圾粉碎机（图 5-30），对垃圾进行粉碎研磨预处理后，将垃圾颗粒与其他生活污水在混合灌中混合，经过格栅池的初步过滤，进一步分解，使污物上浮或沉降。首先进入一次沉降池进行沉降处理，沉降 40％ 的生物氧分需求（BOD）和 65％ 的固体。为防止颗粒吸附在管道内壁和管道堵塞，在垃圾粉碎机后端安装具有随时清洗装置的残渣过滤器，并在格栅池的前端设置水泵，加大水流量，防止污水中颗粒的沉降。随后，经一次沉降池处理的污水和回流的污泥一起进入好氧池Ⅰ和好氧池Ⅱ，被兼性菌、好氧菌

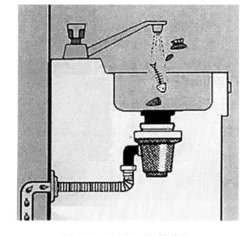

图 5-30 用户垃圾粉碎机

和聚磷菌有效分解、吸收、代谢，达到净化水质的目的。然后，经过好氧处理后的污水和回流污泥一同进入厌氧池，经潜水搅动器均匀混合，防止沉淀。厌氧池具有选择器的作用，可以有效防止因丝状菌过度繁殖所引起的污泥膨胀，改善污泥沉降性能。很多在好氧条件下难以生物降解的大分子有机物，在厌氧条件下被兼性菌和好氧菌作用，或被部分降解转化为小分子物质，结构改变后更易于生物好氧氧化和分解，增强污水的可生化性，同时聚磷菌有效地释放磷，获得能量，为后续工艺效果的提高创造有利条件。处理过程中残渣的 5%～10% 可回收作为肥料。

经过上述处理，污水进入二次沉降池和滤池处理，由于微生物的新陈代谢，污水中的大部分污物变成 CO_2 和 H_2O，沉在池底的微生物经过管道和泵送至好氧池 I 的前端，与新流入的污水混合，循环处理。澄清处理水则通过出水泵流至滤池进行深度处理，得到符合非直饮水标准的再生水，经水泵传输到用户。

（2）粪污收运处理

城内的粪便、污泥等直接或间接排入污水管道，进入污水处理厂后，采取物理、生物、化学的处理方法，将粪便中的污染物质分离出来或将其转化为无害物质。考虑到粪便的性质、数量及排放水体的环境要求，处理工艺流程分为三个阶段：预处理，去除悬浮物，主要构筑物包括沉砂池、格栅、储存调节池、浓缩池等；主处理，使固体物质变为易于分离的状态，同时使大部分有机物分解，主要构筑物有厌氧消化池、好氧生物处理或湿式氧化反应池；后处理，将上清液稀释至类似生活污水的水质，采用生活污水处理的常规方法进行处理。最后，经无害化处理后用于周边岸域的灌溉、农用肥料和水生物养殖，或者补充沉陷湖水。

（3）水体垃圾处理

对于城内的水面及水中垃圾，结合漂浮景观雕塑，采用环保浮动设备及技术进行水面垃圾等漂浮物及水中垃圾的清理，对垃圾物进行脱水、粉碎、压榨、输送和固化处理，并结合水底自动清淤、输送及潜水拦污、粉碎、搅拌推流等，改善水质、保护环境。

5.5.3　回收再生系统

鉴于漂浮城镇以自然环境为建设基础，本着生态可持续的垃圾资源化原则，在城内环卫设计中建立回收再生系统，包括可直接回收的有用物质和其他废物的分类存放，将有机垃圾和无机垃圾经过不同的工艺处理后进行综合利用，提高垃圾的回收利用率，有效控制对人体健康的危害和对环境造成的污染，实现垃圾的循环利用，达到环境-生物-环境的生态物质循环。

前期垃圾进行源分离后，将分离出的排泄物和厨余有机垃圾输至生物再生能源站，收集和分配废物并对其进行后续加工，通过再生能源供给系统将有机垃圾资源化，为城内的生产生活提供更多的可利用资源与能源。主要措施有：设置垃圾焚烧发电厂和垃圾堆肥厂，将垃圾充分回收利用，垃圾焚烧发电厂位于创业园区，垃圾堆肥厂位于观光型生态农业及休闲渔业附近，将垃圾中的有机物转换为有机肥料，就近作为渔场养料或通过物流输送至陆地进行农林种植。设置电子焚化间将废水废物化成水和灰，将其他玻璃、塑料、金属和纸制废品等垃圾进行回收利用，补充能源或转化为电能储备于蓄电池或者输送至电网

（图 5-31）。同时，利用水中的浮游生物和植物，吸收分解城内生活产生的二氧化碳和废弃垃圾，转换成有用的氧气和电力，增加城镇能源的有效供给。

图 5-31　城内垃圾再生处理站示意图

5.5.4　固体废物处置

对于不能利用的垃圾，经压缩和无毒处理后成为终态固体废物，废物焚烧产生的废气通过净化装置和冷凝器将冷凝液排入沉陷湖中，其他废物和残渣输送至陆地进行常规处理。主要采用压实、破碎、分选、固化、焚烧、生物等技术进行处理。

压实技术。对于可压实减小体积的固体废物，如松散废物、纸箱、塑料及纤维制品等，进行固体废物的预处理，通过废物减容化，降低运输成本。

破碎技术。采用冲击破碎、剪切破碎、挤压破碎、摩擦破碎以及专用的低温破碎、湿式破碎等方法，预先对固体废物进行破碎处理，减小进入焚烧炉、堆肥系统的外形尺寸。

分选技术。通过重力分选、磁力分选、涡电流分选、光学分选等，利用物料某些性质方面的差异，将不同粒度级别的废物加以区分，将有用物质选出利用，将有害物质分离。

固化处理技术。通过向废物中添加固化基材，如水泥固化、沥青固化、玻璃固化、自胶质固化等，使有害固体废弃物固定或包容在惰性固化基材中。经处理的固化产物具有良好的机械特性，抗干湿、抗冻融特性，抗渗透性以及抗浸出性，可以用作建筑材料或路基材料。

热解技术。将固体废物在无氧或缺氧条件下高温（500～1000℃）加热，其有机物受热分解，转化为液体燃料或气体燃料，残留少量惰性固体。热解减容量可达 60％～80％，并能充分回收资源，适用于城内生活垃圾、污泥、粪便等。

生物处理技术。通过废纤维素糖化、废纤维饲料化、生物浸出等技术方法，利用微生物对有机固体废物的分解作用，经过无害化处理使有机固体废弃物转化为能源、食品、饲料和肥料，还可以从废品和废渣中提取金属。

5.6　其他市政配备

5.6.1　电力系统

（1）供电规划

由于漂浮城镇位于水上，城内主要以水和太阳作为能量来源进行电能的转化。考虑到漂浮城镇的新兴性和环境特殊性以及分期建设计划，城镇供电规划在满足日常生活以及生产、服务等需求的基础上，着眼城镇未来发展和增长量，进行发展性的优化布置和设计。

首先，将高压与低压配电系统与各功能区的供电负荷有机结合，既满足近期用电负荷不大情况下的低投入，又充分考虑供电系统远期发展的可能性。其次，在建筑外墙安装太阳能电池板，建筑顶部和绿地花园配备风力发电机，以太阳能和风能产生的电能满足居民的生活和生产所需以及驱动给水排水设备等市政设施。同时，利用浅水层和深水层温差以及水位上下浮动带来的能量发电，发电机产生的多余热量被集中到中央供暖系统。将所有的发电机同中央电脑连接在一起，统一调度，把各个发电系统与各片区电网及城镇电网合并。另外，在各个漂浮模块中自设发电机组，满足独立的电源供电需求，便于遭遇灾害时，形成单体模块转移到安全区域。

此外，采用分类建筑用电指标预测用电负荷，考虑用电折算系数后用电负荷预测指标：居住 3～3.3kW/户，商业、娱乐等公建 24～30W/m²，行政、办公、教育、医疗等建筑 20～26W/m²。根据用电负荷预测和就近分片供电原则，规划 10kV 变电站，选用 2×500kV·A、2×630kV·A、2×1000kV·A、2×1200kV·A。在漂浮基座内设置独立式变电站，中压配电网采用环网结线，开环进行。道路照明电源采用 10kV 箱式路灯专用变电站或引自邻近 10kV 公用变电站，采用高压钠灯光源和内外热镀锌钢杆灯具，干道景观轴灯具规划照度 15lx 左右。

（2）电力设施

针对漂浮城镇的水域环境特点，主要采用适合的水上电力设施，例如：

浮式电力设备。利用水下空间，将机电设备安装在漂浮基座内室，包括进水口到尾水管等，成本低且对环境影响极小。

趸船水轮发电机。采用趸船式浮动工作平台，将水轮机、发电机、升降机、流速调节器、监控室等设备置于工作平台之上，水轮机利用水动能带动发电机发电，使用锚锭固定水面位置。在趸船船头一侧设有可开合的流速流量调节器，调节工作面的流量和流速，保证丰水期和丰枯水过渡期的均速转动，在时间上和空间上最大限度地利用水能发电。在城内各组团片区成串并联布置，形成规模发电。

漂浮式风力发电机。将浮置式的发电设备安装在水上浮标上，并在各区块的站点码头和主浮桥配套设置水电箱，便于水上交通工具的用水用电。

浮动景观发电网。漂浮于水面上的网状景观型设备，由两侧的混凝土母浮体固定，子浮体纵横排列，通过设备上的太阳能电池和风车发电，下方安装发光二极管，发出适合浮游植物生长的光，形成对吸收二氧化碳和渔业有益的环境。

风力/水流涡轮发电机。依靠涡轮叶片将气流/水流的机械能转换为电能，利用气流/水流驱动将风能/水动能转化为电能用于城内的生活生产。

浮式景观发电装置。在景观雕塑中心主体内安装涡轮发电机等发电装置，达到零排放循环能源。

人工发电装置。在城内的公共活动设施中安装运动发电装置，通过人的活动来发电。

5.6.2 供热系统

因地制宜地利用天然能源如水能、太阳能、风能等可再生能源，进行光热利用，以最经济和最清洁的方式，满足城内空调采暖、供热等能源需求，达到环保节能的目的。

（1）系统规划

在供热系统规划中，采用分区供暖系统，利用集中供热网，在管网及各项设施的布局与设备选择上，加强对围护结构的优化设计，降低围护结构能耗。采取多种措施在保证供热质量的基础上，提高能源输配效率、减少环境污染、降低运行成本：

① 多级储热、优先加热。储热系统根据用户用水情况，采用集中压力式、分段式热水平衡的太阳能热水系统，按优先等级分为一级储水罐、二级储水罐、三级储水罐。在系统监视并自动切换控制下，太阳能集热器采集到的热量会及时、依次加热储水罐的水达到所需温度供用户使用，保证太阳能利用的最大化。

② 对于集中供热的建筑，当部分用水点较分散且远离供水设备时，采用局部加热设备，以减少供水管道的长度，减少热损失。在进行冷热水管计算时，适当放大热水管管径，减少热水管水头损失，尽量保证冷热水供水系统在配水点处有相同的水压，节约能耗。

③ 在热水供应系统中，尽可能减少热能损失。对于设置在住宅厨房和卫生间的局部热水供应系统，尽量减少其热水管线的长度，进行管道保温，并选择适宜的加热和贮热设备，在不同条件下满足用户对热水的水温、水量和水压要求，减少水量浪费。同时，采用变频调速控制系统，在配水龙头处装设水流指示器或在最不利配水点装设感温元件，把信号传递至循环水泵的控制系统，根据热水的不同配水工况指示水泵改变运行参数，从而节省电耗，比一般供水设备节电 20%～40%。

④ 防过热控制。采取单独的过热保护系统，采用散热装置，散发并收集转存热量。

⑤ 备份热源采用电磁锅炉，优先以夜间蓄热的模式削峰填谷，节约费用，减少电力装机容量。

（2）供热设施

城内建筑的封闭面用来遮阳、储存或释放热量，透光面用来收集能量，还可以根据阳光的位置，自行转换角度，夏季收集和储存能量，冬季利用和释放能量。另外，在住宅的间隙分散处理粪便等污水，焚化有机废料和垃圾转化为热能，获取沼气用来供热，余下的液体肥渣用来种植生产，在一些设备冷却过程中被加热的水可以用作水生物的培养液。城内除主要采用水源热泵外，还综合多种设施设备进行集热和供热：

太阳能集热。采用太阳能制备生活热水，保温性能好，自动控制程度高，集热效率和热泵性能高，节能环保。由于漂浮城镇内多为低层和多层建筑，太阳能采取分散设置，将太阳能进出水管装设在楼梯间公共部位的管井内，太阳能集热板热水箱设置在屋面。以直接和间接利用方式进行集热：直接利用时，热水采用上供下回式，把屋面布置成串联集热的太阳能聚热板，在楼梯间顶部设水箱间，内设电辅助加热设备，循环泵设置在水箱间；间接利用时，太阳能板集中设置在屋面或小区道路的架空层上，与景观相结合，换热器热水箱设在漂浮基座的设备间，通过真空管集热器收集太阳能，利用内热回收系统搜集建筑系统排放的废热，对生活热水进行预加热处理，然后将制备好的热水用变频泵送至各用水点（图 5-32）。

太阳能热泵。利用太阳能建立蒸发器热源的热泵系统，把热泵技术和太阳能热利用技术有机结合，同时提高太阳能集热器效率和热泵系统性能。由于太阳能热泵系统中设有蓄热装置，因此夏季可以利用夜间谷时电力进行蓄冷运行，用于白天供冷，利于电力错峰，

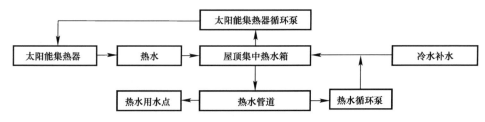

图 5-32 城内太阳能热泵技术流程

节省运行费用。考虑到制冷剂的充注量和泄漏问题，城内建筑将采用适用于小型供热系统的直膨式太阳能热泵，如户用热水器和供热空调系统，保持太阳集热器的工作温度与热泵蒸发温度一致，且与室外温度接近，集热器吸收的热量作为热泵的低温热源。在阴雨天，太阳能热泵则转变为空气源热泵。

空气源热泵。通过空气源热泵系统从室外空气中获取大量自然资源，并通过电能将其转移至室内。使用 1 份电能，即可从室外空气中获取 2 份以上的空气能，产生 3 份以上的热能。采用高压腔直流变速压缩机或喷气增焓技术等，使运行范围扩大到—20℃，利于低温启动，并根据室外气温自动调节，使舒适性和节能性最大化。与燃气供暖相比，可以节省 30% 的费用；与电采暖相比，可以节省 30%～50% 的费用。

天花采暖制冷系统。采用天花采暖系统以顶部辐射的形式进行采暖和制冷，将高性能工程塑料管铺设在楼板内，达到冬天采暖进水水温 33℃，回水温度 30℃，夏天制冷进水温度 18℃，回水温度 21℃。楼板温度控制在 19～24℃，通过冷热水控温制冷，冬天采暖，室内温度恒定在 20～26℃，楼板均匀散发 28～29℃ 的热量，距离房顶 0.5m、1.0m、1.5m 高度的温差仅为 0.2～0.3℃，达到舒适温暖的室内温度。

变风量空调系统。变风量系统由变频中央空调系统配以变风量（VAV）末端设备组成。变频技术在建筑物空调负荷需求发生变化时（如室内人员、室外温度、太阳辐射强度的变化等），通过对水泵、风机和冷水机组等设备进行变频调节降低能量输出以适应负荷需求，其整体可以达到节能 30%～40%。作为一种高舒适度、低能耗的空调系统，系统中的能耗设备进行变频调节能量输出，独立调节各个房间的温度，即使在较低负荷的工况下也能正常调节，节约大量能源。

5.6.3 通信系统

在漂浮城镇的通信系统建设中，规划设计在满足系统合理布局的前提下，着重发展智能管网信息化管理和运行监控智能化，如网络与多媒体、数字化管理等。在各组团片区的漂浮基座内设置若干通信交接房。规划时以增强通信能力为目的，为快速的通信工程更新发展留足空间。采用光纤线路终端（OLT）和光纤网络单元（ONU）方式。安装移动电话适配器，通过信号设备与陆域语音通话、收发传真、连接互联网等功能，及时获取气象、交通、航运及商务等信息。同时，按照需要定期下载信息，通过电子屏对外发布公共信息。

在道路建设时，预埋通信管道，建设高速宽带、数据网络，使网络与管道规划敷设光缆到路边和小区，依据不同道路断面规划，在道路的人行道或道路红线退让一侧布置，规划不同运营商的同一管路在同一管道但不同管孔。在弱电系统布置时，考虑电话、网络、有线电视等多种管线同管敷设的可能性，以降低工程造价。采用小区分类用户预测和单位建筑面积用户指标预测，采用主要预测指标为住宅电话 1～1.1 线/户，商业 1 线/（130～200）m²，行政商务办公 1 线/（60～80）m²，医疗 1 线/（150～180）m²。

5.6.4　安全与防灾系统

在城镇的安全与防灾工程方面，考虑到漂浮城镇由模块拼接而成，城镇各项市政设施也按照模块组合分别规划和独立设计，各模块的枢纽位置具有可拆卸性和组装性。在遭遇灾害时，依靠前期预警系统，分离模块以便于及时分散并转移到安全区域，脱离后的单体模块能够正常运行，具备较高的安全性和极强的适应性。而且，城内建筑自身也设有防灾预警设备：屋顶的太阳能装置在白天为房屋吸收并转化能量，夜晚则发出白光，起到城镇亮化和照明的作用，如遇紧急情况，住户可以启动警报通知控制台，屋顶的灯光即从白色变成红色，向控制站发出警报。即使在无防护措施及未及时预警的情况下，就漂浮建筑本身的建造方式看，其应对能力比固定在某一位置要好得多，减少的损害也要少很多。其抗渗性强、耐久性好、自重较轻、承载力大等优势，本就对建筑具有一定的保护作用。加上沉陷水域属于内港，所受的风浪等环境载荷较小，只要在结构设计中给予足够的考虑，就能够有效避免风暴等破坏性环境的影响。

（1）防洪排涝

根据漂浮城镇的环境特点，将防洪排涝体系渗入到城内的生态休闲空间之中，依据不同的水系分布进行排水设施的合理布局。由开放水域空间组成相互联系的网络，使漂浮城镇能够以自然的方式控制雨水径流，建立雨水排放管道与蓄洪系统，依靠绿色基础设施解决城镇雨洪问题，如利用雨洪接收装置直接接收并进行初级处理，将雨水径流导入下一级设施，最终排入沉陷湖，促进城镇水循环和改善生态环境（表 5-8）。同时，布置防汛监控系统，对积水和径流情况进行检测和分析，以便及时启动排涝设备，及时做好防汛排水工作：一方面为确保储备浮力及便于监督检查，勘划载重线标志，实时监控警戒水位线；另一方面设置水下灾难监控和处理中心，一旦预测灾难，立刻启动程序漂移到安全地带。

城内雨洪接收设施工况　　　　表 5-8

设施类别	基本功能	系统中位置	尺度范围	管理措施
屋顶绿化	过滤/处理	系统起始处	住宅小区、公共建筑	检查屋顶隔离屋、植被和维护排水路径
墙面绿化	水流控制/过滤	系统起始处，直接连接屋顶	住宅小区、公共建筑	根据不同的物种偶尔浇水和修剪
过滤带	过滤	主要处理系统的上游	从小坡的街边到大尺度的场地	经常清除垃圾和沉淀物，刈割
可渗透铺装	过滤/渗透/处理	处理系统的上游，去除沉淀物和减少径流量	从公共活动场地到街道	利用真空吸尘器去除沉淀物；刈割和灌溉维护植物
区块滞留水系	滞留/渗透/保存	过滤设施之后，防止过量沉淀物，集水区和径流下游	片区内若干区块	不定时检查和清理垃圾和沉淀物
片区保持水系	保持/处理	汇水区和径流的下游，最终排入沉陷湖	居住区、商业区和工业区等组团片区	每半年检查一次，移除沉淀物、聚集垃圾和碎屑物，以保证排水顺畅

（2）消防系统

由于漂浮城镇位于水上，取水极为方便，本着环保节约的原则，城内消防用水以中水为主，辅以沉陷湖水（图 5-33）。

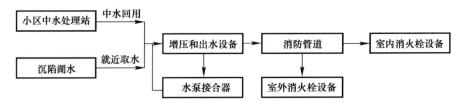

图 5-33 城内消防系统流程

室内外消防给水。在建筑物周边设置室外高压消防环管及室外消火栓，直接与中水管道和沉陷湖连通，利用中水或就近抽取湖水用于消防，室外消防环管设置以不影响使用为前提。在建筑物内将系统消防环管敷设在室内首层地面垫层内。

消防专用中水供水系统。将建筑或小区的中水系统和消防系统合用，把处理合格的中水从小区的中水处理站送至各处的用水点，作为消防用水专供大型建筑或住宅小区的独立消防系统，节约并利于水源循环。由增压和储水设备、消防管道、水泵接合器、管道附件和消火栓设备等组成。同时，采用红外光谱感应和自动喷淋灭火系统，经微电脑逻辑判断火险控制开关，保证火险处于控制之中，防止火灾蔓延扩大。

消防站点布置。根据城内区域布局和水系分布，在各片区设置消防加压站，配备消防水泵及其他相关消防器材。在主要通道每隔约 25m 设置一个消火栓箱，内置手提式灭火器和轻便消防水龙，包括接口、水带、水枪，便于初期灭火，用水量小，配备方便。在充电站、泵站等配置一定数量的便携式可燃气体报警仪、干粉灭火器、二氧化碳灭火器、推车式灭火器等辅助灭火设施。

（3）其他防灾

在城镇各个漂浮组团设置 GPS 卫星自动定位装置，离开原位超过 1m 时，系泊机构便会自动锁紧，将其拉回原位。此外，各组团片区还设有自动统计人数和平衡感应装置，用于控制荷载和及时报警，以防人潮突涌或重量不均，导致下沉或倾侧。采取防雷措施，将防雷接地装置连接到水下的混凝土基墩上，或者焊接到钢结构桩基的外层构件上。

5.7　相关辅助工程

5.7.1　贯通水系

依据淮南上位规划，将在淮河以北发展大型沉陷生态湖——淮阳湖，为漂浮城镇的建设提供了良好的背景条件。随着研究区沉陷水域的连通和扩展，在漂浮城镇建设初期可以充分利用此类水利工程，通过湖泊清淤、开挖阻隔体、修建沿湖道路、架设湖中桥梁等工程梳理、连通沉陷水系。在水资源丰沛集中的地区，通过水域体系的水资源调度，增加引清水量，稀释湖水，在短期内消减污染负荷，降低污染物的浓度，加快污染物的降解，扭转水环境质量恶化，调活水体且加快水体流动，增加水体更换频次，提高水体的复氧、自净能力，从而有效改善网系水质。同时，通过水生动植物的水生态修复手段净化水体，因地制宜地配置绿化，形成层次丰富的漂浮绿地景观，完善沉陷湖泊的水体系统。

5.7.2 引淮入湖

为将采煤沉陷区建设为"半城湖光半城楼"的特色景观区，淮南在现有水利基础上建立了"淮湖连通工程"，规划建设淮河平原生态湖。借助此次整体规划工程，在漂浮城镇的建设中，可以根据沉陷区水面的特点，选择适宜路线建立沉陷湖面与淮河连通渠道，在渠道与淮河交界处建立大型排灌两用闸进行湖水的控制和调度。此外，在引淮入湖的入口处建立水生态净化系统，从而保证湖区水质的洁净，为漂浮城镇创造良好的建设环境。

5.7.3 驳岸护坡

在沉陷湖的陆域岸边，采用生态护坡整治模式维护漂浮城镇良好的生态环境。将驳岸设计为具有一定边坡、由砂石垒积的生态驳岸，保持一定量的底泥，利用活性植被材料，结合其他工程材料在陆域边坡上构建具有生态功能的护坡系统。通过生态工程的自我支撑、自我组织与自我修复等功能来实现边坡的抗冲性、抗滑动和生态恢复，保证沿岸与湖水之间的水分交换和调节，减少水土流失、维持生态多样性、生态平衡及美化环境，构建完整的湖泊生态环境，形成一个复合型生物共生的生态系统，促进漂浮城镇整体生态系统的构建。根据地块情况，主要采取以下形式：

（1）自然驳岸

保持自然状态，配合植物种植，达到稳定坡岸的目的。依坡就势栽植常绿、阔叶乔木、季相树种如桧柏、垂柳、枫杨、水杉、海棠、油松、丁香等，增加灌木和水生、陆生植物品种如芦苇、香蒲等，丰富植物群落，以植物根系来稳固堤岸，通过地表植被恢复与造景，构筑纯自然、原生态的绿化景观。结合周围植物群落、生态环境和水体肌理，保留农田作为田野景观融入生态系统，不同季节的植物群落逐渐以适当的面积分隔，保证植被的正常生长和演替。

（2）仿自然型驳岸

对于较陡的坡岸或冲蚀较严重的地段，不仅栽种植被，还采用天然石材、木材等护底，以增强堤岸的抗冲击能力：在坡脚采用石笼、木桩或浆砌石块等护底，其上修筑一定坡度的土堤，斜坡种植植被，乔灌草相结合，固堤护岸。在此基础上，将钢筋混凝土柱或耐水原木制成梯形箱状框架，投入大的石块或插入不同直径的混凝土管，形成较深的种植穴，再在箱状框架内埋入大柳枝；邻水种植芦苇、菖蒲等水生植物，在缝中生长繁茂、葱绿的草木，形成人工与自然相结合的生态驳岸。

5.8　本章小结

针对漂浮城镇的建造特征和规划布局，合理配置城镇各项基础设施。从道路系统、水系统、能源动力系统、工程管线系统、环境卫生系统等方面，对漂浮城镇的市政工程进行综合的系统性规划，保障城镇的高效运行。

① 道路系统方面，以轻型电动汽车、自行车等构成"轻交通"，以水上船只构成"重交通"，并建立"慢行-公共"一体化的绿色交通网络体系。通过交通形式的流畅切换，协调和整合各种交通资源，发展综合交通模式，形成完整有序的水上交通系统。

② 水系统方面，将集中式与分散式、小循环与大循环相结合，整合给水排水、中水、雨水等环节，从人工处理到自然净化，分质分类，最大限度地优化利用水资源，形成集生活生产、休闲景观、水体净化于一体的水生态循环系统。

③ 能源动力方面，以水源热泵为主，结合水能、风能、太阳能、生物质能等可再生资源的循环利用为城镇提供动力，形成高科技的生态能源动力系统与高效率的可持续能源体系。

④ 工程管线方面，结合城镇用地的功能布局，根据城镇交通主干线、市政管线主干线，利用漂浮基座空间敷设管线，确定管线规划的系统布局和总体框架。

⑤ 环境卫生方面，建立现代化环卫系统，从源头分类收集、封闭运输，利用绿色新技术将垃圾转化为再生能量供给城镇，达到垃圾处理的减量化、资源化、无害化，形成整体城镇物质的生态循环与平衡。

此外，鉴于漂浮城镇建设和发展的灵活性，考虑到城镇的近远期规划及其发展对基础设施的持续性要求，城镇的市政规划可以有效结合阶段性发展特征，按照"同步发展、适度超前"的基本思路，根据经济总量、人口增长和城镇结构、产业结构、就业结构、消费结构的变化，适度超前规划，提高基础设施的承载功能，建立可持续的城镇基础设施体系。

注释

[1] 王红琴. 浅谈发展城市绿色交通 [J]. 统计与管理，2011（2）：43-44.

[2] 谢铭威，李治权. 广州市快速公交系统（BRT）建设存在的问题及其对策探讨 [J]. 法制与社会，2011，12（1）：191-193.

[3] 董晓丽. 乡镇污水处理厂建设工艺研究 [J]. 建筑工程技术与设计，2014，17（4）：52-54.

[4] 吉云秀，丁永生，丁德文. 滨海湿地的生物修复 [J]. 大连海事大学学报，2005，13（3）：47-53.

[5] 吴智洋，韩冰，朱悦. 河流生态修复研究进展 [J]. 河北农业科学，2010，14（6）：69-71.

[6] 肖华. 临江河填料人工浮床生态治理技术研究 [D]. 重庆：重庆大学，2008.

[7] 余熙文. 现代住宅建筑生态环境设计研究 [D]. 合肥：合肥工业大学，2007.

[8] 刘新国. 水源热泵技术发展优势及应用中存在的问题 [J]. 河南建材，2008，11（3）：52-56.

[9] 李德强. 综合管沟设计与施工 [M]. 北京：中国建材工业出版社，2008：129-137

[10] 任绍娟. 真空管道收运系统对厨余垃圾收运模式的启示 [J]. 现代科技，2010，9（2）：21-23.

6   漂浮城镇的应用分析

作为新型的绿色现代化城镇，漂浮城镇以其超前的建设理念、新颖的建筑形式、独特的空间体验以及良好的生态环境，蕴含着极大的发展潜力和重要的建设价值，应用范围广泛、应用前景广阔（图 6-1）。本章就其应用情况进行具体的分析与论证，确立其发展模式及体系，指出其应用方向及价值，预估其建造成本并给出资金筹措办法，分析其应用效益。

图 6-1   漂浮城镇的逐步拓展

6.1   发展模式及应用体系

遵循"分期规划、逐步建设"的规划战略，漂浮城镇将在探索中建设、在发展中完善，按照"试点先行-全面推进"的应用路线，逐步形成一套相对完善且适于推广的发展模式和应用体系（图 6-2），用作沉陷区其他项目开展的启发、铺垫和推动，促进类似地区的更新发展。

6.1.1   建立循环经济的生态产业体系

漂浮城镇的发展遵循轻工产业支撑、商业中心贯穿、居住生活围绕、生态休闲连接的整体发展结构，能够有效满足区域居民的生活、工作、娱乐、休闲等需求。单是通过对旅游人群的吸引，就能够促进产业的蓬勃发展，使区域人口的就业问题得到解决，带动区内的经济发展。加之通过加快发展循环经济产业，培育壮大沉陷区新材料产业，积极推动产

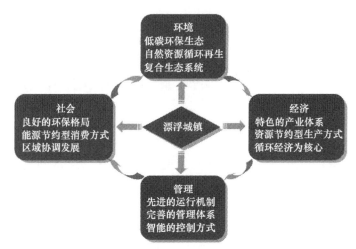

图 6-2　漂浮城镇的发展及应用模式

业链关联化，从而构建一条矿产开发、煤矿深加工、废矿渣利用、环保建材的产业循环链条，提升煤炭废弃资源的综合利用，形成资源循环利用的现代产业体系，并面向装备制造业转型升级的需要，重点发展新型化工材料、金属材料、纳米材料、超硬材料等，向高性能、多功能、复合化、智能化和绿色化发展。

6.1.2　建立良性共生的生态环境体系

漂浮城镇的发展遵循生态优先、保护利用的原则，其较高的绿化率和良好的水域环境可以有效阻止空气中的粉尘飘散，净化空气，提高区域及周边环境的空气质量，重新塑造良好的生态环境。在城镇建设的同时，实现矿区环境的一条龙整治：在城镇内部，对漂浮农业和漂浮绿地进行景观规划，为区域内的生物提供良好的生存环境。城内适生植物群落的生长，可以丰富物种多样性，维持生态系统的弹性；在城镇外部，根据周边水系的自然形态和功能分区划定沿岸的辅助区域（图 6-3），协调与周边环境的融合，保证水域陆域的连通性；在岸线延续城内的生态绿廊，辅助修复生态环境，通过贯穿基地的生态绿廊与沿岸生态修复相互促进，构成整个区域的生态廊道，建立自然生态与人工环境有机结合的复合生态系统，形成"城镇—水域—矿区"和谐共生的生态格局。

6.1.3　建立持续发展的区域协调体系

随着未来的扩展，漂浮城镇将以景观带的不断延伸串连起更多的水域，利用自然绿化空间与水系网络作为城镇的空间架构，将城镇主体与相应功能组团相互关联，各片区的相对独立性为城镇发展格局提供灵活多变的新颖组合，成为微型循环体系，与沿岸新农村形成的"新型有机群落"（图 6-4）以及与外围城市形成的"特色发展圈"（图 6-5）构成循环共促的有机整体，建立可持续发展的区域协调体系。西淝河漂浮城镇的建设，将给凤台、毛集以及淮南及其周边地区注入新的活力，在我国东、中、西部地区阶梯式发展的重要节点之处，发挥承东启西、贯通南北的优势条件，在提高区域经济水平的同时，给地区的整体发展带来新的推动力（图 6-6）。

图 6-3　环湖岸域的产业园区

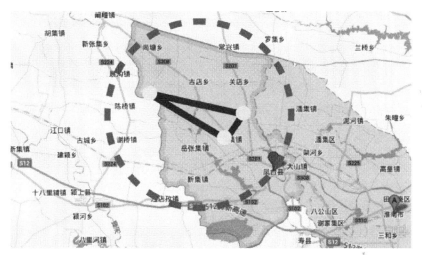

图 6-4　漂浮城镇的"新型有机群落"

图 6-5　漂浮城镇的"特色发展圈"

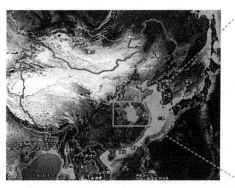

图 6-6 漂浮城镇的推动影响

6.2 应用方向及价值

漂浮城镇针对采煤沉陷水域这一特殊水体及其所在区域面临的具体问题，从水土资源利用及沉陷区治理需求出发，盘活闲置资源，挖掘潜在价值，拓展生存空间，将沉陷水域的开发利用与城镇建设相结合，建立一种新型的城镇形态和生活模式，具有广阔的应用方向和较高的应用价值。

6.2.1 应用方向

一方面，应用于采煤沉陷区的治理与重建。在我国平原高潜水位矿区，已经普遍形成了大规模沉陷湖泊。未来直至 2050 年，随着煤炭开采和地表沉陷，积水面积还将继续扩大，为漂浮城镇的构建提供了良好的应用条件。随着漂浮建造技术的更新和发展以及其他高新技术的采用，如增材制造（3D 打印）等，都将大大推动漂浮城镇的建设，应用形势良好，具有较强的实效性。其城镇建设为沉陷水域的开发利用及其区域发展提供了新的应用视角，为采煤沉陷区治理规划及复垦方案提供了科学依据，在实际应用中，不同矿业城市可以根据当地的气候条件和经济水平选择合适的系统模式，因地制宜、统筹兼顾和改善优化，促进区域的可持续发展。

另一方面，应用于新型城镇化的建设与发展。资源能源、环境容量和土地空间是城镇化发展的主要制约因素，人地矛盾和资源环境压力正在加剧。在此关键阶段，作为应对特殊国情的资源利用方式，漂浮城镇为挖掘水土资源利用潜力提供了新的应用方向，在实现沉陷水域优化利用的基础上，为资源利用方式的根本转变提供了新的应用思维，为促进水土资源整合和新型城镇化建设提供了新的应用路径。此外，作为沿海大国，我国拥有丰富的海洋面积，沉陷水域漂浮城镇的试点先行也将助力海上漂浮建造，有利于解决空间拓展和海洋资源利用问题。

6.2.2 应用价值

在我国采煤沉陷区，尤其是沉陷湖泊，存在着大量的非稳沉区，未来几十年甚至更长的时间都不能对其采取措施加以利用。为此，在采煤沉陷水域构建漂浮城镇，不但能够实现未稳沉区的及时开发利用，还能够统筹兼顾多项整治方式，达到多方循环互促、综合建设、全面发展，集合价值最大化，具有较强的实效性和较高的应用价值。尤其是在我国人地资源紧张的迫切形势下，对于缓解人地矛盾、坚守耕地红线、促进新型城镇化建设和社会经济可持续发展、实现人与自然的和谐共生以及建设生态宜居的"美丽中国"等方面具有重要的应用价值。

（1）助力缓解人地矛盾，拓展生存空间

在人地资源紧张和城市发展受困的紧迫形势下，利用沉陷水域建设漂浮城镇，作为解决当前用地危机的一种新途径，可以在保证18亿亩耕地红线的前提下，提高国土空间利用效率，拓展新的生存空间，满足建设用地需求，有效缓解土地供求矛盾。对于区域城市发展而言，能够借此盘活资源、置换土地，有效扩展所在地区的城市容量，增加空间供给，大大缓解陆地资源压力，消除可持续发展的制约瓶颈，使公众享有更多的环境和用地资源，带动周边土地的开发利用，优化规划布局，促进沉陷水域开发和城市长远发展。

（2）助力资源增值，促进经济发展

作为资源集约型利用方式，漂浮城镇能够有效挖掘资源潜力，实现水土资源优化利用及增值，探索和丰富水土资源空间配置的新形式。同时对于稳定城镇用地市场，引导房地产开发的新方向，促进资源的合理高效利用以及实现社会经济的和谐发展具有重要的现实推动作用。此外，以漂浮城镇的运营发展辐射周边滨水村落，不但可以解决采空区失地农民的生产生活问题，而且可为漂浮城镇建设提供后备支持，循环共促，通过资源整合置换与区域经济的协调发展，带动周边土地的开发利用和规划建设，为地区发展赢得资金，加速区域经济发展。

（3）助力新型城镇化，解决"三农"问题

30多年来，我国城镇化以每年约一个百分点的速度快速增长，从1980年的19%到2014年的54%，农民流向城市已成为一条单向不归路，迫切需要在推进城镇化、农业现代化中寻求新的出路。在沉陷水域构建漂浮城镇，可以在解决采空区生态环境、移民安置问题的基础上，将漂浮城镇建设与漂浮农业及周边岸域的现代农业同步发展、互相促进，做到在优化农业结构上开辟新的途径，在转变农业发展方式上寻求新的突破。作为解决"三农"问题的新思路，有效避免失地农民盲目向城市迁移，通过就地城镇化，提高农民就业能力，协助农民再社会化，促进生产方式工业化和生活方式城市化的转变，以此实现工业化和城镇化良性互动、城镇化和农业现代化相互协调，达到农民市民化和城市现代化相统一。借此加快新农村建设步伐，助力新型城镇化建设，形成新的城乡发展格局，促进城乡的共同繁荣。

（4）助力防灾蓄水，保持水土环境

依靠漂浮城镇的建造结构优势和地域特点，寻常期间使地下水得到有效蓄积，地面径流便于疏浚，保留一定规模的水量；汛期蓄滞洪水，减轻淮河干流防汛压力。不仅能够增强抵御自然灾害的能力，有效实现城镇的防火、防洪及抗震，还能够最大限度地蓄水保水，发挥沉陷湖泊蓄滞洪涝、调蓄水资源的作用，提高区域防洪、除涝和水资源保障的能力，防止水土流失，恢复区域自然环境。

（5）助力恢复环境，建立循环系统

作为新型绿色生态圈，漂浮城镇遵循生态文明的理念，将合理利用资源和保护生态环境相结合，利用水体发展生态科技的漂浮农业、处理矿区废弃物及城镇污水，促进资源循环利用，实现水质净化，缓解热岛效应，发挥净化空气和调节气候的作用，提高水环境和生态环境容量，改善区域人居环境（图6-7）。同时，新型城镇系统的建立与运行，将逐渐形成良性循环体系，建立完善的生态系统。

图 6-7　漂浮城镇的绿色生态环境

（6）助力打造模式，发展未来城镇

漂浮城镇将生态重建与人居城镇建设相结合，抓住国家大力推进绿色建筑规模化发展与绿色生态城区的规划建设的契机，以一种新型的居住模式为城镇发展提供新思维，对提升当下居民生活品质和探索新型城镇形态及未来城镇发展模式，具有较强的实践推动力（图6-8）。

图 6-8　漂浮城镇的建筑及居住形式

6.3 成本预估与资金筹措

漂浮城镇的构建是一个集合多方的综合体系，其开发建设及资金筹措需要各行业部门、企业机构和各级政府之间的配合与协作。综合生态、经济、社会的发展前景需要，借助沉陷水域的漂浮建设规划，可以带动整体沉陷区的治理项目，引导多元化投入机制和市场化运行机制，推动资源的有效整合，促进区域的整体发展。

6.3.1 基本成本预估

从建造成本来看，与沉陷区相同规模的传统基建相比，漂浮建造的优势十分明显，其不需要耗资费时去回填土地，花费仅是在建筑本身的建造方面，减少了地质勘探和后期维护的投入，关键还省却了巨额的土地费用。其基本成本估算以第 3 章模拟计算的居住小区为例，小区总面积约为 19860m²，建筑总面积约为 30420m²，按照现行钢结构约 1200 元/m² 计（建筑建造费用），预算大致为：建筑成本 1200 元/m²×30420m²＝3650 万元；景观工程含硬景（含园林地面铺装及附属设施等）和软景（苗木绿化等）两部分，总面积约为 14950m²，景观成本 300 元/m²×14950m²＝488.5 万元；市政配套成本 300 元/m²×30420m²＝912.6 万元；以上合计约为 5051 万元，每平方米总成本约合 1660 元/m²。加上每年 4 万～5 万元的基本管理成本、技术运用和宣传推广等方面的费用以及其他影响因素，如结构类型、物价差异以及其他损耗等，综合考虑诸多不稳定因素，在具体指标基础上再上浮 10%，基本造价估算为 1830 元/m²。

此外，漂浮建造的预制模块和装配化体系能够大幅提高施工效率，提升房屋质量，降低建造成本。建成后的绿色智能化建筑通过资源高效利用和节能环保措施能够很好地达到节能环保、自给自足，通过水涨屋高或移动位置还可以趋避洪涝等灾害，大大提高房屋的防灾安全性能。因此，综合来看，漂浮建造的成本与传统建筑相比不会高出太多，甚至从长远来看所需成本相对还略低。

6.3.2 依靠政府推动与加强市场运作相结合

按照"政府主导、多元投资、分类运作"和"谁治理、谁受益"的基本思路，合理规划分区，明确沉陷水域涉煤企业的治理责任和收益，调动煤矿集团的积极性，解决初始建设的部分资金。依靠政府的宏观调控和引导推动，发挥市场调节机制在配置要素资源中的决定性作用，调动各类企业、社会团体、公众参与的积极性、主动性和创造性，形成合力推动城镇的建设工作。鼓励各种投资主体积极参与，引导外资、民营资本以及煤行业退出的资本投入，进一步拓宽融资渠道，加大以特许经营为基础的社会资本引入，形成政府投资、企业筹资、社会融资相结合的多渠道、多层次、多元化的投融资模式，不仅可以缓解政府出资建设的资金短缺问题，还可以有效减小项目的资金风险。

同时，将漂浮城镇建设与产业项目进行捆绑开发，将漂浮建造产业由社会承办，充分调动投资人的积极性，建立漂浮建造产业多元化投资体制，推进漂浮建造的产业化进程，通过市场激励，进行高附加值产业开发，促使降低城镇建设成本和提高建设效率。

6.3.3　集合专项基金与统筹规划管理相结合

通过漂浮城镇的开发建设，向上级争取相关无偿资金扶持，如资源型城市可持续发展、棚户区改造、保障房建设、新型城镇化、新农村建设专项资金、项目补贴、贷款贴息等。在积极争取国家建设资金的同时，加大地方财政资金投入力度，充分发挥矿山环境恢复治理保证金、矿业权价款返还部分和采煤沉陷区综合治理发展专项资金的作用。整合包括中央、省、市、区县预算资金、专项资金、财政扶持补贴资金在内的政府投资资金。根据财政部、国土资源部《关于探矿权采矿权有偿取得制度改革有关问题的补充通知》、《矿山地质环境治理恢复保证金管理办法》和《采煤沉陷区综合治理发展专项资金使用管理暂行办法》，结合市区县财政情况，筹措沉陷区治理及城镇建设的专项资金。

建立沉陷水域治理利用基金，用于沉陷区治理、接续替代产业的发展。拟定漂浮城镇建设项目，以项目为载体，争取国家和省市综合治理项目资金，引导资金和投资补助资金，纳入沉陷区治理利用建设基金管理，统筹用于沉陷区综合治理项目的合理使用，为漂浮城镇的建设提供资金支持。

6.3.4　创新金融机制与保障建设资金相结合

漂浮城镇建设集水环境治理、湿地开发、漂浮农业等多项治理措施于一体，便于统一综合治理项目，充分利用项目贷款，通过财政担保，制定相应金融及贷款政策，协调相关金融机构，设立沉陷水域治理规划项目专项贷款，定向用于漂浮城镇综合治理相关项目的建设运营资金需求以及拓展贷款品种，争取低利率和长期限的政策性贷款。同时开放市场，拓宽利用外资的渠道和范围，广泛吸纳国内多种经济成分的投资和国外资金，包括利用国际组织、外国政府、国外金融机构的各类贷款和外商直接投资等，推进投资主体多元化。而且，进一步拓宽漂浮城镇的投融资渠道，加强资本市场融资的渠道和能力，包括发行市政建设债券、发行优先股票等多种融资方式，加大资金投入。项目资金可以参考BOT、TBT或TOT等融资模式，分散项目的资金风险和加快项目的资金回收。

此外，先从启动漂浮城镇的建设试点开始，逐步扩大应用范围，改善投资环境，不断吸引投资。利用整体开发优势，遵循可持续开发理念，即上一阶段的收益满足下一阶段的开发收入，使用城镇建设第一阶段收益满足第二阶段投资的基本需求，从而不需要第二阶段的开发再额外投入资金，且开发具有连续性和同一性，即第 $n+1(n \geqslant 1)$ 阶段可以满足下一阶段的开发投资需求[1]。利用此种可持续开发模式将水域进行"分地块、分时期"的阶段性开发，利于政府与开发商的投资成本收回，促进后续发展。

6.4　效益分析

构建漂浮城镇能够在整治沉陷水域、改善生态环境的同时，创建适宜的人居场所，达到一项投入、综合收益，获得良好的经济效益、生态效益和社会效益。

6.4.1　生态效益

资源枯竭型城市普遍存在水体污染和大气污染等环境问题。构建漂浮城镇不但能很好地降低粉尘等对大气的污染，调节气温气候，缓解热岛效应，还能够利用水体处理城镇和矿区污水，净化水质，调节地表径流，涵养水源，充分发挥绿色廊道的水土保持作用，为陆域地区防风减灾、改善土壤和调洪蓄水。

此外，漂浮城镇建设对环境景观和基础设施的影响很小，在可持续性和保护环境方面起到重要作用。通过城镇的建设，促进沉陷区的全面治理，建立生态农业、生态林业和生态湿地项目，营造农业生态系统、林地生态系统、湿地生态系统等多重生态系统共存的环境，形成区域绿色河湖、漂浮景观、生态居住等稳定健康的生态体系，改善水体环境、气候环境和景观环境，保护生物多样性，维护生态过程的自然性与完整性，确保区域生态平衡，大大改善生态环境和人居环境，生态效益显著，对保障区域社会经济和资源环境的协调发展起到推动作用。

6.4.2　社会效益

在沉陷水域建设漂浮城镇，拓展社会发展空间，提高土地集约利用水平和利用效率，减少新占耕地数量，对维持区域内耕地总量动态平衡和农业的稳定发展具有重要作用，为社会的稳定发展提供一定基础。随着城镇的发展壮大、城镇功能的逐步完善、公共服务水平和生态环境质量的不断提升，将吸纳大量工矿及农村劳动力转移，创造生活和就业机会，解决失地人口的居住及就业问题，增加区域农民收入，提高城乡生产要素配置效率，促进城乡统筹发展，推动社会结构变革，形成以城带乡、工农互惠、城乡一体的新型工农关系和城乡关系，有效缓和沉陷区的社会矛盾，利于社会安定和生活水平的提高。

6.4.3　经济效益

目前，工矿企业用地、居住用地、村庄宅基地以及预留部分建设用地的地层所蕴含的煤炭，尚未开采。随着漂浮城镇的建设，将为陆域置换出大量空间，可以释放用地压煤，提高煤炭回采率，产生巨大的经济效益。

其次，漂浮城镇对不适宜建设的废弃地进行突破性再利用，不仅能够减少对农田的征用，保证农耕收益，还能充分利用沉陷水域的地貌特征，避免土地的翻挖和再整理，极大地降低建设成本。而且，其自身的建造结构能够有效抵御自然灾害，减轻灾害对农业、工业、服务业和基础设施等所造成的损失。

另外，水上新型城镇集居住商务、休闲湿地于一体，能够有效带动相关产业链条的关联和集约发展，如旅游、食品、医药、水的生产和供应，废旧材料回收等绿色能源产业，促进种植业、养殖业、水上运输、水上运动及休闲度假的发展，在所在地区形成巨大的产业链，构建多元化的生态经济产业体系，促进产业转型和产业结构的优化升级，拉动内需、解决就业，提升经济贡献率以及地区价值。有效带动区域的旅游和经济发展，形成新的增长极，发挥综合性的经济效益，促进经济增长和市场空间的拓展，推动人口经济布局更加合理、区域发展更加协调。同时，也为促成合淮同城化，共建合肥经济圈，融入长三角以及推进区域经济社会一体化进程打下良好的经济基础。

6.5 本章小结

基于漂浮城镇的建造方式和规划步骤，遵循"分期规划、逐步建设"的城镇构建思路，确立"试点先行-全面推进"的应用路线。

（1）通过建立循环经济的生态产业体系、良性共生的生态环境体系和持续发展的区域协调体系，构成完整的应用系统，形成相对完善且适于推广的发展模式。

（2）应用于采煤沉陷区的治理重建以及新型城镇化的建设发展，能够达到多方循环互促、综合建设、全面发展，实现价值最大化，具有较强的实效性和较高的应用价值。

（3）资金筹措方面，可以依靠政府推动与加强市场运作相结合、集合专项基金与统筹规划管理相结合以及创新金融机制与保障建设资金相结合，借助各行业部门、企业机构和各级政府之间的配合与协作，引导多元化投入机制和市场化运行机制，全方位、多渠道地推动城镇的建设发展。

研究表明，在采煤沉陷水域构建漂浮城镇，可以在整治沉陷水域、改善生态环境的同时，创建适宜的人居场所，达到一项投入、综合收益，获取良好的经济效益、生态效益和社会效益。

注释

[1] 汤春峰，申翔. 控制性详细规划中的经济效益分析研究［C］. 和谐城市规划——2007 中国城市规划年会论文集，哈尔滨：黑龙江科学技术出版社，2007：801-805.

7　结语与展望

本书综合运用理论分析、数值模拟和实验测试等手段，通过采煤沉陷水域构建漂浮城镇的理论与技术研究，寻求优化治理沉陷水域的适用方法，确立了在沉陷水域构建漂浮城镇的基础条件，就其建造技术、城镇规划、市政设施和推广应用等方面，给出了相应的规划方案和战略措施，并利用三维数字化模拟及实体模型验证，建立了漂浮城镇构建的框架体系和应用模型。得出漂浮城镇的主要构建框架如下：

（1）依据建造结构、力学分析和三维数字化模拟，提出了适用于该区的漂浮城镇建造模式：城镇由单元式模块组合形成，按需组合即可组织城镇的空间结构和区域布局，构成有机体系；漂浮模块单元由水面漂浮部分和水下系泊部分组成，水面漂浮部分的构筑物由漂浮基座承载，结合浸入式混凝土锚或者水下系泊结构限定位置。

（2）基于漂浮城镇的建造模式和漂浮构造的力学分析，确定漂浮城镇的结构形式、建造技术及最佳参数值。

① 漂浮模块的上部构筑物采用轻质结构（钢结构或钢筋混凝土框架结构、轻质隔墙）；漂浮基座采用箱形空室结构；漂浮基座与上部建筑的底面积之比的合理值为：3层钢筋混凝土建筑为 3∶1、3层钢结构建筑为 1.3∶1、6层钢结构建筑为 1.95∶1；

② 水深 10m 以内的基本稳沉区采用桩基式系泊，水深 10m 以上及未稳沉区采用牵拉式系泊，并根据力和力矩平衡以及沿建筑物形心对称布置于建筑周围的原则，选定和设置系泊点。

（3）基于漂浮建造的技术条件参数，建立漂浮城镇的规划布局和形态模型，确立城镇规划模式：城镇开发强度以中低密度为主，容积率控制在 0.1～1 之间；城镇形态和空间结构以水道为结构骨架；建筑高度以低层为主，部分景观性构筑物可适当拔高，分为小于9m、9～18m、18～30m 三个等级。

（4）针对漂浮城镇的建造特征和规划布局，从道路系统、水系统、能源动力系统、工程管线系统、环境卫生系统等方面，建立适合的市政基础设施模式。

① 道路系统方面，以轻型电动汽车、自行车等构成"轻交通"，以水上船只构成"重交通"，并建立"慢行—公共"一体化的绿色交通网络体系；

② 水系统方面，将集中式与分散式、小循环与大循环相结合，整合给水排水、中水、雨水等环节，从人工处理到自然净化，分质分类，最大限度地优化利用水资源，构成集生活生产、休闲景观、水体净化于一体的水生态循环系统；

③ 能源动力方面，以水源热泵为主，结合水能、风能、太阳能、生物质能等可再生资源为城镇提供动力，构成生态能源动力系统与可持续能源体系；

④ 工程管线方面，结合城镇用地的功能布局，根据城镇交通主干线、市政管线主干线，利用漂浮基座空间敷设管线，构成管线规划的系统布局和总体框架；

⑤ 环境卫生方面，建立现代化环卫系统，从源头分类收集、封闭运输，利用绿色新

技术将垃圾转化为再生能量供给城镇，达到垃圾处理的减量化、资源化、无害化，形成城镇物质的生态循环与平衡。

（5）遵循"分期规划、逐步建设"的城镇构建思路，确立"试点先行、全面推进"的应用路线，并通过建立循环经济的生态产业体系、良性共生的生态环境体系和持续发展的区域协调体系，构成完整的应用系统，形成相对完善且适于推广的发展模式。

采煤沉陷水域构建漂浮城镇的研究，涉及生态学、物理学、经济学、社会学、管理学、建筑学、城市规划、环境科学、能源科学、土木工程等多学科的交叉融合，是一项长期而复杂的任务。本书的探索性研究，旨在抛砖引玉。

由于漂浮城镇的研究涉及面广、研究量大，加之笔者的知识结构和研究水平所限，有关市政工程技术、开发融资分析等内容，还有待深入论述及后续研究，恳请各位专家不吝赐教，提出宝贵意见。

参 考 文 献

［1］ 付饶. 周大地谈中国能源现状与突围途径 ［N/OL］. 中国海洋石油报，［2013-02-08］. http:// www. cnooc. com. cn/data/html/news/2013-02-08/chinese/334663. htm.

［2］ 袁家柱. 煤矿塌陷型水域水质控制因素研究 ［D］. 淮南：安徽理工大学，2009.

［3］ 刘梅，曾勇. 矿区开采沉陷地质灾害与防治对策研究 ［J］. 江苏环境科技，2005，18（3）：29-32.

［4］ 席莎. 内蒙古自治区煤炭矿区地面塌陷严重程度分析 ［D］. 北京：中国地质大学，2012.

［5］ 许士国，刘佳，张树军. 采煤沉陷区水资源综合开发利用研究 ［J］. 东北水利水电，2010，28（8）：29-31.

［6］ 胡振琪，赵艳玲，程琳琳. 中国土地复垦目标与内涵扩展 ［J］. 中国土地科学，2004，18（3）：3-8.

［7］ 陈新生，岳庆如，王巧妮等. 我国采煤塌陷地复垦模式研究 ［J］. 林业科技开发，2013，27（3）：5-9.

［8］ 张文敏. 国外土地复垦法规与复垦技术 ［J］. 有色金属，1991（4）：41-46.

［9］ 胡振琪，杨秀红，鲍艳等. 论矿区生态环境修复 ［J］. 科技导报，2005，23（1）：38-41.

［10］ Hobbs R J，Norton D A. Towards a conceptual framework of restoration Ecology ［J］. Restoration ecology，1996，4（2）：93-110.

［11］ Cairns J J，Dickson K L，Herricks E E. Recovery and restoration of damaged ecosystems ［M］. Charlottesville：University of Virginia Press，1977：17-27.

［12］ Desai U. Implementation of the surface mining and reclamation act in Illinois ［C］. Proceedings of First Midestern Region Reclamation Conference，Carbondale，IL USA，1990：103-105.

［13］ Whitchouse A E. OSM-More scientific and Less political ［C］. Proeeedings of First Midestern Region Reclamation Conference，Carbondale，IL USA，1990：126-128.

［14］ 付梅臣，谢宏全. 煤矿区生态复垦中表土管理模式研究 ［J］. 中国矿业，2004（4）：36-38.

［15］ Cairns J J. The Recovery Process in Damaged Ecosystems ［M］. Ann Arbor：Ann Arbor Science Publishers，1980：l-167.

［16］ Jordan W R，GilPin M E，Aber J D. Restoration Ecology：A Synthetic Approach to Ecological Research ［M］. Cambridge：Cambridge University Press，1990：1-356.

［17］ 高国雄，高保山，周心澄等. 国外工矿区土地复垦动态研究 ［J］. 水土保持研究，2001，8（1）：98-103.

［18］ 黄铭洪，骆永明. 矿区土地修复与生态恢复 ［J］. 土壤学报，2003，40（2）：161-169.

［19］ Barbara G. Inactivation of cadmium in contaminated soil using synthetic zeolites ［J］. Environmental Pollution，1992，75（3）：269-273.

［20］ 赵晓英，孙成权. 恢复生态学及其发展 ［J］. 地球科学进展，1998，13（5）：474-480.

［21］ 包维楷，刘照光，刘庆. 生态恢复重建研究与发展现状及存在的主要问题 ［J］. 世界科技研究与发展，2001，23（1）：44-48.

［22］ Zeitoun D G，Wakshal E. Land Subsidence Analysis in Urban Areas ［M］. Netherlands：Springer，2013：9-23.

［23］ Robert B，John C. Possible use of wetlands in ecological restoration of surface mined lands ［J］. Journal of Aquatic Ecosystem Stress and Recovery. 1994，3（2）：139-144.

［24］ Mc N. Knight mine reclamation: A study of revegetation difficulties in a semiarid environment ［J］. I-JSM, R&E, 1995 (9): 113-119.

［25］ 胡振琪, 毕银丽. 试论复垦的概念及其与生态重建的关系 ［J］. 煤矿环境保护, 2000, 14 (5): 13-16.

［26］ Bell F G, Stacey T R, Genske D D. Mining subsidence and its effect on the environment: some differing examples ［J］, Environmental Geology 40 (2): December 2000: 135-152.

［27］ 任海, 彭少麟. 恢复生态学导论 ［M］. 北京: 科学出版社, 2001: 201-202.

［28］ Ghose M K. Management of topsoil for geo-environmental reclamation of coalmining areas, Environmental Geology ［J］. 2001, 40 (1): 1405-1410.

［29］ Sahadeb D, Arup K M. Reclamation of mining-generated wastelands at Alkusha-Gopalpur abandoned open cast projec, Raniganj Coalfield eastern India. Environmental Geology ［M］. 2002, 43 (2): 39-47.

［30］ Sidle R C, Kamil I, Sharma A, et al. Steam response to subsidence from underground coal mining in central Utah ［J］. Environmental Geology. 2000, 39 (3): 279-291.

［31］ Bell F G, Bruyn A D. Subsidence problems due to abandoned pillar workings in coal seams ［J］. Bull Eng Geol Env. 1999, 57 (3): 225-237.

［32］ Erickson D. Policies for the planning and reclamation of coal-mined landscapes: an international comparison ［J］. Journal of environmental Planning and management, 1995, 38 (4): 127-131.

［33］ Runlae B. Effect of long wall mining on surface soil moisture and tree growth. Proeessings of 3rd subsidence work-shop due to underground mining ［C］. Kenturcky, 1993 (6): 173-181.

［34］ Damigos D, Kaliampakos D. Environmental Economics and the Mining Industry: Monetary benefits of an abandoned quarry rehabilitation in Greece ［J］. Environmental Geology. 2003, 44 (3): 356-362.

［35］ Jackson L. A methodology for integrating materials balance and land reclamation ［J］. Journal of Chromatography A, 1996, 10 (3): 143-146.

［36］ Robert G, Scott L. Vance. Modeling agricultural impacts of long all mine subsidence: A GIS approaeh ［C］. Proceedings of the international land reclamation and mine drainage conference and the third international conference on the abatement of acidic drainage, Pittsburgh, 1994: 249-256.

［37］ Younos T M, Yagow E R. Modeling mined land reclamation Strategies in a GIS environments ［J］. Applied Engineering in Agriculture. 1993, 9 (1): 56-64.

［38］ Gorokhovich Y, Mignone E. Prioritizing Abandoned Coal Mine Reclamation Projects Within the Contiguous United States Using Geographic Information System Extrapolation ［J］. Environmental Management. 2003, 32 (4): 527-534.

［39］ Jochimsen M A. Reclamation of colliery mine spoil founded on natural succession ［J］. Water, Air, Soil Pollution. 1996, 91 (1, 2): 99-108.

［40］ Ries E. Historical perspectives of ecological reclamation ［C］, Proceedings of the 10th National Meeting of ASSMR, 1997: 3-13.

［41］ Streltson. The importance of mine surveying torational ecological management. Processings of 8th international congress & exhibitio, International society for mine surveying (ISM) ［C］. Lexington. Kentucky, 1991: 22-27.

［42］ Sheorey P R, Loui J P, Singh K B, et al. Ground subsidence observations and a modified influence function method for complete subsidence prediction ［J］. International Journal of Rock Mechanics and Mining Sciences, 2000, 37: 801-818.

[43] Nadja Z, Rainer S, Helmut K, et al. Agricultural reclamation of disturbed soils in a lignite mining area using municipal and coal wastes: the humus situation at the beginning of reclamation [J]. Plant and soil, 1999, 213 (2): 241-250.

[44] Schwab A P, Tomecek M B, Boron P D. Plant availability of in amended coal ash [J]. Water, Air, Soil Pollution. 1991, 57 (1): 297-306.

[45] Mazej Z. Heavy Metal Concentrations in Food Chain of Lake Velenjsko jezero, Slovenia: An Artificial Lake from Mining [J]. Arch Environ Contam Toxicol, 2010, 58 (3): 998-1007.

[46] Bukowski P, Bromek T, Augustyniak I. Using the DRASTIC System to Assess the Vulnerability of Ground Water to Pollution in Mined Areas of the Upper Silesian Coal Basin [J]. Mine Water and the Environment, 2006, 25 (7): 15-22.

[47] Younger P L, Wolkersdorfer C. Mining Impacts on the Fresh Water Environment: Technical and Managerial Guidelines for Catchment Scale Management [J]. Mine Water and the Environment, 2004, 23 (5): 2-80.

[48] Hossner L R. Reclamation of Surface-Mined Lands [M]. Florida: CRC Press, USA, 1988.

[49] Baath E. Effeets of heavy metals in soil on microbial Processes and Populations [J]. Water Air and soil Pollution, 1989, 47 (6): 335-379.

[50] 虞蒔君. 废弃地再生的研究 [D]. 南京: 南京农业大学, 2007.

[51] 刘伯英, 陈挥. 走在生态复兴的前沿 [J]. 城市环境设计, 2007, 20 (5): 24-27.

[52] 雷养锋, 张化民, 李海斌等. 德国鲁尔煤炭公司矸石的利用和处理 [J]. 煤, 2000, 12 (4): 66-68.

[53] James R. Hardrock Reclamation Bonding Practices in the Western United States [J]. National Wildlife Federation. 2000, 23 (5): 1-51.

[54] Bell F G, Stacey T R, Genske D D. Unusual cases of mining subsidence from Great Britain, Germany and Colombia [J]. Environ Geol, 2005, 47 (3): 620-631.

[55] Banuelos G S, Carbon G. Boron and Selenium removal in boron-laden soil by sprinkler Plant-species [J]. Journal of Environment quality, 1993, 22 (6): 786-792.

[56] Daniels W. Lee, Bell James C. First year effects of rock type and surface treatments on mine soil properties and plant growth. Proceedings: Symposium on surface Mining Hydrology [M]. Lexington: Sedimentology and Reclamation, 1983: 275-283.

[57] Barry R. Evaluation of leachate quality from codisposed coal refuse [J]. Journal of Environmental Quality, 1997, 26 (5): 1417-1424.

[58] Tom P. The agricultural impact of opencast coal mining in England and Wales [J]. Environmental Geochemistry and Health, 1980, 2 (2): 78-100.

[59] 卞正富. 国内外煤矿区土地复垦研究综述 [J]. 中国土地科学. 2001, 1 (1): 6-11.

[60] Gerhard D. Landscape and surfacer mining: Ecological guidelines for reclamation [M]. New York: Van Nostrand Reinhold Company, 1992: 132-137.

[61] Banks S B. Abandoned mines drainage: impact assessment and mitigation of discharges from coal mines in the UK [J]. Engineering Geology, 2001, 60 (5): 31-37.

[62] Chockalingam E, Subramanian S. Studies on removal of metal ions sulphate reduction using ricehusk and Desulfotomaculum nigrificans with reference to remediation of acid mine drainage [J]. Chemosphere, 2006, (62) 5: 699-708.

[63] JohnsonB, Kevin B. Acid mine drainage remediation options: a review [J]. The Science of The Total Environment, 2005, 338 (6): 3-14.

［64］ Kalin M，Tyson A．The chemistry of conventional and alternative treatment systems for the neutral-ization of acid mine drainage ［J］．The Science of The Total Environment，2006，392 (7)：137-141.

［65］ Younger P L．Mine water pollution in Scotland：nature，extent and preventative strategies ［J］．The Science of The Total Environment，2001，265 (7)：309-326.

［66］ Kepler D A，McCleary E C．Successive alkalinity producing systems (SAPS) for the treatment of acidicmine drainage．Proceedings of the International Land Reclamation and Mine Drainage Confer-ence and the 3rd International Conference on the Abatement of Acidic Drainage ［J］ 1994 (1)：195-205.

［67］ Jr RCV，Tierney AE，Semmens KJ．Use of treated mine water for rainbow trout (Oncorhynchus mykiss) culture：a production scale assessment ［J］．Aquaculturral Engineering，2004，31 (3)：319-336.

［68］ Banuelos G S，Carbon G．Boron and Selenium removalin boron-laden soil by 4 sprinkler plant-spe-cies ［J］．Journal of Environment quality，1993，22 (6)：786-792.

［69］ Schaller F W．Reclamation of Drastieally Disturbed Lands，American Society of Agronomy ［M］．Madison：Wis，1978：163-178.

［70］ Bradshaw A D，Chadwick M J．The Restoration of Land：The ecological and reclamation of delrelic and degraded land ［M］．University of Califorlia Press，Blaekwell Scientific Publicationa，1980：257-273.

［71］ 胡振东，高雅静，宋效刚．微核技术监测煤矿塌陷区水体水质污染的研究 ［J］．能源环境保护，2004，18 (4)：18-24.

［72］ 崔继宪．煤炭开采土地破坏机器复垦利用技术 ［J］．煤矿环境保护，1999，11 (1)：35-40.

［73］ Bayer P，Duran E，Baumann R，et al．Optimized groundwater drawdown in a subsiding urban min-ing area ［J］．Journal of Hydrology，2009，365 (2)：95-104.

［74］ Cuenca M C，Hooper A J，Hanssen R F．Surface deformation induced by water influx in the aban-doned coal mines in Limburg，The Netherlands observed by satellite radar interferometry ［J］．Jour-nal of Applied Geophysics，2012，88 (1)：73-78.

［75］ Elick J M．The effect of abundant precipitation on coal fire subsidence and its implications in Centra-lia，PA ［J］．International Journal of Coal Geology，2013 (105)：110-119.

［76］ Preusse A，Kateloe H J，Sroka A．Future demands on mining subsidence engineering in theory and practice ［J］．Gospodarka Surowcami Mineralnymi-Mineral Resources Management，2008，24 (3)：15-26.

［77］ Khadse A，Qayyumi M，Mahajam S，et al．Underground coal gasification：A new clean coal utili-zation technique for India ［J］，Energy，2007：2061-2071.

［78］ Ball T K，Wysocka M．Radon in Coalfields in the United Kingdom and Poland ［J］．Archives of Minning Sciences，2011，56 (2)：249-264.

［79］ Sillerico E，Marchamalo M，Rejas G J，et al．DInSAR technique：basis and applications to terrain subsidence monitoring in construction works ［J］．Informes DE LA Construccion，2010，62 (519)：47-53.

［80］ Krodkiewska M，Krolczyk，A．Impact of Environmental Conditions on Bottom Oligochaete Com-munities in Subsidence Ponds (The Silesian Upland，Southern Poland) ［J］．International Revie of Hydrobiology，2011，96 (1)：48-57.

［81］ Mutke G，Bukowski P．Diagnosis of some hazards associated closuring of mines in upper silesia coal basin-Poland [C]. 11th International Multidisciplinary Scientific Geo Conference, 2011: 429-436.

[82] Pelka G J, Rahmonov O, Szczypek T. Water reservoirs in subsidence depressions in landscape of the Silesian Upland (southern Poland) [C]. 7Th International Conference Environmental Engineering, 2008: 274-281.

[83] Mikolajczak J, Kozakiewicz R. Severity of the environmental impact of planned mining exploitation of "Debiensko I" Hard Coal Deposit on the "Cistercian Landscape Composition of Rudy Wielkie" [C]. ospodarka Surowcami Mineralnymi-Mineral Resources Management, 2008, 24 (3): 453-464.

[84] Matysik M, Absalon D. Renaturization Plan for a River Valley Subject to High Human Impact-Hydrological Aspects [J]. Polish Journal of Environmental Studies, 2012, 21 (2): 249-257.

[85] Pozzi M, Weglarczyk J. Environmental management in hard coal mine group in the Upper Silesian Coal Basin, Poland [M]. Environmental Issues and Management of Waste in Energy and Mineral Production, 2000: 69-74.

[86] Roman Ross G, Charlet L, Tisserand D, et al. Redox processes in a eutrophic coal-mine lake [J]. Mineralogical Magazine. 2005, 69 (5): 797-805.

[87] Lewin I. Occurrence of the Invasive Species Potamopyrgus Antipodarum in Mining Subsidence Reservoirs in Poland in Relation to Environmental Factors [J]. Malacologia, 2012 (55): 15-31.

[88] Jasper K. , Hartkopf F C, Flajs G. Palaeoecological evolution of Duckmantian wetlands in the Ruhr Basin: A palynological and coal petrographical analysis [J]. Review of Palaeobotany and Palynology, 2010, 162 (2): 123-145.

[89] Bielanska Grajner I, Gladysz A. Planktonic Rotifers in Mining Lakes in the Silesian Upland: Relationship to Environmental Parameters [J]. Limnologica, 2010, 40 (1): 67-72.

[90] Mattson L L, Magers J A, Dolinar D R. Subsidence impacts on ground and surface water at a western coal mine [J]. Land Subsidence Case Studies and Current Research, 1998 (8): 267-273.

[91] Miller R L, Fujii R. Plant community, primary productivity, and environmental conditions following wetland re-establishment in the Sacramento-San Joaquin Delta, California [J]. Wetlands Ecology and Management, 2010, 18 (1): 1-16.

[92] Jeffries M J. Ponds and the importance of their history: an audit of pond numbers, turnover and the relationship between the origins of ponds and their contemporary plant communities in south-east Northumberland, UK [J]. Hydrobiologia, 2012, 689 (1): 11-21.

[93] Pierzchala L, Kamila K, Stalmachova B. The Assessment of Flooded Mine Subsidence Reclamation in the Upper Silesia Through the Phyto and Zoocenosis [C]. 11th International Multidisciplinary Scientific Geo conference, 2011: 661-668.

[94] Charles A C, Robin A B, Michael J L. Abandoned Mine Drainage in the Swatara Creek Basin, Southern Anthracite Coalfield, Pennsylvania, USA [J]. Mine Water and the Environment, 2010, 29 (3): 176-199.

[95] 胡振琪, 赵艳玲, 程玲玲. 采煤塌陷地的土地资源管理与复垦 [J]. 中国土地科学, 2004, 18 (3): 1-8.

[96] 杨海燕. 淮南田集采煤沉陷地生态环境修复模式研究 [D]. 合肥: 安徽理工大学, 2009.

[97] 卞正富. 矿区土地复垦界面要素的演替规律及其调控研究 [M]. 北京: 高等教育出版社, 2001: 132-143.

[98] 郭继光. 露天矿土地复垦理论分析与覆盖土改良的试验研究 [D]. 北京: 中国矿业大学, 1996.

[99] 韩正明. 采煤塌陷矿区土地整理模式研究 [D]. 北京: 中国农业大学, 2004.

[100] 付梅臣. 煤矿区复垦农田景观演变及其控制研究 [D]. 北京: 中国矿业大学, 2004.

［101］　张慧. 典型平原区采煤塌陷地复垦方案研究［D］. 南京：南京师范大学，2007.

［102］　白中科，赵景逵，段永红等. 工矿区土地复垦与生态重建［M］. 北京：中国农业科技出版社，2000：172-181.

［103］　卞正富，张国良. 高潜水位矿区土地复垦的工程措施及其选择［J］. 中国矿业大学学报，1991（3）：38-41.

［104］　顾和和. 煤矿区环境保护的对策与建议［J］. 煤，1999，8（6）：4-7.

［105］　罗爱武. 淮北市采煤塌陷区土地复垦研究［J］. 安徽师范大学学报，2002，25（3）：256-289.

［106］　卢全生，张文新. 煤矿塌陷区土地复垦的模式［J］. 中州煤炭，2002，18（4）：17-18.

［107］　董祥林，陈银翠，欧阳长敏. 矿区塌陷地梯次动态复垦研究［J］中国地质灾害与防治学报，2002，13（3）：45-47.

［108］　阎允庭，陆建华，陈德存等. 唐山采煤塌陷区土地复垦与生态重建模式研究［J］. 资源产业，2000（7）：15-19.

［109］　周晓燕. 采煤塌陷区水域浮游动物生态环境研究［D］. 淮南：安徽理工大学，2005.

［110］　徐良骥. 煤矿塌陷水域水质影响因素及其污染综合评价方法研究［D］. 淮南：安徽理工大学，2009.

［111］　桂和荣，王和平，方文慧等. 煤矿塌陷区水域环境指示微生物［J］. 煤炭学报，2007，32（8）：848-853.

［112］　计承富. 矿区塌陷塘水质特征综合研究及模糊评价［D］. 淮南：安徽理工大学，2007.

［113］　裴文明. 淮南潘集采煤塌陷积水区水环境遥感动态监测研究［D］. 南京：南京大学，2012.

［114］　师雄，许永丽，李富平. 矿区废弃地对环境的破坏及其生态恢复［J］. 矿业快报，2007，23（6）：35-37.

［115］　郑元福，何葵. 黑龙江省矿山公园建设与地质环境治理研究［J］. 哈尔滨师范大学自然科学学报. 2007，23（4）：83-88.

［116］　王霖琳，胡振琪，赵艳玲等. 中国煤矿区生态修复规划的方法与实例［J］. 金属矿山，2007，12（5）：17-20.

［117］　卞正富. 我国煤矿区土地复垦与生态重建研究［J］. 资源产业，2005，7（2）：18-24.

［118］　姚章杰. 资源与环境约束下的采煤塌陷区发展潜力评价与生态重建策略研究［D］. 上海：复旦大学，2010.

［119］　任晨曦. 兴隆庄采煤塌陷区水质演变趋势及水资源开发利用适宜性研究［D］. 泰安：山东农业大学，2012.

［120］　郭联宏. 浅谈煤炭开采沉陷与复垦技术［J］. 山西煤炭管理学院学报，2008，21（3）：131-134.

［121］　王振红，桂和荣，罗专溪. 浅水塌陷塘新型湿地藻类群落季节特征及其对生境的响应［J］. 水土保持学报，2007，21（4）：197-200.

［122］　王雪湘，赵国际，李秀云等. 采煤塌陷区湿地生物多样性保护研究［J］. 河北林业科技，2010，（1）：29-30.

［123］　何春桂. 采煤塌陷区水域浮游动物群落特征研究［D］. 淮南：安徽理工大学，2006.

［124］　王振红，桂和荣，罗专溪等. 采煤塌陷塘浮游生物对矿区生态变化的响应［J］. 中国环境科学，2005，25（1）：42-46.

［125］　姚恩亲，桂和荣. 应用蚕豆微核技术对煤矿塌陷塘水质的监测［J］. 环境工程，2006，24（4）：55-59.

［126］　何春桂，刘辉，桂和荣. 淮南市典型采煤塌陷区水域环境现状评价［J］. 煤炭学报，2005，30（6）：754-758.

［127］　张辉，严家平，徐良骥等. 淮南矿区塌陷水域水质理化特征分析［J］. 煤炭工程，2008（3）：

73-75.

[128] 张梅丽. 张集煤矿塌陷水域水环境现状评价及其变化规律研究 [D]. 淮南：安徽理工大学，2011.

[129] 贾俊. 基于 GIS 的潘谢塌陷水域水环境污染分析与评价 [D]. 淮南：安徽理工大学，2012.

[130] 侯来利，宋小梅，何春桂. 淮南市采煤塌陷区水域的有机物污染研究 [J]. 北京教育学院学报，2006，1 (5)：18-22.

[131] 王和平，桂和荣，王和平等. 淮南矿区塌陷塘水体水质的变化 [J]. 煤田地质与勘探，2008，36 (1)：44-48.

[132] 苏桂荣等. 基于 ARCGIS 的塌陷塘水质特征研究及评价 [J]. 安徽理工大学学报，2012，32 (1)：39-42.

[133] 严家平，姚多喜，李守勤等. 淮南矿区不同塌陷年龄积水区环境效应分析 [J]. 环境科学与技术，2009，32 (9)：140-143.

[134] 王雪湘，陈颢，陈秀梅. 唐山市采煤塌陷区湿地效益分析 [J]. 河北林业科技，2009 (2)：36-41.

[135] 渠俊峰. 煤矿区水土资源配置型复垦理论与方法研究 [D]. 徐州：中国矿业大学，2010.

[136] 曾晖. 资源枯竭矿区土地复垦与生态重建技术 [J]. 科技导报，2009，27 (17)：38-43.

[137] 叶东疆，占幸梅. 采煤塌陷区整治与生态修复初探 [J]. 中国水运，2011，11 (9)：242-243.

[138] 张玮. 两淮采煤塌陷区土地复垦模式及其工程技术研究 [D]. 合肥：安徽农业大学，2008.

[139] 刘子梅. 淮北市利用煤矿塌陷水域进行水产养殖的经验 [J]. 河北渔业，2011 (11)：21-23.

[140] 赵后会，朱兴国. 煤矿塌陷地综合开发生态养鱼技术 [J]. 水产养殖，2011，32 (8)：41-42.

[141] Van D. Status of Floating City Technology [C]. Marine Technology Soc. Oceans Conference Record. New York：Institute of Electrical and Electronics Engineers，1985：1077-1082.

[142] Morash T. Marine Recreation An Advancing Technology for Future Ocean Space Technology [M]. Ocean Space Utilization' 85，1985：95-102.

[143] Kent M K. Floating cities：A new challenge for transnational law [J]. Marine Policy，1977，1 (7)：190-204.

[144] Roggma R. Adaptation to climate change：A spatial challenge [M]. New York：Springer-Verlag New York Inc，2009：183-210.

[145] Hay W W. Experimenting on a small planet [M]. Berlin：Springer-Verlag Berlin and Heidelberg GmbH & Co. K，2013：896-940.

[146] Filho W L. The economic，social and political elements of climate change management [M]. Berlin：Springer-Verlag Berlin and Heidelberg GmbH & Co. K，2011：669-692.

[147] Sintusingha S. Bangkok' s urban evolution：Challenges and opportunities for urban sustainability [J]. Megacities：Library for Sustainable Urban Regeneration，2011 (10)：133-161.

[148] Campbell C J. Netherlands [M]. Campbell's Atlas of Oil and Gas Depletion，2013：199-201.

[149] 褚冬竹. 对水的另一种态度：荷兰建筑师欧道斯访谈及思考 [J]. 中国园林，2011，27 (10)：53-57.

[150] White J. Floating cities could redefine human existence [J]. New Scientist，2012 (9)：26-27.

[151] Stanley D B. Engineering earth [M]. Netherlands：Springer，2011：967-983.

[152] Nakanjlma T，Kawagishi U，Sugimoto H，et al. A concept for water-based community to sea level rise in the lower-lying land areas [C]. MTS. 2012 OCEANS. New York：Institute of Electrical and Electronics Engineers，2012：1-9.

[153] Wang C M，Tay Z Y. Very large floating structures：Applications，research and development

[J]. Procedia Engineering, 2011, 14 (7): 62-72.

[154] 田洁. 海上漂浮居住模式规划开发构想 [D]. 济南: 山东大学. 2011.

[155] 程季泓. 漂浮居住景观形态规划设计研究 [D]. 济南: 山东大学. 2012.

[156] 廖谌婳. 平原高潜水位采煤塌陷区的景观生态规划与设计研究 [D]. 北京: 中国地质大学, 2012.

[157] 渠俊峰, 李钢, 张绍良. 基于平原高潜水位采煤塌陷土地复垦的水系修复规划 [J]. 国土资源科技管理, 2008. 25 (2): 10-13.

[158] 武会强. 采煤塌陷区水体富营养化生物修复试验研究 [D]. 唐山: 河北理工大学, 2008.

[159] 张冰, 严家平, 范廷玉. 采煤塌陷水域富营养化评价与分析 [J]. 煤炭技术, 2012, 31 (1): 159-161.

[160] 贺晓蕾, 王敏, 刘伟. 煤矿塌陷湿地水体富营养化评价 [J]. 北方环境, 2012, 24 (1): 41-43.

[161] 闫永峰, 王兵丽. 煤矿塌陷区水污染对鱼类肝细胞 DNA 的损伤 [J]. 河南农业科学, 2010 (4): 109-111.

[162] 汤淏. 基于平原高潜水位采煤塌陷区的生态环境景观恢复研究 [D]. 南京: 南京大学, 2011.

[163] 刘劲松. 淮南潘集矿区地表水质及环境影响因素分析 [D]. 淮南: 安徽理工大学, 2009.

[164] 鲁叶江. 东部高潜水位采煤沉陷区破坏耕地生产力评价研究 [J]. 安徽农业科学, 2011, 38 (1): 292-294.

[165] 魏婷婷. 淮南煤矿复垦区土壤肥力空间分析与评价 [D]. 淮南: 安徽理工大学, 2011.

[166] 渠俊峰, 李钢, 张绍良. 基于平原高潜水位采煤塌陷土地复垦的人工湿地规划 [J]. 节水灌溉, 2008 (3): 27-30.

[167] 常伟明. 开滦采煤下沉区改建人工湿地的技术分析 [J]. 河北科技师范学院学报, 2007, 21 (2): 32-34.

[168] 林振山, 王国祥. 矿区塌陷地改造与构造湿地建设 [J]. 自然资源学报, 2005, 20 (5): 790-794.

[169] 杨叶. 以湿地系统为核心的矿区生态改造 [D]. 天津: 天津大学, 2008.

[170] 盛兆云, 杜祥更, 孙文龙. 煤炭塌陷地生态治理中的湿地建设初探 [J]. 农业科技通讯, 2010 (5): 146-148.

[171] 高峰. 建在大海上的房屋 [J]. 中国住宅设施, 2010 (1): 63-64.

[172] 王志军, 舒志, 李润培等. 超大型海洋浮式结构物概念设计的关键技术问题 [J]. 海洋工程, 2001, 19 (1): 73-74.

[173] 许雅捷, 吴小根. 资源型城市旅游形象提升策略研究 [J]. 江西农业学报, 2011, 23 (9): 179-182.

[174] 汤铭潭. 小城镇市政工程规划 [M]. 北京: 机械工业出版社, 2010: 236-241.

[175] 谢铭威, 李治权. 广州市快速公交系统 (BRT) 建设存在的问题及其对策探讨 [J]. 法制与社会, 2011, 12 (1): 191-193.

[176] 王红琴. 浅谈发展城市绿色交通 [J]. 统计与管理, 2011 (2): 43-44.

[177] 孙今. 现代建筑给排水节能技术应用探究 [J]. 城市建设理论研究, 2012, 30 (5): 83-86.

[178] 杨金虎. 城市小区水生态利用技术研究 [D]. 南京: 河海大学, 2005.

[179] 陈荣. 城市污水再生利用系统的构建理论与方法 [D]. 西安: 西安建筑科技大学, 2011.

[180] 余熙文. 现代住宅建筑生态环境设计研究 [D]. 合肥: 合肥工业大学, 2007.

[181] 郭艳玲, 刘俊. 做好城市雨水渗透工程的研究和探索 [J]. 城市建设理论研究, 2013, 17 (9): 72-75.

[182] 吉云秀, 丁永生, 丁德文. 滨海湿地的生物修复 [J]. 大连海事大学学报, 2005, 13 (3): 47-53.

［183］ 董晓丽. 乡镇污水处理厂建设工艺研究［J］. 建筑工程技术与设计，2014，17（4）：52-54.

［184］ 肖华. 临江河填料人工浮床生态治理技术研究［D］. 重庆：重庆大学，2008.

［185］ 吴智洋，韩冰，朱悦. 河流生态修复研究进展［J］. 河北农业科学，2010，14（6）：69-71.

［186］ 刘新国. 水源热泵技术发展优势及应用中存在的问题［J］. 河南建材，2008，11（3）：52-56.

［187］ 龙惟定，白玮，范蕊. 低碳城市的区域建筑能源规划［M］. 北京：中国建筑工业出版社，2011：127-131.

［188］ 高虎，王仲颖，任东明. 可再生能源科技与产业发展知识读本［M］. 北京：化学工业出版社，2009：157-173.

［189］ 李德强. 综合管沟设计与施工［M］. 北京：中国建材工业出版社，2008：129-137.

［190］ 任绍娟. 真空管道收运系统对厨余垃圾收运模式的启示［J］. 现代科技，2010，9（2）：21-23.

［191］ 广东省城乡规划设计研究院. 低碳生态视觉下的市政工程规划新技术［M］北京：中国建筑工业出版社，2014：269-281.

［192］ 郑敏丽. 建筑给排水设计中节能问题的探讨［J］. 中国住宅设施，2011，（12）：61-63.

［193］ 刘伟. 基于安徽省的公共建筑节能设计策略［D］. 合肥：合肥工业大学，2007.

［194］ 曹文飞. 建筑中水系统优化研究［D］. 重庆：重庆大学，2011.

［195］ 汤春峰，申翔. 控制性详细规划中的经济效益分析研究［C］. 和谐城市规划——2007中国城市规划年会论文集，哈尔滨：黑龙江科学技术出版社，2007：801-805.